电子束
表面改性技术

王 荣 魏德强 著

清华大学出版社
北 京

内 容 简 介

本书从电子束表面改性技术入手，从数学表征、理论和实验研究出发，以仿真和现代实验技术分析为手段，研究了表面重熔、表面相变硬化、表面微熔抛光、表面合金化等过程中出现的温度场、应力场、组织场和流场等多场之间的相互作用机理；探讨了金属快速熔化和结晶过程中晶粒的生长过程；分析了在电子束扫描和集中下束两种表面加热处理方式下，各场瞬态变化过程和分布规律对改性效果的影响机制。研究的方法和结论可为电子束调控金属材料表面性能、实验设备的研发与设计提供参考依据。

本书可供从事材料表面改性、机械设计制造、航空制造等研究领域的技术人员和大专院校师生参考使用。

图书在版编目(CIP)数据

电子束表面改性技术/王荣，魏德强著. —北京：清华大学出版社，2021.4
ISBN 978-7-302-57310-4

Ⅰ. ①电… Ⅱ. ①王… ②魏… Ⅲ. ①电子束－应用－材料－表面改性－研究 Ⅳ. ①TB3

中国版本图书馆 CIP 数据核字(2021)第 005924 号

责任编辑：冯　昕
封面设计：傅瑞学
责任校对：赵丽敏
责任印制：刘海龙

出版发行：清华大学出版社
网　　址：http://www.tup.com.cn，http://www.wqbook.com
地　　址：北京清华大学学研大厦 A 座　　**邮　　编**：100084
社 总 机：010-62770175　　**邮　　购**：010-62786544
投稿与读者服务：010-62776969，c-service@tup.tsinghua.edu.cn
质量反馈：010-62772015，zhiliang@tup.tsinghua.edu.cn
印 装 者：三河市龙大印装有限公司
经　　销：全国新华书店
开　　本：185mm×260mm　　**印　张**：11.75　　**字　　数**：285 千字
版　　次：2021 年 5 月第 1 版　　**印　　次**：2021 年 5 月第1次印刷
定　　价：68.00 元

产品编号：090757-01

PREFACE 

电子束表面改性技术始于20世纪70年代，其特点是利用高能电子束的热源作用使材料表面温度迅速升高，表层成分和组织结构发生变化，进而提高材料表面硬度，增强耐磨性，改善耐腐蚀性能，从而延长零件的服役寿命。近几年，电子束表面抛光和表面强化的研究已成为金属材料表面处理领域内一个新的热点和关注点。

本书从数学表征、理论和实验研究出发，旨在探讨电子束表面改性技术。用仿真和实验相结合的方法，研究了在电子束扫描和集中下束表面加热两种处理方式下，对金属材料表面强化、表面熔凝与抛光、表面合金化等微观组织和性能的影响规律及强化机制。利用传热方程、相变理论、应力与应变计算理论，建立电子束表面处理过程中的三维瞬态温度场、应力场、组织场多物理场耦合的方程并求解，获得三场分布规律，研究三场之间的相互作用及影响规律，讨论了电子束工艺参数对表面改性层组织和性能的影响。

基于传热学、流体动力学、金属凝固和固态相变等理论，建立GBE模型，研究表面熔凝特性、表面相变硬化、动态凝固过程中的动力学行为、晶粒的形核与长大规律等。

比较了电子束多道扫描与单道扫描对材料表面显微组织与性能的影响；确定表面合金化的合理的工艺参数，以获得良好的表面改性组织和性能。研究了在金属材料表面填加合金粉末后组织和性能的变化，探讨了电子束工艺参数对合金强化层组织和性能的影响。

研究获得的电子束表面处理的工艺条件和作用机制，可为选择合理的电子束表面处理方式与工艺参数提供理论参考，为电子束技术在材料表面强化与抛光中的应用提供技术支撑。研究的方法和结论可为电子束调控金属材料表面性能、实验设备的研发与设计提供参考依据。

本书是作者及团队成员的主要研究成果和总结，先后得到国家自然科学基金(51665009)、广西自然科学基金(2017GXNSFDA198007)等资助。

本书由王荣、魏德强主要编写，陈虎城参与编写第5章、李新凯参与编写第7章、任旭隆参与编写第9章。孙培新、沈国斌、廖春华、王优、刘怡、赵振雷等人也分别参与了部分章节的编写，在编写过程中也得到了部分研究生的大力支持与帮助，在此表示衷心感谢。

由于电子束表面改性涉及基础理论较多、学科内容交叉，限于作者水平，难免有不当和错误之处，恳请读者予以批评与指正。

桂林电子科技大学

王　荣　魏德强

2020年12月

目录

CONTENTS

第 1 章　研究金属材料表面强化的意义与研究现状……………………………… 1

1.1　金属材料表面强化的意义 ……………………………………………… 1

1.2　电子束表面强化处理技术的特点 ……………………………………… 2

1.3　电子束表面处理技术与其他高能束的比较 …………………………… 2

1.4　电子束表面处理技术的分类 …………………………………………… 3

1.4.1　按照电子束能量注入方式分…………………………………… 3

1.4.2　按照表面处理效果分…………………………………………… 3

1.5　电子束表面处理技术的研究现状 ……………………………………… 4

1.5.1　脉冲电子束表面处理技术……………………………………… 4

1.5.2　电子束表面强化仿真…………………………………………… 5

1.5.3　电子束表面强化微观组织的凝固与晶粒生长仿真…………… 6

1.5.4　表面强化熔池内流体行为与动态凝固特性…………………… 8

1.5.5　电子束表面合金化……………………………………………… 9

1.5.6　电子束多道扫描相变硬化的研究 …………………………… 10

第 2 章　扫描电子束铝合金温度场的研究 ……………………………………… 11

2.1　电子束表面处理设备与工艺…………………………………………… 11

2.1.1　电子束加工设备的结构与性能 ……………………………… 11

2.1.2　电子束加工设备的基本工作原理 …………………………… 12

2.1.3　扫描电子束工作方式 ………………………………………… 12

2.2　扫描电子束表面处理温度场的基本理论……………………………… 13

2.2.1　电子束与材料表面的相互作用 ……………………………… 13

2.2.2　电子束表面处理过程中温度场的形成 ……………………… 14

2.2.3　描述温度场的基本理论 ……………………………………… 14

2.3　扫描电子束铝合金表面处理温度场的仿真…………………………… 15

2.3.1　温度场有限元模型的建立 …………………………………… 15

2.3.2　温度场分布规律 ……………………………………………… 16

2.4　扫描电子束铝合金温度场的实验研究………………………………… 18

2.4.1　实验步骤 ……………………………………………………… 18

2.4.2　结果分析 ……………………………………………………… 18

2.5 电子束工艺参数对温度场与熔池大小的影响…… 20
2.5.1 束流对温度场与熔池大小的影响 …… 20
2.5.2 束斑直径对温度场与熔池大小的影响 …… 20
2.5.3 扫描半径对温度场与熔池大小的影响 …… 21

第3章 扫描电子束铝合金表面处理应力场的研究 …… 23

3.1 应力场分析的基本理论…… 23
3.2 扫描电子束表面处理应力场的研究…… 24
3.2.1 应力场分析有限元模型的建立 …… 25
3.2.2 高温热力学参数的确定 …… 25
3.3 应力场的测试与结果分析…… 27
3.4 确定高温热力学参数…… 28
3.5 应力场实验验证…… 29
3.6 电子束工艺参数对应力场的影响…… 31

第4章 电子束表面处理熔池温度场与流场的研究 …… 34

4.1 熔池流场分析的基本理论…… 34
4.1.1 流动控制方程 …… 34
4.1.2 熔池流体流动驱动力 …… 35
4.2 扫描电子束表面处理温度场仿真…… 36
4.2.1 温度场有限元模型的建立 …… 36
4.2.2 热源、边界条件及与材料有关参数的确定…… 37
4.2.3 温度场的分布规律 …… 38
4.2.4 电子束工艺参数对温度场及熔池大小的影响 …… 42
4.3 铝合金扫描电子束表面处理熔池流场的研究…… 44
4.3.1 熔池流场有限元模型的建立 …… 44
4.3.2 熔池流场的分布规律 …… 45
4.4 电子束工艺参数对熔池流场及温度场的影响…… 47
4.4.1 束斑直径对熔池流场及温度场的影响 …… 47
4.4.2 加速电压对熔池流场及温度场的影响 …… 48
4.4.3 下束时间对熔池流场及温度场的影响 …… 48
4.4.4 表面张力温度系数对熔池流场及温度场的影响 …… 49
4.5 扫描电子束铝合金表面处理的实验研究…… 49
4.5.1 材料与方法 …… 49
4.5.2 结果分析 …… 50
4.5.3 电子束工艺参数对强化层组织和性能的影响 …… 52
4.5.4 温度场与显微形貌的分析 …… 53
4.5.5 电子束工艺参数对熔池大小影响的仿真与实验比较 …… 54

第 5 章　电子束相变硬化时温度场与组织场双向耦合的研究 …… 56

5.1　相变硬化时温度场与组织场双向耦合的理论基础…… 56
5.1.1　相变硬化过程中耦合行为分析与仿真方法 …… 56
5.1.2　电子束相变硬化传热过程分析 …… 58
5.1.3　电子束相变硬化组织转变量的计算 …… 59
5.2　电子束相变硬化时温度场与组织场双向耦合模型的建立…… 61
5.2.1　电子束相变硬化处理过程的物理描述 …… 61
5.2.2　电子束移动热源的确定 …… 62
5.2.3　电子束相变硬化温度场模型的建立 …… 63
5.2.4　电子束相变硬化组织与潜热模型的建立 …… 65
5.3　电子束相变硬化中温度场与组织场双向耦合的结果分析…… 65
5.3.1　电子束相变硬化温度场仿真结果分析 …… 66
5.3.2　电子束相变组织场仿真结果分析 …… 71
5.3.3　相变潜热对温度场的影响 …… 73
5.3.4　电子束相变硬化区尺寸的确定 …… 74
5.4　电子束相变硬化实验验证与结果分析…… 75
5.4.1　材料与方法 …… 75
5.4.2　结果与分析 …… 76

第 6 章　扫描电子束碳素钢表面微熔抛光和强化的研究 …… 82

6.1　试验材料及测试方法…… 82
6.1.1　试验材料 …… 82
6.1.2　设备与方法 …… 82
6.2　电子束微熔抛光工艺参数的确定…… 83
6.2.1　扫描电子束微熔抛光过程理论分析 …… 83
6.2.2　扫描电子束表面抛光模型与工艺参数的确定 …… 83
6.2.3　电子束工艺参数对碳素钢表面粗糙度的影响 …… 86
6.3　响应面法优化电子束微熔抛光工艺参数…… 87
6.3.1　响应面法设计方案的确定 …… 87
6.3.2　电子束微熔抛光响应面设计方法及分析 …… 88
6.4　扫描电子束工艺参数对表面抛光质量的影响…… 93
6.4.1　参数选择 …… 93
6.4.2　电子束工艺参数对表面质量的影响 …… 93

第 7 章　电子束多道扫描相变硬化温度场与组织场的研究…… 103

7.1　电子束多道扫描相变硬化温度场的仿真 …… 103
7.1.1　电子束多道扫描相变硬化过程的物理描述…… 103
7.1.2　温度场仿真模型的建立…… 105

7.1.3 结果分析…… 106
7.2 电子束多道扫描相变硬化组织场分析 …… 114
7.2.1 相变硬化组织转变的数学物理模型建立…… 114
7.2.2 相变硬化组织场仿真结果分析…… 114
7.3 电子束多道扫描相变硬化实验研究 …… 118
7.3.1 实验材料…… 118
7.3.2 实验方法和工艺参数…… 118
7.3.3 结果分析…… 119
7.3.4 扫描电子束方式与搭接率对45钢表面性能的影响 …… 121
7.3.5 搭接率和间隔时间对相变硬化区大小的影响…… 125

第8章 扫描电子束表面改性微观组织的研究…… 127

8.1 金属结晶理论及相关数学物理模型 …… 127
8.1.1 晶粒形核和生长机理…… 127
8.1.2 扫描电子束微观组织模拟方法的确定…… 129
8.2 扫描电子束表面改性处理的热过程分析 …… 130
8.2.1 扫描电子束表面处理热过程分析的物理描述…… 130
8.2.2 H13热作模具钢扫描电子束温度分布规律 …… 131
8.3 扫描电子束H13热作模具钢表面熔池结晶CA模拟…… 134
8.3.1 元胞形核模型的建立…… 134
8.3.2 元胞生长模型的建立…… 135
8.3.3 择优方向的固相分数计算…… 137
8.3.4 元胞捕捉模型的建立…… 139
8.3.5 元胞转变模型的建立…… 139
8.3.6 基于扫描电子束温度场的FE-CA单向计算 …… 139
8.4 扫描电子束H13热作模具钢热影响区晶粒生长MC模拟…… 142
8.4.1 扫描电子束热影响区晶粒生长MC模拟的实现 …… 142
8.4.2 基于扫描电子束温度场的FE-MC单向计算 …… 143
8.5 扫描电子束实验验证 …… 146
8.5.1 材料与方法…… 146
8.5.2 实验结果与分析…… 146

第9章 扫描电子束45钢W和Mo合金化组织与性能的研究…… 149

9.1 材料与方法 …… 149
9.1.1 材料…… 149
9.1.2 方法…… 150
9.2 45钢扫描电子束表面熔凝处理的研究 …… 150
9.2.1 实验方法与工艺参数的选择…… 151
9.2.2 结果分析…… 151

9.2.3　电子束工艺参数对组织和性能的影响…………………………………… 154
9.3　扫描电子束 45 钢表面合金化的研究……………………………………………… 157
9.3.1　工艺参数确定………………………………………………………………… 157
9.3.2　结果分析……………………………………………………………………… 158
9.4　电子束工艺参数对合金层组织和性能的影响 …………………………………… 162
9.4.1　电子束功率对合金层组织和性能的影响…………………………………… 162
9.4.2　电子束扫描速度对合金层组织和性能的影响……………………………… 166
9.5　不同表面处理方式对 45 钢组织和性能的影响…………………………………… 169
9.5.1　处理方式对显微组织的影响………………………………………………… 169
9.5.2　处理方式对 45 钢表面性能的影响 ………………………………………… 170

参考文献…………………………………………………………………………………… 172

第1章

研究金属材料表面强化的意义与研究现状

1.1 金属材料表面强化的意义

铝合金、模具钢、45钢、合金结构钢等金属材料，广泛应用于机械、航天、航空、船舶、汽车等领域。为提高金属材料的机械性能，在工程应用中一般对材料工作表面进行表面处理。常用的表面处理方法有表面喷涂、阳极氧化等，但这些常用的方法对形状复杂的零件处理时，难以获得与基体结合紧密的改性层。电子束表面处理技术的出现，很好地解决了这一难题。

表面强化是改善材料表面性能的一种有效方法。目前，适用于铝合金等金属材料表面强化的主要有化学转化膜处理、金属涂层处理、离子注入、激光处理等技术。但这些表面强化方法存在着明显的缺陷：化学转化膜处理技术包括阳极氧化法和化学氧化法，铝合金的阳极氧化膜和化学氧化膜存在质地软、耐磨性差、厚度薄、硬度低、承载场合容易破坏等缺点，目前仅在装饰涂层方面有所应用；金属涂层处理技术有电镀和化学镀，这两种方法费时费力，用完的电解液对环境有较重污染；离子注入技术，可获得具有特殊性能的表面合金层，但表面粗糙、易产生微裂纹；激光处理技术耗能较高，设备昂贵，处理效率低，难以广泛推广。

电子束表面处理技术是电子束(功率密度为 $10^6 \sim 10^9$ W/cm^2)在极短的时间内使金属表面或内部材料迅速加热熔化，并借助于冷态基体迅速冷却的工艺，能获得一般冷却速度下无法得到的化合物，如形成新的亚稳定相、过饱和固熔体、微晶等，使得材料的表面硬度、抗腐蚀性、耐磨性、热强性等一系列力学、物理、化学性能得到极大提高。电子束具有能量密度高、易于控制和调节等优点，在继电子束焊接和熔炼之后，开始在材料表面处理中得到引人注目的发展。

电子束处理是一种选区域处理，其工作过程类似于电子束焊接。从电子枪阴极表面发射的电子束直接轰击需要处理的工件表面，瞬间的能量转换和沉积使“表面层”温度急剧升高，而“基体”仍保持“冷态”，电子束结束照射加热区域的热量迅速向基体扩散，表面层的温度急剧下降，从而表面得到强化，形成特定的加热、冷却过程，类似于常规的热处理过程。

电子束表面强化技术是利用高能量密度的电子束对材料进行表面快速加热和快速凝固而获得优异表面强化层的一种工艺，主要包括电子束表面淬火（电子束相变硬化）、电子束表面熔凝处理、电子束表面合金化、电子束表面熔覆和电子束表面非晶化等。经表面强化处理的表层一般具有较高的硬度、强度以及优良的耐腐蚀和耐磨性能。

目前，国内外对金属材料表面强化的研究主要集中在用激光技术的表面淬火、表面熔凝处理、表面合金化和表面陶瓷化技术的研究，以及脉冲电子束表面强化和表面填加丝状和块状合金材料形成熔化合金层的研究，研究高能扫描电子束表面熔凝处理和表面合金化具有一定的现实意义和应用价值。

1.2 电子束表面强化处理技术的特点

电子束表面强化技术的发展为金属表面强化提供了一个新的有效方法和手段。电子束表面强化技术有如下特点。

(1) 电子束快速加热可以得到超微细组织，提高材料的强韧性。处理过程在真空中进行，可以减少表面的氧化。

(2) 电子束的能量利用率高，可对材料进行局部处理，节约能源，表面淬火是自行冷却，不需要冷却介质和设备。

(3) 电子束能快速进行表面合金化，在极短的时间内完成常规热处理几小时甚至几十小时的渗透效果。

(4) 电子束工艺参数可控，因此可以控制材料表面强化层的位置、深度和组织性能。电子束技术能对复杂零件的表面进行处理，用途广泛。

电子束表面处理技术与常用的表面处理技术相比，具有以下优点。

(1) 工件变形小：在电子束表面处理过程中，电子束对工件局部区域进行表面处理，而整个工件并未进入高温状态，能量总量少。

(2) 清洁：加工处理在真空环境下进行，空气中的杂质和有害气体对工件的表面处理质量影响较小，加工中不会引入其他元素。

(3) 处理方式灵活，能够实现精加工：由于扫描电子束可实现面域扫描，扫描面积大小可精准调控，因此可用来加工传统工艺难以加工的精密零件和微细仪器。

(4) 能量使用效率高，节约能量：电子束电热转换效率可达 90%以上，耗费能量很少。

除此之外，电子束表面处理技术还有易实现高精度控制，加工重复性好，能在客观上节省贵重金属的使用，缩短周转时间等可观的经济效益。

1.3 电子束表面处理技术与其他高能束的比较

电子束、离子束和激光束均属高能束范畴，高能束热处理是指当高能束发生器输出的功率密度可达 10^3 W/cm^2 以上的能束，定向作用在金属的表面，使其产生物理、化学或相结构转变，从而达到金属表面改性的目的。电子束表面处理技术具有功率密度高、作用时间短、加热面积可根据需要任意选择、热影响区小、工件变形小、冷却过程无需冷却介质可控性好等共同优点。高能束之间的比较如表1.1所示。

表1.1 电子束与激光束表面处理工艺的比较

项 目	电 子 束	激 光 束
能量效率	约90%	约10%
气氛条件	在真空中进行	在空气中进行(但有时需辅助气体)
防止反射	不需要防止反射	需防止反射,反射率约为90%
束偏转	通过调节偏转线圈的电流可选择任意图形	利用反射镜使激光束偏转
对焦	控制聚束透镜的电流进行对焦	移动工作台进行对焦
设备运行费	1(以电子束设备运行费为1)	7~14(电、激光气体、辅助气体)

在处理过程中,电子束和激光束处理只注入能量,而离子束注入则在沉积能量的过程中,同时可改变材料表面的化学成分。

总之,高能束独特的加热方式及其特点,给材料表面处理带来了新的理念。

1.4 电子束表面处理技术的分类

从不同的工艺或技术角度出发,可对电子束表面处理技术进行分类。

1.4.1 按照电子束能量注入方式分

1. 连续型电子束

电子枪发射的电子束是连续固定的,材料表面所获得的能量主要由电子束与材料表面的作用时间及对入射电子束的控制来确定,适用于功率不是很高、处理区域较规则的工件。连续型下束包括电子束集中聚焦下束、电子束扫描下束两种方式。

2. 脉冲式电子束

脉冲式电子束表面处理区域的大小与在时间、空间上对电子束能量的控制有关,而改性层的深度还受到电子束功率密度的影响,适用于高功率、大束斑、复杂零件的特殊位置处理等场合。

1.4.2 按照表面处理效果分

1. 电子束表面淬火

表面淬火一般是指表面层加热温度超过相变温度但未达到熔点,利用电子束表面处理冷却速度极快的特性,使材料处于奥氏体状态的时间极短,晶粒来不及长大,获得金相组织为超细晶粒的改性层;从而提高材料表面层的硬度、强度、耐磨性及耐疲劳性等机械性能,也称“表面强化”。

2. 电子束表面熔凝处理

若电子束平均功率密度在$10^6 \sim 10^9$ W/cm^{2}的范围内,通过控制一定的轰击作用时间,可使金属受轰击表面达到相变温度或熔点以上,表层所获得的热量通过工件自身的热传导迅速传递给“基体”,使加热表面快速冷却,冷却速度可达$10^4 \sim 10^6$℃/s,获得“自淬火”的效果。表层加热温度超过相变但未及熔点温度时，相变过程中工件处于某种状态的时间很短，晶粒来不及长大，故可获得金相结构为超细晶粒的组织，同样，当表面温度超过熔点时，熔化薄层在极短时间内经历凝固过程，亦可获得细化均匀的超细组织，从而使材料表层的强度、硬度、耐磨性及耐疲劳性等方面的性能大大提高。电子束熔凝处理在真空环境中进行，具有真空脱气的效果，因此表层熔凝质量很好。同时加工的零件表面无需黑化预处理，处理时不需要保护任何气体，使用成本低。

3. 电子束表面合金化

表面合金化是在基体表面涂上一薄层其他金属或合金纳米粉末材料，采用适当功率密度的电子束，适当延长电子束与表面的作用时间，使表面涂覆层熔化，而基体材料表面薄层也微熔，形成了涂覆材料与基体材料的冶金结合层(合金化层)，从而达到表面合金化的目的。一般来说，合金化层具有一些特殊的性能，如高硬度、高耐磨、强抗蚀性等。

4. 电子束表面非晶态处理

与电子束表面淬火相似，区别在于进行表面非晶态时，电子束的平均功率密度较高，作用时间更短，冷却速度极快，使金属工件表面很薄的一层熔化，得到非结晶态的组织，使工件表面具有优异的抗腐蚀及抗疲劳性能。

5. 电子束表面退火

电子束表面退火所用功率较低，以降低材料的冷却速度。通过电子束表面薄层退火处理固态或液态的外延作用，消除材料表面的损伤，保证杂质不再分布。

6. 电子束表面纳米陶瓷化

表面纳米陶瓷化是采用电子束技术扫描添加陶瓷材料，达到改善基体表面的硬度、耐磨性和可加工性等目的，并保证基体的基本使用性能。此项技术目的是使基体与陶瓷材料互相作用，取长补短，制备出既有金属的强度和韧性，又有陶瓷的耐高温、耐磨损、耐腐蚀等优点的“复合”材料。

1.5 电子束表面处理技术的研究现状

1.5.1 脉冲电子束表面处理技术

电子束表面处理技术是在短时间内将大量的能量沉积在材料表面薄层中，使材料发生一系列的物理变化及化学变化，进而达到改性目的的一项技术。随着电子束技术在表面处理领域的实践应用，取得了一系列的显著成果，受到了世界各国的广泛重视。

与其他电子束加工技术相比，电子束表面处理强化技术是20世纪70年代发展起来的新的表面强化技术。Proskurovsky等在电子束表面处理中做了大量实验和理论奠基工作。研究表明：电子束表面处理时能产生瞬态能量，并可以使金属材料引发快速熔凝、蒸发、增强扩散和能量膨胀等效应。

Archiopoli等采用高能脉冲电子束(high current pulsed electron beam，HCPEB)对Al-Si钢进行表面处理，发现处理区域形貌呈环带状分布，从束斑中心到边缘有三个不同形貌的环带，出现这种情况的原因是由于高能电子束的能量分布近似高斯分布，导致中心区域的能量沉积速率高于束斑边缘。另一方面是由于距离束斑中心越远的区域其冷却速度越快，因此能量分布不均通常会导致束斑中心位置的熔坑直径和密度均大于束斑辐照边缘位置。

郝胜智等利用强流脉冲电子束对纯 Al 进行轰击实验，得到脉冲电子束(28 keV，4.5 μs)可使纯 Al 试样表面熔化，并出现环形山及熔孔等表面形貌，处理区域深度方向的显微硬度有明显提高。赵健闯等建立了 Al-Si-Pb 合金电子束处理的温度场和应力场的有限元模型，得到热应力的分布、最大熔深的位置及其最大深度，通过将模拟结果与实验结果比较，揭示了表面熔坑的形成机理，与横截面的显微硬度分布特征。金铁玉等利用强流脉冲电子束对齿轮进行表面强化处理，分析齿轮材料表面的组织与性能，通过实验前后材料表面的显微硬度、组织性能的对比，发现材料各方面的性能得到了明显的提高。

李生志等对 M2 高速钢表面进行电子束辐照处理，发现经过处理后的材料组织中马氏体晶粒细化、熔碳量增大以及晶格间出现残余奥氏体，材料的硬度有所提高、耐腐蚀性能得到明显的改善。丛欣等对 9SiCr 进行电子束淬火处理，大大提高了材料表面的硬度，其硬度高于高频淬火硬度 66～69 HRC，使齿状模具获得了较深的淬硬层，回火后仍保持了较高的硬度。电子束淬火组织中碳化物熔解程度大大高于常规淬火，并形成超细化马氏体，即隐针马氏体，经淬火后提高回火温度，可以避免开裂现象。

高波等采用脉冲电子束对纯镁和镁合金进行表面处理，研究表明：随着凝固速率的增加，处理区域凝固失稳形成胞晶。当胞晶的生长速率达到一定值时，胞状晶向枝晶发生转变，且其转变具有规律：①随着脉冲次数的增加，出现长条状形态时胞状晶会互相熔合；②距离束斑中心越远，胞状晶晶粒越细小。秦颖等研究认为，强流脉冲电子束表面处理过程中，在材料表面未熔化的处理条件下，应力状态主要有两种：①材料表层随温度场变化的准静态应力；②表面向内部传播的热弹性应力波。Markov 等首先建立了强流脉冲电子束轰击在金属材料内引发温度场的一维物理模型，并将模拟得到的结果与实验结果对比，发现两者较好的吻合。Gruzdev 等建立了脉冲电子束加热的物理模型，分析了持续脉冲、间接脉冲对温度场的影响，结果表明，使用脉冲电子束表面加热可以获得较厚的表面改性层。Chumakov 等研究了脉冲电子束对非均质材料的作用，建立了温度场和浓度场的数学物理模型，对非均质材料相之间的传热与传质过程进行了模拟，研究表明：工件的温度分布和浓度分布规律取决于材料的传质、相变潜热和外热源。

邹建新研究了脉冲电子束对材料表面强化处理，在各种处理模式下，强流脉冲电子束技术可有效地对金属及金属间化合物材料进行表面强化从而优化材料的性能。Perry 等研究了强流脉冲电子束对 TiN 涂层的影响，研究结果表明：经高能电子束处理后，TiN 涂层均出现了裂纹。在低能电子束处理后，用化学气相沉积(chemical vapor deposition，CVD)方法得到的 TiN 涂层，在微观特性和切削性能上几乎没有变化；而用物理气相沉积(physical vapor deposition，PVD)方法得到的 TiN 涂层，出现了较大的变化，提高了刀具的抗磨损能力。

1.5.2 电子束表面强化仿真

Opreper 等对电弧固定时 TIG (tungsten inert gas welding)焊接熔池进行了研究，在建

立二维焊接熔池的数学模型时，考虑了表面张力梯度、电磁力和浮力对液态金属流动和传热过程的影响。目前的仿真模型主要为固定热源的二维模型、运动热源的三维准稳态模型和运动热源的三维瞬态模型等三种。

Hoadley 等建立了激光移动热源表面熔覆二维熔池流场、温度场的有限元模型，建模时考虑了气体压力对熔池流体流动的影响，但没有考虑横截面流动换热的情况，并预先确定熔覆层的高度。Zachcria 等建立了 TIG 焊熔池流场及传热过程的三维瞬态模型，采用了运动电弧，并用单元标子技术(marked element technique)跟踪了固液界面的瞬态发展，在对模型能量方程进行求解时考虑了局部瞬态相变的影响。Lan 等利用激光对厚度为 3.2 mm 的 6063 铝板进行表面处理，建立了三维准稳态熔池流体流动及传热模型，采用运动高斯热源，考虑了表面张力、浮力作为熔池流体流动的内驱动力。刘红斌等建立了脉冲激光作用熔凝的二维热流耦合模型，模拟结果表明：在熔凝过程中，熔池内存在一对方向相反的主环流和多个环流，熔池内的流速随温度的降低而减小。

曾大文等建立了二维准稳态激光熔覆熔池流场及温度场的数值模型，获得了激光熔覆熔池的自由表面形状、速度场及局部特征凝固参数，研究表明：表面张力系数和扫描速度对熔池自由表面形状和熔池内温度分布、速度分布有重要意义。郑炜等建立了运动电弧作用下脉冲 TIG 焊接熔池流场和热场动态变化过程的三维数学模型，研究表明：熔池流场、温度场及熔池形状随焊接电流的变化而发生周期性变化。张亚斌建立了电子束焊接熔池三维流动模型，采用 SIMPLE(semi-implicit method for pressure-linked equations)算法对模型控制方程进行求解，研究结果表明：在匙孔的搅动下，熔池内的流场具有明显的分区分层。熔池内流体的流动在水平方向和厚度方向上具有明显的不同，水平方向的熔池流动流场呈 V 形延后分布；液态金属随匙孔的移动沿焊接方向流动，近匙孔区的流动速度最大。

闫忠琳等利用有限元分析软件，对电子束扫描纯镁板材表面加热过程中的温度场进行数值模拟，结果表明：基于电子束表面改性过程的内热源的一维物理模型仿真结果与实验结果相符合。王浩强等设定不同的冷却速度，分别模拟计算组织的转变量，同时制备相应冷却速度下的金相组织并进行观察和分析，结果表明：模拟计算的结果与观测的金相组织吻合程度较好。在不同的电子束工艺参数的条件下，对多晶硅温度场的变化进行数值模拟，结果表明：电子束熔炼多晶硅温度场数值模拟结果能更好地反映实验结果。郭绍庆等针对 35Ni4Cr2MoA 钢进行电子束相变硬化，建立了移动热源的温度场有限元仿真模型和加热过程奥氏体转变的数值计算模型，结果表明：所建的仿真模型可以合理地预测出具体电子束工艺参数条件下相变硬化层的轮廓。陈虎城等考虑了热辐射、潜热和热物性参数等因素，建立了三维瞬态温度场有限元仿真模型，对 45 钢电子束相变硬化进行了温度场和组织场的仿真计算，所得的仿真结果与实验结果相符合。

1.5.3 电子束表面强化微观组织的凝固与晶粒生长仿真

Anderson 等最先开始利用蒙特卡罗(MC)方法模拟晶粒生长，他们的基本思想是将二维或者三维模拟区域离散化，采用正方形微元将模拟区域划分为小的单元，然后进行初始化，给每个微元赋予一个随机数，其取值范围为 1～Q，这些随机数相当于晶粒单元的取向，两个具有相异取向的微元之间存在晶界，两个不同取向的微元之间被定义为一个晶界段。

Debroy 等用蒙特卡罗方法模拟焊接 HAZ 晶粒长大，他们首先将三维 MC 模型应用在焊接热影响区的研究；他们还模拟了焊接接头的晶粒生长情况，以纯钛与2.25Cr-Mo钢为研究对象，用3D蒙特卡罗模型实时模拟了热影响区的晶粒生长，在模拟过程中建立模拟时间步与实际时间的关系。Spittle等第一次采用蒙特卡罗方法定性地预测了合金成分和工艺参数对二元合金晶粒组织的影响，模拟了二维晶粒的形成，他们所建立的模型的基础是概率思想，方法是随机抽样，并且是在晶界能最低的基础上来计算晶粒长大的概率，利用该模型模拟的结果尽管与实验结果非常接近，但没有将宏微观传输过程的细节考虑在建模当中，并且缺少晶粒生长的物理机制。

Sankaran等在模拟晶粒生长的过程中考虑了影响晶粒生长速度的因子，通过几何法形成Voronoi网格获得晶粒的初始形貌。20世纪50年代初，著名数学家Neuman首先提出了元胞自动机(cellular automata，CA)模型。他把一个矩形离散成多个网格，就形成了格点，每一个格点可以看成一个细胞基元，然后给它们赋予一个初始状态，状态值为0或1，在网格中用空格或实格来表示。在事先规定的规则下，可以通过网格中的空格或实格的变动情况来描述细胞或基元的演化。Norman等首先建立了一个2D-CA模型用于模拟枝晶生长，开创了二维元胞自动机在材料科学中应用的先河，该模型考虑了局部界面曲率、潜热和热扩散，定性地模拟了枝晶生长结构。Brown等建立了二维CA模型，模拟了柱状枝晶在二元合金系中稳态生长的过程，讨论了合金成分和局部凝固时间对枝晶形貌的影响，合金成分、生长速度和温度梯度都会对枝晶形貌和枝晶臂间距有很大的影响。Brown建立了三维CA模型，讨论了过冷度的大小对三维枝晶形貌的影响，随后，他们在三维元胞自动机模型的基础上，建立了三维的CA-FD的耦合模型，可以模拟合金在凝固过程中两相的生长过程。Rappaz等把晶粒形核和晶粒长大的物理机制引入元胞自动机模型中，所构建的模型可以用来模拟合金在凝固过程中的晶粒形态的演变过程，在均匀温度场的条件下模拟了铝硅合金凝固的晶粒结构，并考虑了晶粒在模具表面和中心形核位置的异质连续形核、晶粒取向和枝晶尖端生长动力性，成功地预测了过冷度和合金成分对微观组织形成的定量影响。再现了从柱状晶到等轴晶的竞争生长，并得到了实验验证。

赵玉珍利用晶界演化模型，将有限元软件求解出的固液界面当作晶粒开始生长的起点，依据晶粒生长的方向和温度梯度间的夹角来判断晶粒以何种方式生长，通过模拟晶界的移动，计算出每一个时间步长后，任一对相邻晶粒在晶界上的温度梯度的方向，然后，计算出晶向与温度梯度的夹角，确定出新晶界的位置。许林在原有二维元胞自动机模型的基础上，结合有限差分法和蒙特卡罗法，并通过将浓度场和温度场方程进行耦合，建立了三维CA凝固模型，实现对二元合金凝固微观组织演化进程进行实时计算。姜燕燕以焊接熔池凝固为基础，建立了二维CA模型，模拟了熔池边界附近微小区域柱状晶的生长，讨论了晶粒生长过程中基体材料的晶粒和浓度以及冷却条件对晶粒生长所产生的影响，研究温度梯度非均匀变化和不同温度梯度对柱状晶生长的影响。张世兴等将MC技术与晶粒生长模拟相结合，通过焊接实验，模拟出了纯铝焊接热影响区晶粒生长过程，利用实验和统计学的方法得到晶粒尺寸与温度间的关系。张敏等以晶粒形成原理和枝晶生长动力学等为基础，采用CA法，建立了焊接熔池凝固过程中的二维模型，对焊接熔池凝固过程柱状晶向等轴晶的转变过程进行了模拟。邓小虎等基于焊接冶金学原理，将元胞自动机(CA)法与蒙特卡罗(MC)法耦合，建立焊缝凝固微观组织演变模型，该模型利用CA法和MC法构建凝固形核和长大演变规则，同时利用耦合有限差分法来计算温度场和熔质场，再现焊缝凝固微观组织演变过程。

1.5.4 表面强化熔池内流体行为与动态凝固特性

1. 表面强化熔池内的流体行为

在表面热处理过程中，熔池内的流体行为对组织及性能有着至关重要的作用。杨黎峰等以计算流体力学与传热学原理为基础，建立了铝合金电阻点焊液态熔核流动行为和传热过程的轴对称有限元模型，并依据有限元法对铝合金点焊熔核形成过程中的温度场和速度场分布进行了数值计算。张亚斌等建立了铝合金 TIG 焊接温度场的计算模型，分析了焊接速度对温度场分布、熔池大小的影响。Dong 等的研究结果表明：不同的焊接参数引起温度分布的改变，并且影响到熔池液面 Marangoni 对流的强度和熔池的形状，由电磁力引起的内部对流有助于熔池深度的增长。

Kim 等通过数值模拟方法研究了激光熔凝过程中的弯曲表面形状、激光功率密度、材料的热物理性能以及熔池表面形貌的影响规律，并探索了火山坑形成的机理和对火山坑深度和边缘高度影响规律。Fan 等的研究结果表明：气体钨极电弧焊焊接熔池内的流体流动是由电磁力、浮力、电弧拖曳力和表面张力引起的，焊接熔池的上面和底面张力对熔池内的流动形式有重要作用。Kamel 等通过对连续激光焊接 AZ91 镁合金的计算结果表明：表面张力和浮力驱动流体进行热传递，熔池流体是从中心流向外侧的固液混合区并在熔池内形成两个涡流。Kamel 等对脉冲激光束对镁合金的作用进行了研究，发现材料的热物理性能对发生在熔池内的传质现象以及熔池形貌的形成有显著的影响，模型解决了层流流体的流动与传热耦合方程，证明在熔池中的流动行为，该模型考虑了浮力和 Marangoni 力的耦合作用，以及热物理特性与温度，辐射和对流热损失，研究结果表明：Marangoni 力显著改变了熔化和凝固过程中的特点，使熔池变宽而浅。Sarkar 等立的三维模型可以预测合金化过程中熔池内及在整个凝固合金截面内熔质的分布。

2. 表面强化动态凝固行为

极冷条件下的凝固行为会由于熔池内的流动特性而导致性能差异。Song 等对 AISI D3 工具钢进行电子表面硬化处理，研究结果表明：处理硬化层主要由马氏体、碳化物和残余奥氏体组成，过渡区域主要由回火索氏体组成，因此表面硬度得到显著提高；而且硬化层的硬度与电子束扫描速度有密切关系。Sohi 等利用电子束对球墨铸铁等温淬火前后分别进行表面熔凝处理，分析和比较电子束熔凝经过不同等温淬火温度(180℃、275℃、375℃)后试样的组织结构和硬度，电子束熔凝使球墨铸铁表面球状石墨消失或减少，并形成了非平衡组织，提高了表面硬度。Gulzar 等利用电子束对球墨铸铁和等温淬火球铁分别进行表面熔凝和镍合金化，通过 X 射线衍射仪和 EDS 分别分析了组织中相的组成和各元素的含量，探讨了电子束处理后表面微观组织和硬度的演变机理，研究结果表明：所有的试样经过电子束熔凝后表面硬度都有了大幅提高；处理后试样的表面形貌分为熔化区、热影响区、两者交界区和基体四个区域。熔化区球状石墨消失，形成了一种树枝状莱氏体组织，且其中心区域分布着大量细小薄层树枝晶；热影响区形成了针状马氏体，分布在球状石墨周围；两者交界区形成了奥氏体；基体组织为片状珠光体和球状石墨组织。通过 XRD 分析，电子束表面熔凝处理后试样的峰值大幅扩展。

刘志坚等对 45 钢进行脉冲电子束熔凝处理，研究结果表明：轰击区表面瞬态骤熔急冷，形成了微晶或无序层；剖面组织区域分为熔凝区、马氏体区、热影响区和基体，熔凝区在极高的温度梯度下，具有自淬火效应。董闯等对纯铝及铝合金进行强流脉冲电子束表面重熔处理，处理后试样表面晶粒细化，甚至形成微晶、非晶态组织，最先熔化的位置是在近表面且最大熔化深度处，解释了表面火山坑状熔坑的形成机制。

1.5.5 电子束表面合金化

Mueller 等利用脉冲电子束表面强化处理技术在 BBC 钢表面制备了具有强氧化性的 MCrAlY 强化层，试验采用束斑直径为 4～10 cm 的光斑进行大面积处理，可以熔化的深度为 10～100 μm，研究结果表明：强化层显微硬度及耐磨性以及在海水中的抗氧化性能都得到了大幅提高。Marginean 等利用高能电子束表面合金化技术在 Inconel 617 镍基合金表面制备了 WC-Co/Inconel 617 合金层，试样截面出现树枝状富钨区，由于表层强化相的出现及晶粒的细化合金层显微硬度得到了大幅提高，且耐海水腐蚀性能明显优于母材。Rotshtein 利用低能强流脉冲电子束表面合金化技术在钛表面制备了铝合金层，厚度大于 3 μm，研究结果表明：合金层的主要成分为由纳米 TiAl/Ti3Al 晶组成，显微硬度及耐磨性均优于基体材料，但在 TiAl 相处出现裂纹。AHMAD 等采用添加合金粉末的方法在低碳钢表面添加 Ni 和 SiC 粉末之后进行电子束熔凝处理，研究结果表明：在电子束熔凝过程中 SiC 颗粒熔化并分解成小微粒，Ni 和 Si 元素由于熔池驱动力的作用都扩散到基体材料中形成了新相，并且表面形成了非平衡马氏体组织，同时表面没有裂纹出现，与基体硬度相比，低碳钢合金化处理后表面硬度相比于基体提高了 5 倍。曹辉等利用强流脉冲电子束表面强化技术，在预先添加 TiN 合金粉末的镁合金 AZ91HP 表面进行轰击处理，研究结果表明：电子束脉冲轰击处理后可以得到厚度约为 5～10 nm 的合金层，同时在合金层中 N 的含量呈现梯度分布。

况军等采用强流脉冲电子束表面合金化技术在 AZ31 镁合金表面制备了一层合金层，同时分析了 Al 元素对合金层形成相的影响，研究结果表明：电子束轰击 AZ31 镁合金表面 Al 粉后可以得到典型的熔坑形貌，较之基体材料耐磨性能提高了 6 倍左右。石其年等利用电子束表面合金强化技术在 45 钢表面合金化处理，采用预先添加合金粉末的方式在 45 钢表面添加了耐磨性能较好的合金粉末，而后进行了电子束熔凝处理，研究结果表明：电子束合金化处理后强化层的硬度及耐磨性能大幅提高。刘科等采用电子束扫描表面强化技术对铝合金表明进行合金化处理，首先采用压制粉末的方法将纳米 Al-Fe 合金粉末压制在细槽中，并对合金粉末进行电子束扫描熔凝处理，研究结果表明：合金层出现 Al-Fe 金属间化合物，硬度及耐磨性能大幅提高。

陆斌锋等对低合金钢表面电子束原位合成 M7C3 耐磨层进行了研究，通过电子束加热工艺和粉末配比的优化，表面形成了复合层，硬度比母材提高了 2.3 倍，耐磨性能提高了 5.2 倍。彭其凤利用电子束局部熔化对球墨铸铁表面进行硼合金化处理，对电子束合金化后球墨铸铁表面的显微组织、硬度进行分析，并初步探讨了电子束工艺参数对合金化层深度和宽度的影响。王英等采用电子束表面合金化技术对 ZL109 铝硅合金进行了表面强化处理，研究结果表明：ZL109 铝硅合金电子束表面合金化处理后，形成具有网状骨骼的亚共晶组织，生成了 AlNi3、Al3Ni、Fe(AlCr2)等新相；处理后硬度大幅提高，达到基体硬度的 4～6 倍，与高镍铸铁基本相当。

1.5.6 电子束多道扫描相变硬化的研究

目前,国内外关于多道扫描相变硬化的研究多集中在激光扫描的研究中。Ritesh 基于传热学和相变动力学,建立了激光多道扫描相变硬化有限元仿真模型,探讨了搭接率对硬化层均匀性的影响,研究结果表明:搭接率为 5 mm 时能达到合理均匀的硬化层厚度。Giampaolo 对 AISI1070、AISI1040 和 AISI420B 进行激光多道扫描相变硬化实验,研究结果表明:不同材料表面存在不同的回火软化现象与材料的组织结构相关。Soundarapandian 通过数值模拟计算和实验研究搭接率和电子束工艺参数对 AISIS7 的影响,研究结果表明:合理的搭接率和电子束工艺参数可以减弱表面硬度的不均匀性。

Markov 分别采用高功率半导体电子束对 U7A 钢进行抛光实验,研究结果表明:U7A 钢表面的搭接处附近的硬度值存在明显的回落现象。Song 采用高能电子束对 AISID3 工具钢进行表面相变硬化实验,研究结果表明:搭接处的显微组织主要由回火索氏体组成,电子束扫描速度为表面硬度值的重要性能指标。周湘等通过散焦电子束对 Cr12MoV 模具钢进行表面强化处理,研究结果表明:搭接率为 10%~20%时,模具钢处理层的晶粒显著细化,硬度和耐磨性得到显著的提高。

第 2 章

扫描电子束铝合金温度场的研究

铝及铝合金材料由于其强度高、易加工成型以及优异的物理、化学性能，成为目前工业中使用量仅次于钢铁的第二大类金属材料，广泛应用于航空航天、船舶、汽车等方面。为扩大铝及铝合金使用范围需对铝合金进行表面强化处理。

电子束表面处理技术具有能量密度高、能量利用率高、热影响区域小、加工位置可控性好、易于实现自动化、智能化等优点。电子束表面处理能够有效地提高材料表面的强度和改善材料表面的耐磨性及耐腐蚀性。研究电子束表面处理方式、处理过程中温度场、应力场、组织场的分布规律等具有重要意义，研究将为企业进行电子束表面强化处理技术提供参考依据。

2.1 电子束表面处理设备与工艺

2.1.1 电子束加工设备的结构与性能

实验采用的设备是桂林某研究所自主研发的 HDZ-6 型高压数控真空电子束加工设备，如图 2.1 所示。工作原理示意图如图 2.2 所示。

图 2.1 高压数控真空电子束加工设备

电子束加工设备的性能参数如表 2.1 所示。电子束加工设备的主要组成部分如下所述。

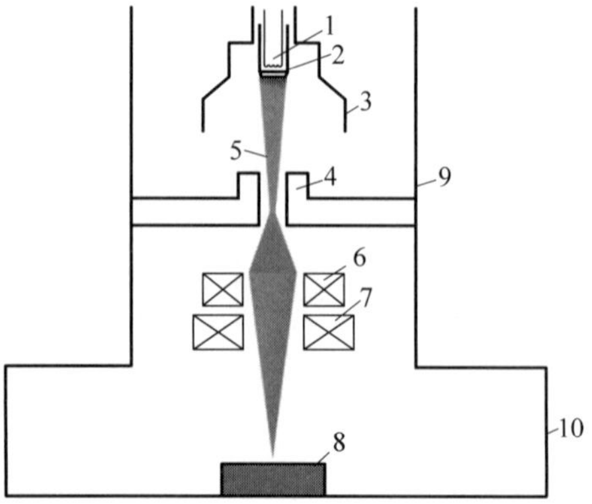

图 2.2　扫描电子束加工设备工作原理示意图

1—灯丝；2—电子枪阴极；3—聚束极；4—电子枪阳极；5—电子束流；6—聚焦线圈；7—偏转线圈；8—工作台；9—电子枪；10—真空工作室

表 2.1　电子束加工设备的性能参数

性能指标	加速电压/kV	加速电流/mA	脉冲频率/Hz	聚焦电流/mA
数值	0～60	0～120	0～3000	0～1000

（1）电子枪：电子枪是产生电子，将电子加速与聚焦成束，并将其控制导向到所需工件面上的一种电子源发生装置。

（2）真空焊接室：是供焊接工件及焊接夹具（或电子枪）放置保证焊接气氛的真空容器。

（3）高压电源：提供阴-阳极加速电压电源及阴极加热电源、栅偏压电源。

（4）真空系统：使电子枪及焊接室产生真空，并对其进行控制与监测的装置。

（5）传动系统：使焊接工件（或电子枪及其他结构）产生运动的装置。

（6）电气控制系统：对加速电压电源、阴极加热电源、栅偏压电源、磁盘镜与偏转线圈、真空控制元件及传动系统等进行控制的电气装置。

2.1.2　电子束加工设备的基本工作原理

加工设备的基本工作原理：电子枪中阴极发射的电子，在高压电源提供的加速电压形成的静电场的作用下，向阳极做加速运动，经过聚焦线圈的汇聚，形成能量密度很高的电子束，通过偏转线圈，使电子束准确地落在工件指定的点上，并根据要求按一定规律运动，工件置于真空焊接室中，通过工作台的移动形成各种轨迹的焊缝。

2.1.3　扫描电子束工作方式

扫描电子束工作示意图如图 2.3 所示，扫描电子束加热的控制方法为：扫描电子束轨迹采用 X、Y 位移分量来描述，电子束从扫描轨迹的起始点运动到终点构成一个扫描周期，利用一个扫描周期的 X、Y 位移分量，借助于编程生成两路模拟驱动信号，以指定的刷新率不断地输出给由 X、Y 两对绕组构成的附加偏转线圈，在附加偏转线圈中产生的磁场使电子

束在 X-Y 平面内产生相应的偏转，周期性地在 X-Y 平面内按设定的轨迹和方式运动。这样可以控制扫描电子束轨迹和产生任意的扫描轨迹，而且扫描电子束下束方式也可任意设定，针对扫描轨迹中各个点进行控制，可实现连续及断续扫描、点状及线状扫描等方式组合成电子束运动轨迹。

本研究采用的是扫描电子束下束方式，扫描路径如图 2.4 所示，其中 $R=6$ mm 为束斑扫描半径。利用 CRT 数字读出示波器调整偏转线圈，控制其动偏转磁场，使束流以既定的扫描轨迹及频率运动。

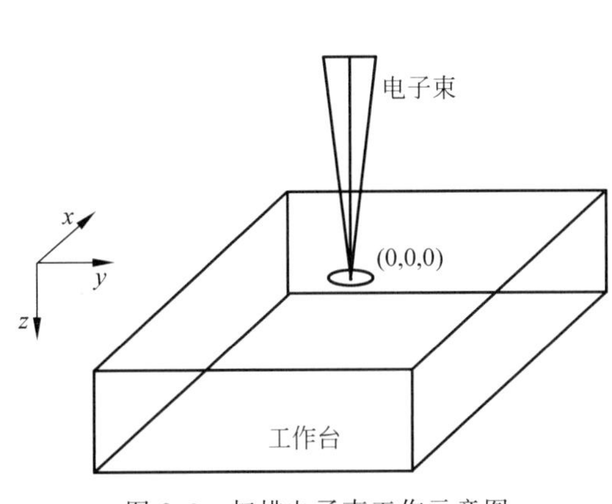

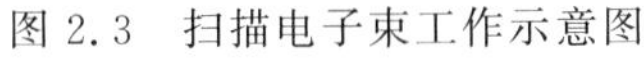
图 2.3　扫描电子束工作示意图

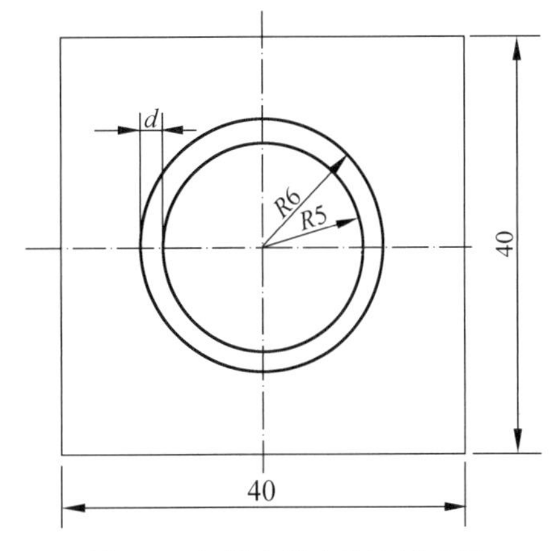

图 2.4　扫描电子束轨迹示意图

实验过程中电子束流的运动方式主要是由偏转线圈来实现控制的。偏转线圈一般由环状的铁芯和两组在空间位置上相互垂直、匝数按正弦函数分布的线圈组成。它的主要作用是产生两种偏转磁场：①使束流产生静偏转的静偏转磁场；②使束流按给定的曲线（如正弦、圆、椭圆、锯齿等曲线）移动的动偏转磁场。

2.2　扫描电子束表面处理温度场的基本理论

电子束表面处理实质上是载能电子与固体表面之间的交互作用。受电场加速的电子，以高能量及高速度与固体表面相碰撞，入射电子与固体中的分子、原子、电子相互作用，从而进行能量的传递。由于电子束与固体表面的相互作用过程相当复杂，且所产生的温度场和应力场的瞬时性，难以从实验中进行测定，因此从仿真角度对电子束表面处理过程进行描述有着一定的现实意义。

2.2.1　电子束与材料表面的相互作用

当一束具有一定速度和能量的电子流，以一定运动方向入射到工件表面时，电子束作用过程中存在着一系列复杂的热、光、电、声等现象，而且电子束的能量也并没有完全地或直接地传给工件。当电子束轰击金属表面时，电子束的能量有 75%转化为热能，剩下的 25%大部分转化为背散射电子，其他的能量转化为 X 射线、二次电子、热电子，如图 2.5 所示。

在电子束与固体交互作用时，电子背散射过程大约消耗了入射电子能量的 25%。背散

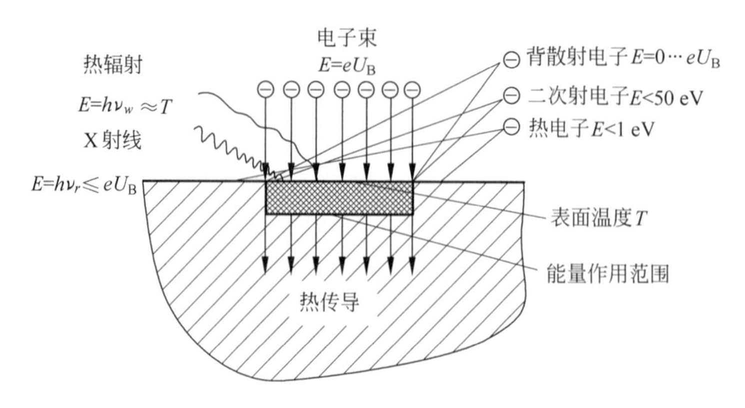

图 2.5　电子束与固体的交互作用

射电子的能量分布范围与入射电子束的能量范围相当，入射电子束被背散射的多少以及它们的能谱和方向分布与基体材料的原子序数、入射方向和基体材料表面间的夹角有关。电子束与固体相互作用时，还会产生二次电子和热电子。当电子束作用在合适的材料表面上并处于高温时，会有大量的热电子发射。但是对于电子束表面处理，热电子和二次电子发射所导致的能量损失较小，可忽略不计。电子束与固体相互作用时，还会产生 X 射线。X 射线的总强度与电子束的能量和基体材料的原子序数有关。对于电子束能量而言，X 射线辐射的能量仅占电子束总能量的 1%以下，可忽略不计。

2.2.2　电子束表面处理过程中温度场的形成

由电子束与材料表面的交互作用可以看出，入射电子在轰击材料表面时，经过一系列复杂的电子背散射、热电子等损耗之后，入射电子所携带的大部分能量以热能的形式转移给工件。材料的实际升温速率及其最高温度，与电子束的束流大小、加速电压大小及下束时间长短有关，此外材料的热物理性质及加工环境的散热条件也将产生一定的影响。

电子束是一种高能量密度的加热源，工件的表面层在电子的照射下升温速度非常快，且随着电子束照射时间的延长工件的温度不断上升。由于电子的平均穿透深度只有微米级，非常有限，因此在作用区内温度上升的速度非常快，将在材料内部形成明显的温差。随着电子束的照射，材料内部的热传导作用将不断加强，从而使加热区域的能量不断向周围扩散。当电子束停止照射后，工件将迅速凝固或冷却，冷却速度与工件的厚度、材料的热物理性能及散热条件有关。

综上所述，电子束表面处理过程中的任意时刻、工件中的任意位置都有特定的温度分布状态，即形成了温度场。

2.2.3　描述温度场的基本理论

由于携带高能量密度的电子束在扫描材料表面时，经过一系列复杂的能量转化过程后转化为热能传递给材料表层，从而形成一个温度梯度极大的温度场。热传导理论可用于描述电子束表面处理过程中温度场的变化过程。

热传导分析最常使用的是傅里叶定律——热传导的基本定律。在导热现象中,单位时间内通过给定截面的热量,正比于垂直于该界面方向上的温度变化率和截面面积,而热量传递的方向则与温度升高的方向相反,即

$$q=-\lambda \mathrm{grad}\boldsymbol{T}=-\lambda \frac{\partial T}{\partial n}\boldsymbol{n}=-\lambda\left(\frac{\partial T}{\partial x}\boldsymbol{i}+\frac{\partial T}{\partial y}\boldsymbol{j}+\frac{\partial T}{\partial z}\boldsymbol{k}\right) \tag{2-1}$$

式中,q 为热流密度,$\mathrm{W/m^2}$;λ 为物体的导热系数,W/(m·K);T 为温度,K;grad$\boldsymbol{T}$ 为温度梯度,K/m;$\boldsymbol{n}$ 为单位法向矢量;$\partial T/\partial n$ 为温度在 n 方向上的导数;(x,y,z)是坐标;$\boldsymbol{i}$、$\boldsymbol{j}$、$\boldsymbol{k}$ 表示三个坐标轴上的单位矢量;负号表示热量传递的方向指向温度降低的方向。

导热微分方程表述为

$$\rho c_p \frac{\partial T}{\partial t}=\frac{\partial}{\partial x}\left(\lambda \frac{\partial T}{\partial x}\right)+\frac{\partial}{\partial y}\left(\lambda \frac{\partial T}{\partial y}\right)+\frac{\partial}{\partial z}\left(\lambda \frac{\partial T}{\partial z}\right) \tag{2-2}$$

它描述的温度场 $T(x,y,z,t)$是三维坐标和时间的函数,是非稳定态(也称为瞬态)温度场。式中,T 为热力学温度,K;t 为时间,s;λ 为导热系数,W/(m·K);$\frac{\partial T}{\partial t}$表示给定点温度变化的瞬时速度;$\rho$ 为传热物质的密度,$\mathrm{kg/m^3}$;c_p 为传热物体的比热容,J/(kg·K);ρc_ρ 为体积热容(容积热容),$\mathrm{J/(m^3 \cdot K)}$。

2.3 扫描电子束铝合金表面处理温度场的仿真

2.3.1 温度场有限元模型的建立

1. 基本假设

利用有限元法对扫描电子束表面处理过程进行仿真,可以获得温度分布、温度梯度和冷却速度等与改性过程直接相关的参数。表面处理过程包括工件的热传导与热辐射、金属的熔化与凝固、热应力与应变等,本研究在建立有限元模型时,采用如下假设:

工件的厚度和束斑半径远大于电子束的能量沉积深度;材料性质均匀,热物理性能为温度的函数;电子束横截面的能量分布呈高斯分布。

2. 几何模型与材料属性

试样为 40 mm×40 mm×40 mm 的 ADC12 铝合金,其化学成分与热物理参数见表 2.2 和表 2.3。

表 2.2 ADC12 铝合金的化学成分(质量分数/%)

Si	Cu	Fe	Mg	Zn	Mn	Ni	Al
10.5～12.0	3.0～4.50	≤1.30	≤0.10	≤3.0	≤0.5	≤0.5	Bal.

表 2.3 ADC12 铝合金的热物理参数

参数	数值	参数	数值
密度 $\rho/(\mathrm{kg/m^3})$	2823	熔点 T/℃	516～582
比热容 c/(J/(kg·K))	963	辐射率 ε	0.5
传热系数 $K/(\mathrm{W/(m^2 \cdot K)})$	92		

3. 边界条件

扫描电子束加热过程中，电子束的扫描频率高达 300 Hz，故忽略加热先后对温度场的影响，认为加热过程是按照一定的扫描带进行加热的。热源为高斯热源，如图 2.6 所示。其表达式为

$$q(r)=q_{m}\exp[-k(r-R)^2] \tag{2-3}$$

式中，$q(r)$为热流密度，W/m^2；R 为扫描电子束轨迹的半径，m；r 为加热点与扫描中心的距离，m；k 为能量集中系数，$k=\frac{12}{d^2}$，d 为束流直径，m；q_{max} 为电子束斑中心最大的热流密度，W/m^2，其值为

$$q_{max}=\frac{1}{0.9836}\frac{\eta IU}{\pi Rd}\sqrt{\frac{3}{\pi}}$$

式中，η 为热效率，通常取 75%；U 为电子束加速电压，V；d 为束流直径，m；I 为束流，mA。

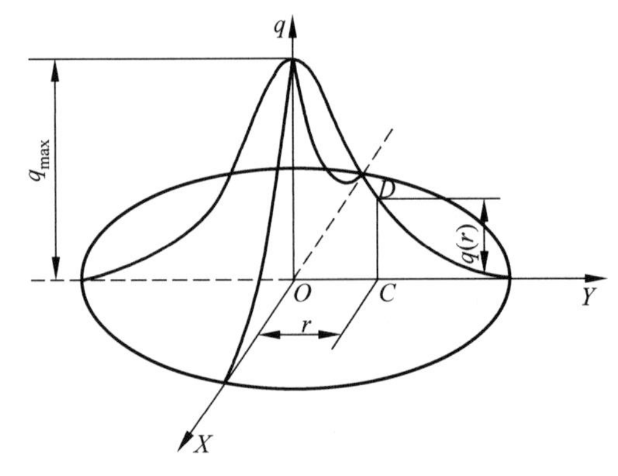

图 2.6 高斯热源示意图

根据扫描电子束加工设备的实际工作状态，以及电子束表面处理技术的特点，在进行温度场仿真时做如下假设：

(1) 试样在电子束加工设备的焊接室中进行加热，而焊接室的真空度可达 10^{-2} Pa，故忽略由空气对流产生的散热作用。

(2) 热辐射是试样在焊接室中加热过程中主要的散热方式，热辐射方程为

$$M=\varepsilon\sigma_0 T^4 \tag{2-4}$$

式中，M 为单位辐射出的总能量，W/m^2；ε 为试样表面的辐射率，ADC12 铝合金一般取 0.5；σ_0 为斯忒藩-玻耳兹曼常量，通常取 5.67×10^{-8} $W/(m^2\cdot K^4)$；T 为试样表面的热力学温度，K。

(3) 由于试样的最高温度大于材料的熔点，因此必须考虑材料的相变过程。本研究通过设置材料的比热容，对试样的相变过程进行仿真。

将对称面设定为绝热条件，辐射散热加载在试样的上下表面和两个外侧面上。试样的初始温度设为 25℃。

2.3.2 温度场分布规律

在进行温度场分析时，采用的电子束工艺参数见表 2.4。

表 2.4 扫描电子束工艺参数

加速电压 U/kV	束流 I/mA	扫描频率 f/Hz	束斑直径 d/mm	扫描半径 R/mm	加热时间 t/s
60	25	300	2	11	15

仿真结果如图 2.7 所示。由图可知，试样的最高温度出现在扫描电子束带的中心，最高温度达到 663℃；最低温度在试样的底部，基体温度为 267℃。试样上各点的温度与该点到扫描中心的距离成反比，距离扫描中心越近，温度越高，距离越远，温度逐渐降低。这是由于电子束横截面的能量分布呈高斯分布，能量的峰值在电子束的中心，且各点的能量随该点与电子束中心的距离增大而减少。在试样的表面形成一个环形的熔池。

图 2.7 所示为扫描后温度分布，试样表面形成的环形熔池的分界线是一条抛物线。

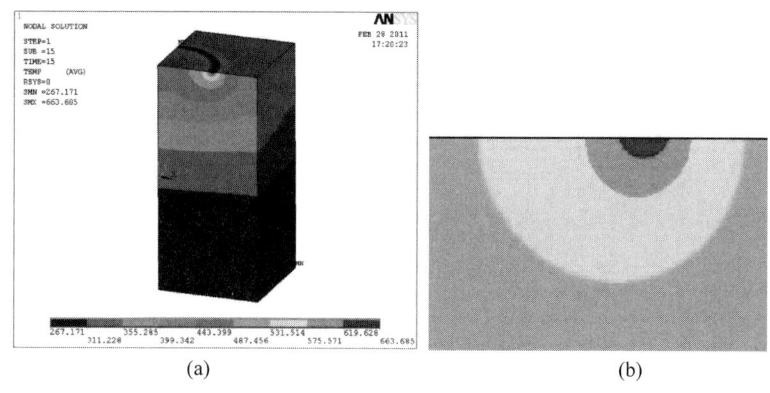

(a) (b)

图 2.7 试样照射 15 s 后的温度分布

(a) 温度分布；(b) 沿深度方向的温度

x 轴($y=0$, $z=20$ mm)和 z 轴($x=11$ mm, $y=0$)上的温度分布，如图 2.8 所示。由此可知，x 轴上温度最大值出现在扫描电子束带中心($x=11$ mm)处。在扫描带附近，温度梯度较大，而在远离扫描的地方，温度梯度较小。z 轴上的温度最大值出现在试样表面，在表面附近的温度梯度较大，在试样底部温度梯度较小。得到的熔池宽度为 2 mm，深度为 0.8 mm。

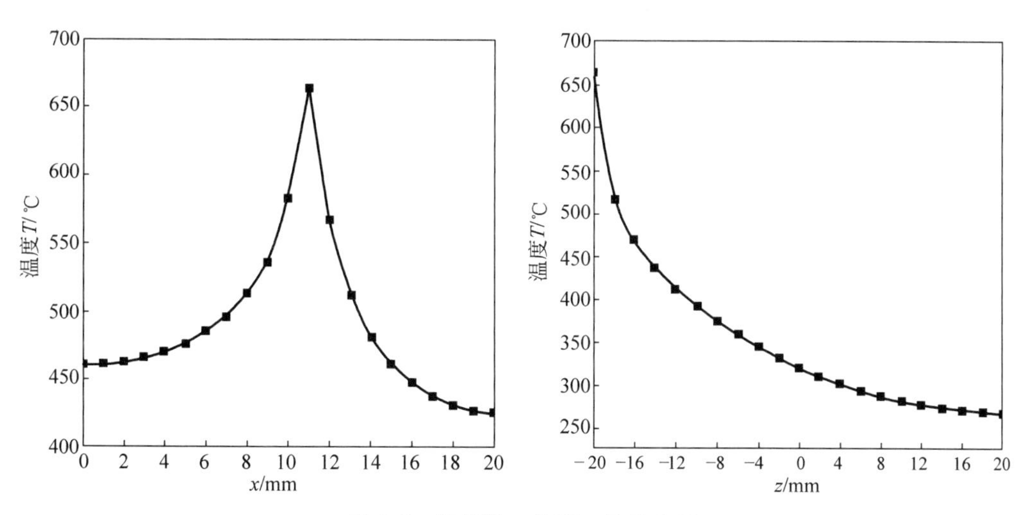

图 2.8 温度沿 x 轴和 y 轴的分布

2.4 扫描电子束铝合金温度场的实验研究

2.4.1 实验步骤

将 ACD12 铝合金棒料加工成 40 mm×40 mm×40 mm 试样。试验前，先用丙酮清洗除去铝合金表面氧化物，烘干后，再将铝合金表面用无水乙醇洗净，然后直接放入电子束加工设备的真空室中，利用扫描电子束对铝合金表面进行表面处理，电子束工艺参数见表 2.4。扫描方式如图 2.3 和图 2.4 所示。扫描电子束在铝合金表面扫描成一个“圆环”，用线切割出一个 20 mm×20 mm×20 mm 的金相分析试样。

分析试样的制备过程可分成四个步骤，即切割、研磨、抛光和腐蚀。

(1) 切割：将电子束表面处理后的试样用线切割机沿扫描圆环形区域轴线的 1/2 方向截开。

(2) 研磨：将磨削材料固定在介质材料上，以垂直方向将试样表面材料通过磨削方式去除。

(3) 抛光：采用机械抛光的方式进行抛光。采用的抛光微粉是氧化铬(Cr_2O_3)，抛光织物是丝绸布。经过抛光后试样磨面得到光滑的镜面。

(4) 腐蚀：腐蚀过程是采用 0.5%的 HF 水溶液腐蚀 5～10 s。

2.4.2 结果分析

1. 显微组织

经扫描电子束后，利用扫描电镜拍摄显微组织，结果如图 2.9 所示。扫描处理后，可分为基体、过渡区和熔凝区。基体组织由共晶体、粗大条片状 Si 晶体、灰白色骨骼状的 AlCuFeSi 相和少量黑色骨骼状的 Mg_2Si 相组成；过渡区组织的晶粒比基体组织的晶粒相对细小，这是由于电子束表面处理后，由于基体传热的冷却速度快，使得粗大条片状 Si 晶体、AlCuFeSi 相和 Mg_2Si 相来不及析出，而熔解在共晶体中，因此晶粒相对较细小。

经过电子束表面处理以后，表面处理区组织由非平衡态的共晶体、细片状 Si 晶体和少量浅灰色骨骼状的 AlCuFeSi 相组成，表面处理区组织非常细小，这是由于表面层快速熔化后，利用基体金属的传热，在较大的过冷度条件下进行结晶，形核率增加，成长率下降，使得晶粒高度细化。

2. 硬度分布

用 HMV-2T 显微硬度计进行显微硬度测试，得到沿深度方向强化层的显微硬度变化曲线，如图 2.10 所示。扫描电子束处理后的铝合金试样表面硬度最高，是基体材料的 1.39 倍；距表面的距离 10 mm 以内时，随着距离的增加表面强化层的硬度呈非线性下降且下降速度缓慢；当距表面距离超过 10 mm 时，强化层的硬度随着距离的增加仍为非线性下降，但下降速度显著增快，过渡区的显微硬度比基体的硬度要低；18 mm 以后与基体硬度基本一致。形成上述现象的原因是表面强化层组织晶粒细小，硬度有所增加，过渡区组织由于加

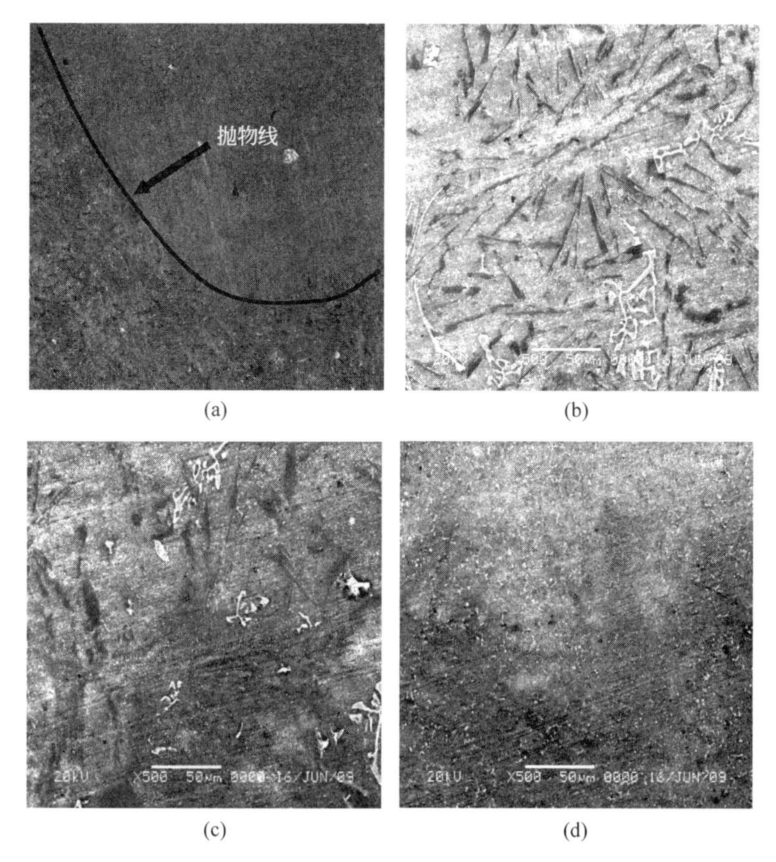

(a)　(b)　(c)　(d)

图 2.9　扫描电子束对组织形貌和显微组织的影响

(a) 整体形貌；(b) 基体组织；(c) 过渡区组织；(d) 熔凝区组织

热重熔，使一些密度较大的元素在束流和重力作用下，偏析分布在过渡区和基体交界处，强化相数量的减少致使硬度下降，在过渡区和基体交界处硬度略高于基体。

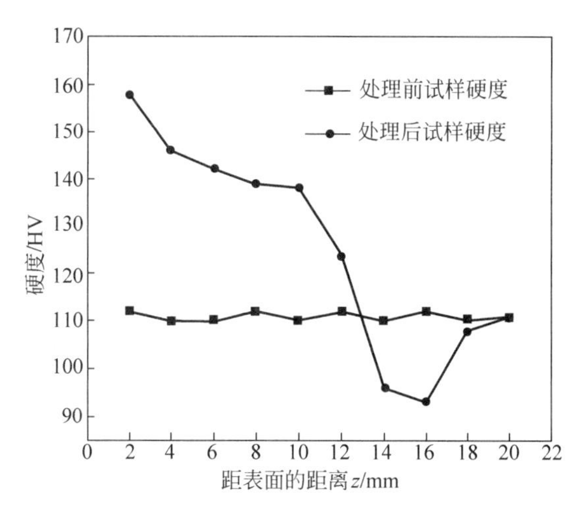

图 2.10　扫描电子束前后的显微硬度

2.5 电子束工艺参数对温度场与熔池大小的影响

2.5.1 束流对温度场与熔池大小的影响

讨论束流影响时，电子束工艺参数选择见表 2.5。束流对温度场及熔池大小的影响，如图 2.11 所示。

表 2.5 电子束工艺参数

电子束参数	试样代号				
	a	b	c	d	e
加速电压 U/kV	60	60	60	60	60
束流 I/mA	10	15	20	25	30
下束时间 t/s	15	15	15	15	15
束斑直径 d/mm	2	2	2	2	2
扫描半径 R/mm	11	11	11	11	11
扫描频率 f/Hz	300	300	300	300	300

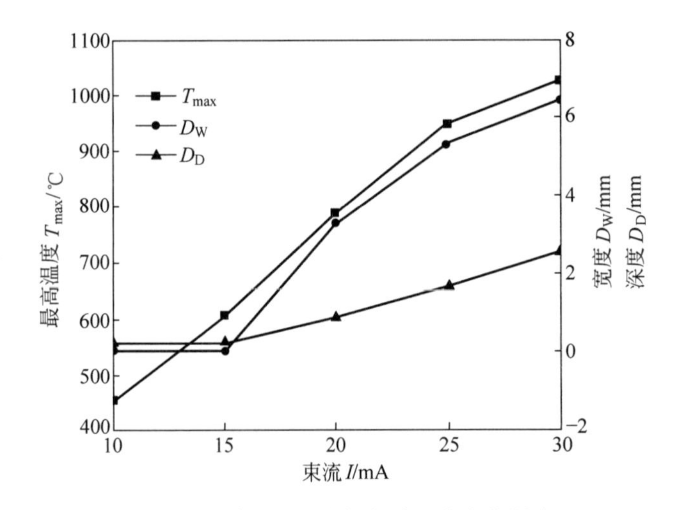

图 2.11 束流对温度场与熔池大小的影响

由图 2.11 可知，随着束流的增加，试样表面的最高温度快速升高，熔池的宽度和深度也有所增大，当束流超过 15 mA 后，随着束流的增大，熔池宽度增加的速率比熔池深度增加速率增长得快。这是因为：根据式(2-3)可知，束流 I 与电子束斑中心最大的热流密度 q_{max} 成正比，随着束流 I 的增大，q_{max} 增大，因此电子束加热区的最高温度增高。同时，由于束流的增大，电子束输入能量增加，转化而成的热能也随着增加，由扫描区向其他区域传递的热量也增多，试样的整体温度都将提高，试样表面的熔池的宽度和深度也随之增大。

2.5.2 束斑直径对温度场与熔池大小的影响

讨论束斑直径的影响时，电子束的工艺参数选择见表 2.6。对电子束表面处理温度场及熔池大小的影响，如图 2.12 所示。

表 2.6　电子束工艺参数

电子束参数	试样代号			
	a	b	c	d
加速电压 U/kV	60	60	60	60
束流 I/mA	25	25	25	25
下束时间 t/s	15	15	15	15
束斑直径 d/mm	1	2	3	4
扫描半径 R/mm	11	11	11	11
扫描频率 f/Hz	300	300	300	300

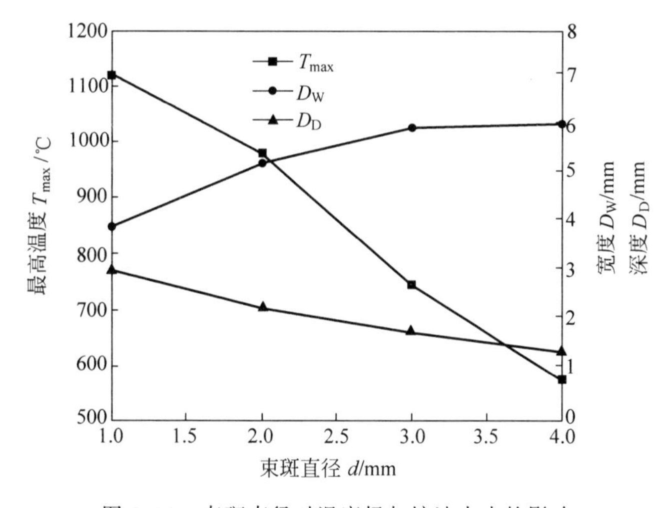

图 2.12　束斑直径对温度场与熔池大小的影响

由图 2.12 可知，随着束斑直径 d 的增加，试样表面的最高温度快速下降，熔池的深度略有减小，而宽度则快速地增大；当束斑直径超过 3 mm 后，随着束斑直径 d 的增加，熔池宽度增加的速率变缓。这是因为：根据式(2-3)可知，电子束斑中心最大的热流密度与束斑直径 d 成反比，d 越大，能量的集中系数就越小，q_m 越小，试样表面的最高温度也相应地减小，注入的能量被分散，电子束的沉积深度变小，因此熔池的深度也随之减小。随着束斑直径 d 增加，试样表面受电子束直接照射的区域越来越大，因此，熔池的宽度快速地增大，但当束斑直径超过 3 mm 后，由于能量束被分散，边缘无法使材料熔化，因此，熔池的宽度的增加的速率变缓。

2.5.3　扫描半径对温度场与熔池大小的影响

讨论扫描半径的影响时，电子束的工艺参数选择见表 2.7。扫描半径对电子束表面处理温度场与熔池大小的影响，如图 2.13 所示。

表 2.7 电子束的工艺参数

电子束参数	试样代号			
	a	b	c	d
加速电压 U/kV	60	60	60	60
束流 I/mA	25	25	25	25
下束时间 t/s	15	15	15	15
束斑直径 d/mm	2	2	2	2
扫描半径 R/mm	8	11	14	17
扫描频率 f/Hz	300	300	300	300

由图 2.13 可知,随着扫描半径 R 增加,最高温度、熔池的宽度和深度均急剧下降。电子束斑中心最大的热流密度与扫描半径 R 成反比,R 增大,q_m 减小,电子束加热区的最高温度也相应减小,由加热区向基体传导的热量也相应的减少,导致了熔池宽度和深度的减小。

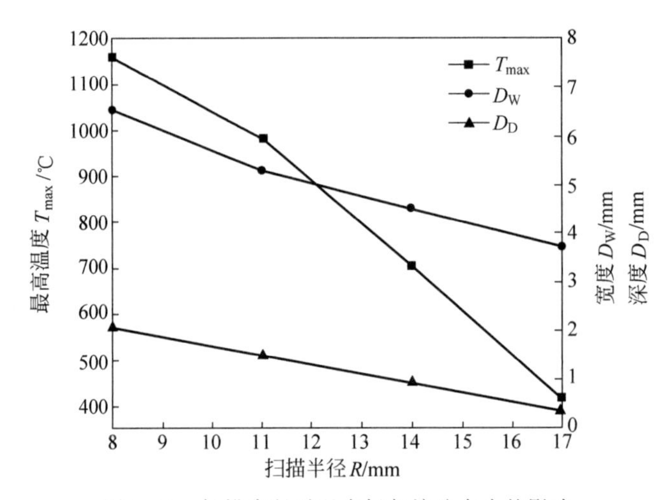

图 2.13 扫描半径对温度场与熔池大小的影响

第3章

扫描电子束铝合金表面处理应力场的研究

经电子束照射后的材料表面将产生热应力。弹塑性力学是固体力学的一个分支学科，是研究可变形固体受到外载荷、温度变化及边界约束变动等作用时弹塑性变形和应力状态的科学。热弹塑性力学是在弹塑性力学的基础上考虑温度变化对应力应变的影响，在应力-应变关系中增加一项由于温度变化引起的应变。

3.1 应力场分析的基本理论

机械性能与温度有关的应力-应变关系如下所述。

1. 弹性区

全应变增量：

$$\mathrm{d}\boldsymbol{\varepsilon}=\mathrm{d}\boldsymbol{\varepsilon}_{\mathrm{e}}+\mathrm{d}\boldsymbol{\varepsilon}_{T} \tag{3-1}$$

式中，

$$\mathrm{d}\boldsymbol{\varepsilon}_{T}=\boldsymbol{\alpha}\mathrm{d}T$$

式中，$\boldsymbol{\alpha}$ 为热膨胀矩阵。

$$\mathrm{d}\boldsymbol{\varepsilon}_{\mathrm{e}}=\mathrm{d}[\boldsymbol{D}_{\mathrm{e}}^{-1}\boldsymbol{\sigma}]=\boldsymbol{D}^{-1}\mathrm{d}\boldsymbol{\sigma}+\frac{\partial\boldsymbol{D}_{\mathrm{e}}^{-1}}{\partial T}\boldsymbol{\sigma}\mathrm{d}T$$

由上式可得

$$\mathrm{d}\boldsymbol{\sigma}=\boldsymbol{D}_{\mathrm{e}}\mathrm{d}\boldsymbol{\varepsilon}-\boldsymbol{D}_{\mathrm{e}}\left(\boldsymbol{\alpha}+\frac{\partial\boldsymbol{D}_{\mathrm{e}}^{-1}}{\partial T}\boldsymbol{\sigma}\right)\mathrm{d}T$$

令 $\boldsymbol{D}=\boldsymbol{D}_{\mathrm{e}},\boldsymbol{C}=\boldsymbol{C}_{\mathrm{e}}=\boldsymbol{D}_{\mathrm{e}}\left(\boldsymbol{\alpha}+\frac{\partial\boldsymbol{D}_{\mathrm{e}}^{-1}}{\partial T}\boldsymbol{\sigma}\right)$

可得

$$\mathrm{d}\boldsymbol{\sigma}=\boldsymbol{D}\mathrm{d}\boldsymbol{\varepsilon}-\boldsymbol{C}\mathrm{d}T \tag{3-2}$$

式(3-2)为弹性区间内与材料机械性能和温度相关的应力-应变关系式。

2. 塑性区

设材料的屈服函数为 $f(\sigma_x,\sigma_y,\sigma_z,\cdots)$，其值在温度 T，应变硬化指数 K 达到 $f_0(\sigma_{\mathrm{s}}$，

$\boldsymbol{T},\boldsymbol{K}$)时，材料开始发生屈服，即

$$f=f_0(\sigma_T(T),K(\varepsilon_p),\cdots) \tag{3-3}$$

在塑性区，全应变增量可以分解为

$$\mathrm{d}\boldsymbol{\varepsilon}=\mathrm{d}\boldsymbol{\varepsilon}_p+\mathrm{d}\boldsymbol{\varepsilon}_e+\mathrm{d}\boldsymbol{\varepsilon}_T$$

根据流动法则有

$$\mathrm{d}\boldsymbol{\varepsilon}_p=\lambda\left(\frac{\partial f}{\mathrm{d}\boldsymbol{\sigma}}\right)$$

由以上各式整理可得

$$\lambda=\left[\frac{\partial f}{\partial\boldsymbol{\sigma}}^{\mathrm{T}}\boldsymbol{D}_e\mathrm{d}\boldsymbol{\varepsilon}-\frac{\partial f}{\partial\boldsymbol{\sigma}}^{\mathrm{T}}\boldsymbol{D}_e\left(\boldsymbol{\alpha}+\frac{\partial\boldsymbol{D}_e^{-1}}{\partial T}\boldsymbol{\sigma}\right)\cdot\mathrm{d}T-\frac{\partial f_0}{\partial T}\mathrm{d}T\right]\Big/S$$

式中，

$$S=\frac{\partial f}{\partial\boldsymbol{\sigma}}\boldsymbol{D}_e\frac{\partial f}{\partial\boldsymbol{\sigma}}+\frac{\partial f_0}{\partial K}\left(\frac{\partial K}{\partial\boldsymbol{\varepsilon}_p}\right)^{\mathrm{T}}\frac{\partial f}{\partial\boldsymbol{\sigma}}$$

因此，塑性区应力-应变关系表示为

$$\mathrm{d}\boldsymbol{\sigma}=\boldsymbol{D}_{ep}\mathrm{d}\boldsymbol{\varepsilon}-\left(\boldsymbol{D}_{ep}\boldsymbol{\alpha}+\boldsymbol{D}_{ep}\frac{\partial\boldsymbol{D}_e^{-1}}{\partial T}\cdot\boldsymbol{\alpha}-\boldsymbol{D}_e\frac{\partial f}{\partial\boldsymbol{\sigma}}\frac{\partial f_0}{\partial T}\Big/S\right)\mathrm{d}T \tag{3-4}$$

其中，$\boldsymbol{D}_{ep}$ 为弹塑性矩阵：

$$\boldsymbol{D}_{ep}=\boldsymbol{D}_e-\boldsymbol{D}_e\frac{\partial f}{\partial\boldsymbol{\sigma}}\left(\frac{\partial f}{\partial\boldsymbol{\sigma}}\right)^{\mathrm{T}}\boldsymbol{D}_e\Big/S$$

令 $\boldsymbol{D}=\boldsymbol{D}_{ep}$

$$\boldsymbol{C}=\boldsymbol{C}_{cp}=\left(\boldsymbol{D}_{ep}\boldsymbol{\alpha}-\boldsymbol{D}_{ep}\frac{\partial\boldsymbol{D}_e^{-1}}{\partial T}\cdot\boldsymbol{\alpha}-\boldsymbol{D}_e\frac{\partial f}{\partial\boldsymbol{\sigma}}\frac{\partial f_0}{\partial T}\Big/S\right)$$

则有

$$\mathrm{d}\boldsymbol{\sigma}=\boldsymbol{D}\mathrm{d}\boldsymbol{\varepsilon}-\boldsymbol{C}\mathrm{d}T \tag{3-5}$$

3.2 扫描电子束表面处理应力场的研究

通过对扫描电子束表面处理的温度场进行仿真和实验验证，可看到经扫描电子束处理后的材料表面将产生一个温度梯度极大且随时间变化的温度场。该分布不均的温度场将使材料表层的不同部分出现程度不一的“热胀冷缩”现象。在升温过程中，膨胀程度大的区域受到膨胀程度低的区域的限制；在降温过程中，收缩程度大的区域受到收缩程度小的区域的限制，这就造成了热应力的产生。此外，在铝合金熔化和凝固过程中，将发生相变，在相变过程中的组织变化将产生组织应力。

在试样冷却过程中，热应力和组织应力之间的相互作用会产生残余应力，对工件的形状、尺寸和性能有着极为重要的影响。当其超过材料的屈服极限时，工件将产生塑性变形。超过材料的强度极限时，将引起工件断裂或破坏，应减小或消除工件的残余应力。反之，合理控制残余应力的分布，可提高工件的机械性能和使用寿命。

3.2.1 应力场分析有限元模型的建立

建立应力场有限元模型时,需考虑如下内容。

1. 转换单元类型

根据温度场单元和应力场单元的对应关系,在热分析中选择了 SOLID70 单元,在结构分析中对应选择 SOLID45 单元。该单元是三维结构实体单元,有 8 个节点,每个节点有 3 个沿着 xyz 方向平移的自由度,可进行塑性、蠕变、膨胀、应力强化、大变形和大应变分析。

2. 定义材料属性

在进行应力场分析时,需确定进行结构分析所需的材料属性。由于材料高温热力学参数的缺乏及测试的难度,且在高温时,材料的热力学参数将发生突变,无法通过插值的方法获得,本研究采用仿真与实验相结合的方法,修正材料的高温热力学参数,以确定较合理的高温热力学参数。

3. 施加热载荷

在有限元应用间接法进行热力耦合计算时,将热分析得到的节点温度作为体载荷加载到结构模型中,载荷的施加分成加热、真空冷却和室温冷却三个载荷步分别加载。

4. 约束条件

由于在进行电子束表面处理时,工件只是简单地放在工作台合适的位置上,并没有其他的约束,因此在进行应力分析时,无需施加位移约束。

3.2.2 高温热力学参数的确定

由于铝合金高温热力学参数难以获得,本研究通过分析高温热力学参数对电子束表面处理应力场的影响,将仿真与实验相结合的方式确定铝合金的高温热力学参数。高温热力学参数主要包括热膨胀系数、屈服极限、弹性模量、切变模量等。

1. 热膨胀系数对应力场的影响

由于铝合金在 500℃左右时,将进入固熔状态,此时 ADC12 铝合金材料的各项性能以及热膨胀系数将出现较大的变化。因此,研究加热温度分别为 500℃、600℃和 700℃时,热膨胀系数对应力分布的影响。

假设 ADC12 铝合金在固熔和熔化阶段时,即在 500～700℃,材料的热膨胀系数呈线性变化。因此,只需考虑 700℃时 ADC12 铝合金材料的热膨胀系数对表面应力场的影响。

当其他参数不变,700℃时 ADC12 铝合金材料的热膨胀系数对试样电子束表面处理应力场的影响规律,如图 3.1 所示。由图可知,随着热膨胀系数的增大,材料表面的变形量和表面最大应力迅速增加。

2. 屈服极限对应力场的影响

与热膨胀系数相同,假设 ADC12 铝合金材料在固熔阶段和熔化阶段时,ADC12 铝合金材料的屈服极限呈线性变化。只考虑 700℃时,ADC12 铝合金材料的屈服极限对电子束表面处理应力场的影响。

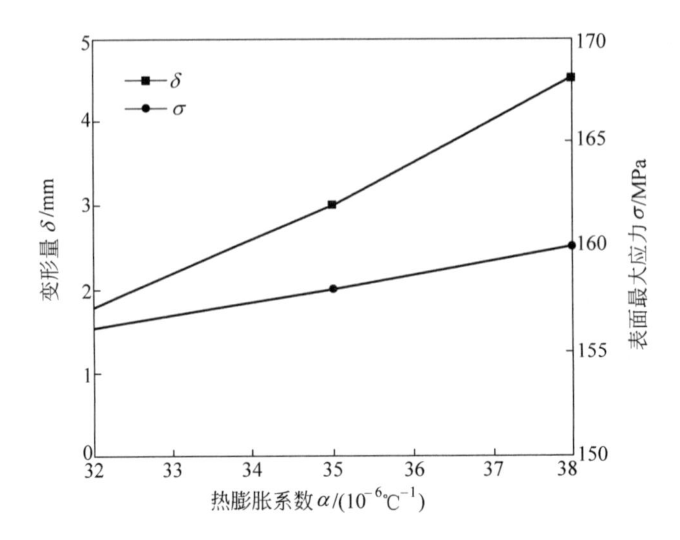

图 3.1 热膨胀系数对应力场的影响

当其他参数不变，700℃时 ADC12 铝合金材料的屈服极限对试样电子束表面处理应力场的影响，如图 3.2 所示。由图可知，随着屈服极限的增大，ADC12 铝合金材料表面的变形量和最大应力均有不同程度的增加。

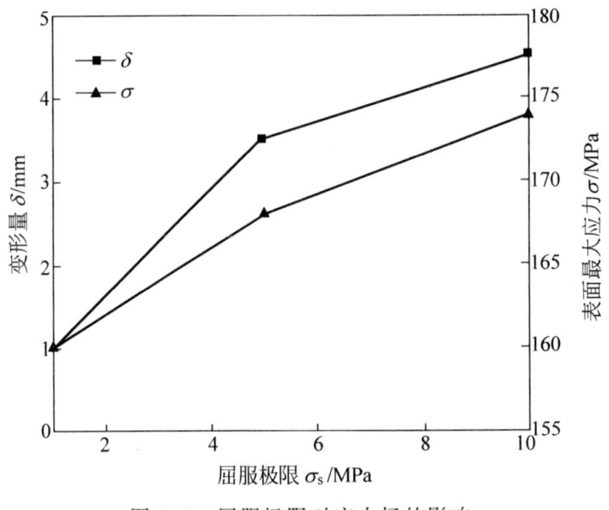

图 3.2 屈服极限对应力场的影响

3. 其他热力学参数对应力场的影响

材料的其他热力学参数主要有弹性模量 E、泊松比 μ 和切变模量 G。由于材料的泊松比随温度变化而变化的程度较小，因此，假设泊松比不随温度变化而改变，且取泊松比 $\mu=0.32$。

当其他参数不变，700℃时 ADC12 铝合金材料的弹性模量对试样电子束表面处理应力场的影响，如图 3.3 所示。由图可知，随着弹性模量的增大，ADC12 铝合金材料表面的变形量和最大应力均有不同程度的增加。

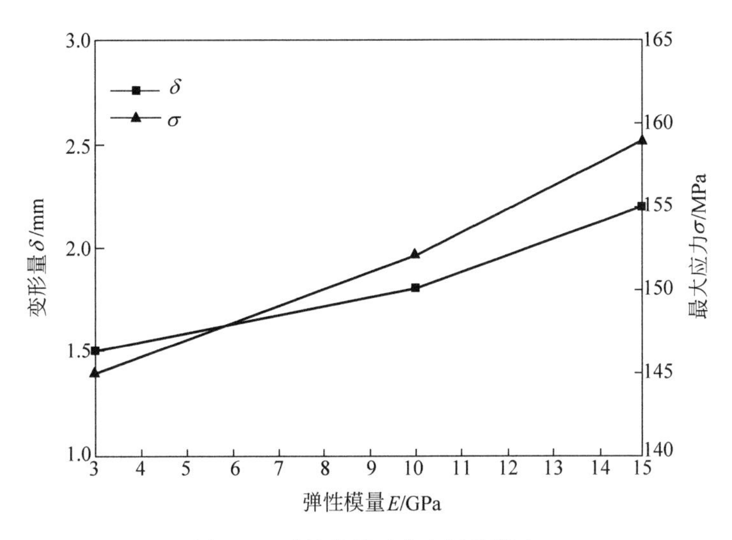

图 3.3　弹性模量对应力场的影响

当其他参数不变,700℃时 ADC12 铝合金材料的切变模量对试样电子束表面处理应力场的影响,如图 3.4 所示。由图可知,随着切变模量的增大,ADC12 铝合金材料表面的变形量和最大应力均有不同程度的增加。

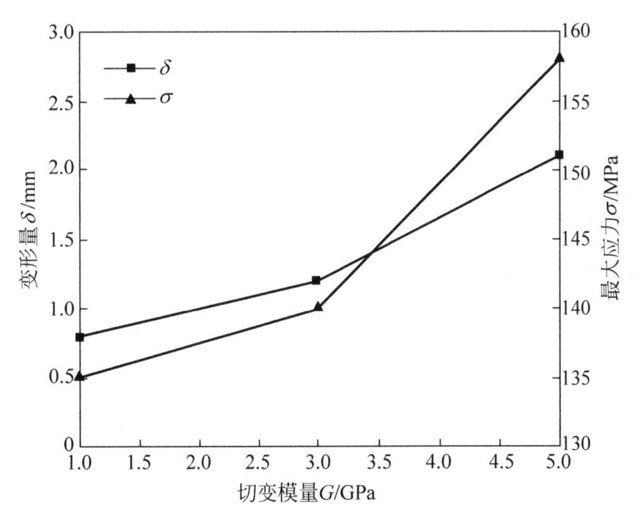

图 3.4　切变模量对应力场的影响

3.3　应力场的测试与结果分析

残余应力的测试方法主要有小孔法、电阻法、光弹法、超声法和 X 射线法等。其中 X 射线法是应用比较广泛且对测试表面无损的测试方法,为此,本研究选用加拿大 Proto 制造有限公司制造的 Proto iXRD 应力仪进行残余应力测定。

利用 Proto iXRD 应力仪进行残余应力测试,测试点的位置如图 3.5 所示,测试点对应的应力值如图 3.6 所示。由图可知,在扫描带附近为拉应力,而在其他位置为压应力。试样表面的最大拉应力出现在扫描带的内侧边缘处,外侧边缘次之,而扫描带中间的拉应力最小。试样中间的压应力略大于试样扫描带外的压应力,表面最大残余应力为 127.6 MPa。

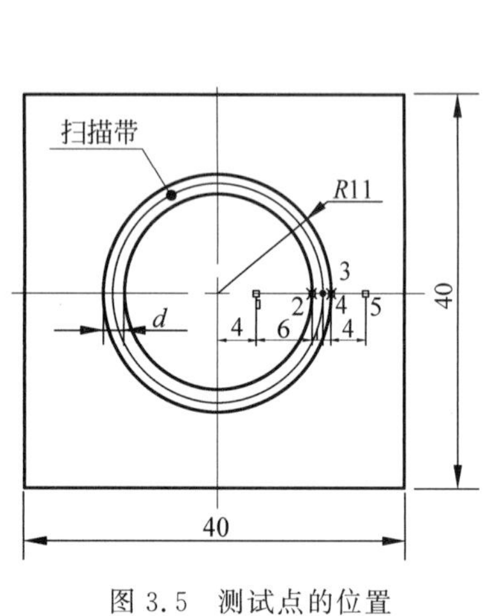

图 3.5 测试点的位置

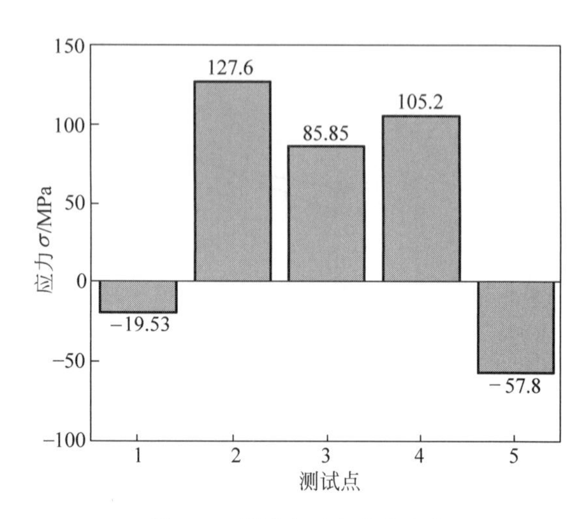

图 3.6 测试点对应的应力值

试样经电子束表面处理后的变形,如图 3.7 所示,由图可知,电子束表面处理后试样的截面凸起变形量约为 1.8 mm。

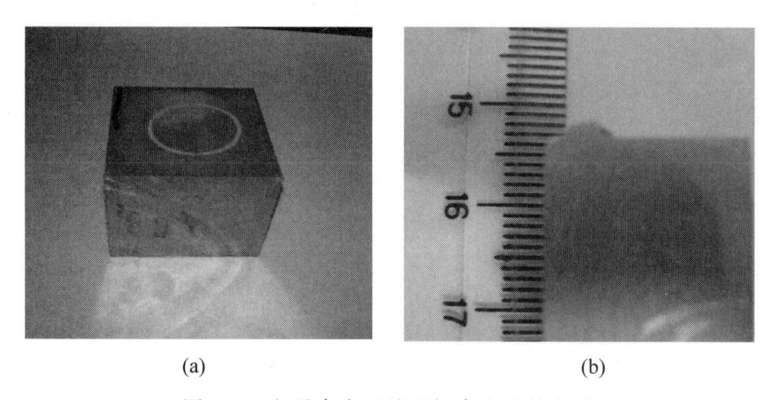

(a) (b)

图 3.7 电子束表面处理铝合金后的变形

(a) 扫描电子束处理后试样;(b) 截面凸起放大图

3.4 确定高温热力学参数

由 3.3 节的实验结果可知,经电子束表面处理后,试样的最大表面应力为 127.6 MPa,变形量约为 1.8 mm。经过不断地试验测试,将测试结果与高温热力学参数对电子束表面处理应力场的影响进行比较,最终得到可使用表 3.1 所示的高温热力学参数进行仿真(其中低温部分为查表所得)。

表 3.1　用于仿真的 ADC12 铝合金热力学参数

温度 T/℃	弹性模量 E/GPa	切变模量 G/GPa	屈服极限 σ_s/MPa	线膨胀系数 $\alpha/(10^{-6}K^{-1})$	泊松比 μ
20	71	26.5	165	22	0.32
300	65	25.4	135	23.5	0.32
400	57	10.6	119	24.3	0.32
500	49	8.33	100	25.4	0.32
600	4.9	3.83	1	27	0.32
700	2.79	2.63	0.7	28.5	0.32

3.5　应力场实验验证

采用表 3.2 的扫描电子束工艺参数及表 3.1 的 ADC12 铝合金材料热力学参数，对电子束表面处理应力场进行仿真，并进行实验验证。

表 3.2　扫描电子束工艺参数

加速电压 U/kV	束流 I/mA	扫描频率 f/Hz	束斑直径 d/mm	扫描半径 R/mm	加热时间 t/s
60	20	300	2	11	15

1. 应力场仿真结果分析

经过仿真得到的主应力分布，如图 3.8 所示。由图可知，最大应力出现在扫描带之下，最大值为 128 MPa，小于常温下材料的屈服极限，应力的最小值在试样的底部。试样表面的最大变形量约为 0.8 mm。在扫描带间各点的应力以扫描带边缘的应力值最大，而扫描带中心的应力值最小；试样上其他位置的应力与该点与扫描中心的距离成反比。

因为热应力主要是由较大的温度梯度引起的，试样的最大温度梯度发生在扫描带处，且随着远离扫描带而降低，因此，试样的应力最大值出现在扫描带附近，且随着与扫描带距离

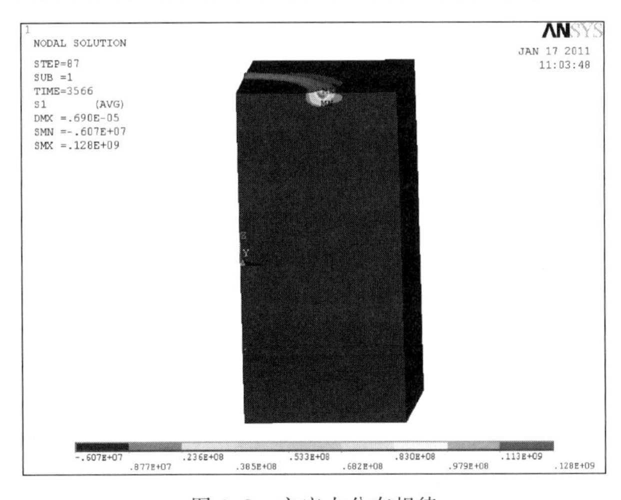

图 3.8　主应力分布规律

的增大而减小。而在扫描带中，由于电子束的高能量密度，使得扫描带中发生了液固相变，由于熔池的冷却凝固是从熔池的边缘开始，在熔池边缘产生了热残余收缩应变，从而导致了这个部位的应力值最大。

经电子束表面处理后，残余应力在 x 轴（$y=0, z=0.02$）上的分布，如图 3.9 所示。在 z 轴（$x=0.011, y=0$）上的分布，如图 3.10 所示。

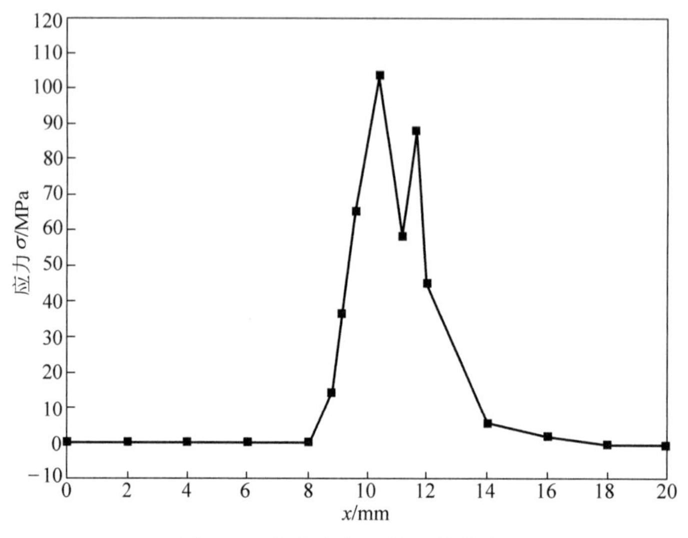

图 3.9　主应力在 x 轴上的分布

由图 3.9 可以看出，试样表面沿 x 轴的应力分布有两个峰值，分别出现在扫描带的两侧，扫描带内侧的应力值最大，外侧的应力次之，扫描带中心的应力值最小。在扫描带附近的应力为压应力，而远离扫描带的应力为拉应力，且数值很小，接近于零。这说明电子束表面处理只对扫描带附近的位置有较大的影响，对其他位置的影响很小，可忽略不计。

由图 3.10 还可看出，试样沿 z 轴应力分布的最大值出现在亚表层，离表面约为 0.3 mm 处，在离表面 2 mm 的影响层内为压应力，其他位置为拉应力。影响层深度约为 2 mm。

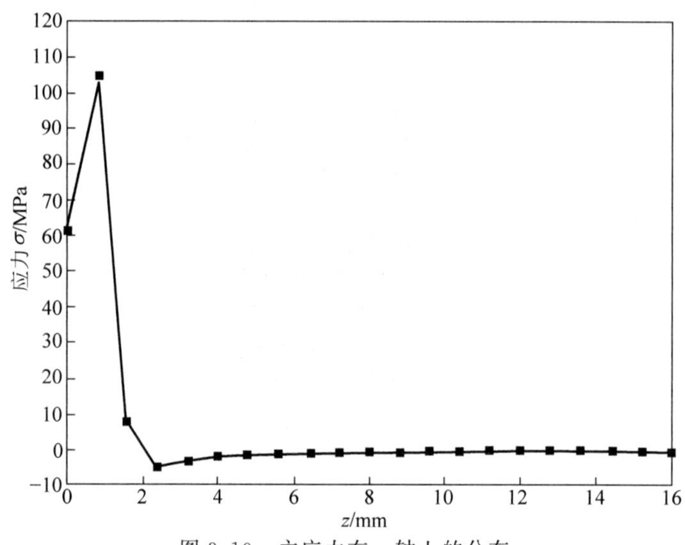

图 3.10　主应力在 z 轴上的分布

2. 应力场的实验测试

根据表3.2的扫描电子束工艺参数进行电子束表面扫描处理，经处理后，试样截面图如图3.11所示。由图可知，试样的变形量约为0.7 mm，与仿真所得变形量为0.8 mm相近。

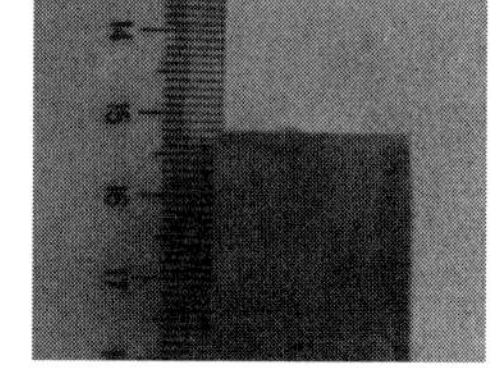

图3.11　处理后表面变形

试样表面应力实验结果与仿真结果对比，如图3.12所示。由图可以看出，在扫描带附近为拉应力，而在其他位置为压应力。试样表面的最大拉应力出现在扫描带的内侧边缘处，外侧边缘次之，而扫描带中间的拉应力最小。试样中间的压应力略大于试样扫描带外的压应力。仿真与测试的应力分布规律一致，且仿真获得最大应力为104.9 MPa，而实验测得的最大应力为115.4 MPa，两者结果相近。

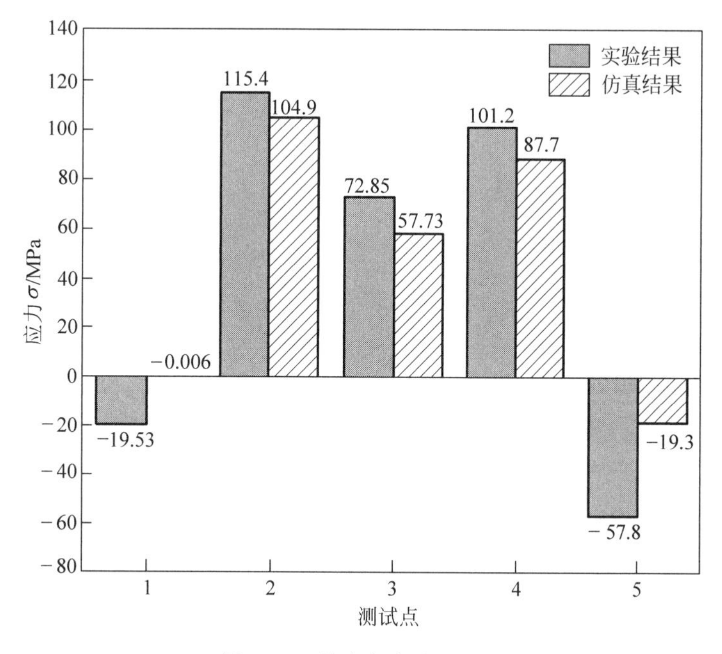

图3.12　仿真与实验的比较

综上所述，通过重复实验可验证所确定的高温热力学参数的可行性。

3.6　电子束工艺参数对应力场的影响

1. 束流大小对应力场的影响

讨论束流大小对应力场的影响时，电子束的工艺参数分别是：加速电压60 kV，扫描频率300 Hz，束斑直径2 mm，扫描半径11 mm，下束时间15 s。分别研究束流为10 mA、15 mA、20 mA、25 mA、30 mA时，对应力场分布的影响规律。

束流对应力场的影响如图3.13所示。由图可知，随着束流的增加，试样表面的最大应力呈近似线性增加。在束流小于15 mA时，表面应力很小，变形量可以忽略不计，近似为零。随着束流的增大，试样的变形量也呈近似线性增加，这是因为：随着束流的增大，注入铝合金表面的能量增大，温度梯度也随之增大，导致了热应力的增加。当束流小于 15 mA 时，电子束注入的能量较小，无法使铝合金熔化，只产生固溶体溶解度的变化，因此此时试样的变形量相对较小，近似为零。随着束流的增大，熔池增大，在熔化和凝固的过程，受到熔池边缘压应力的区域越大，从而形成的变形量也越大。

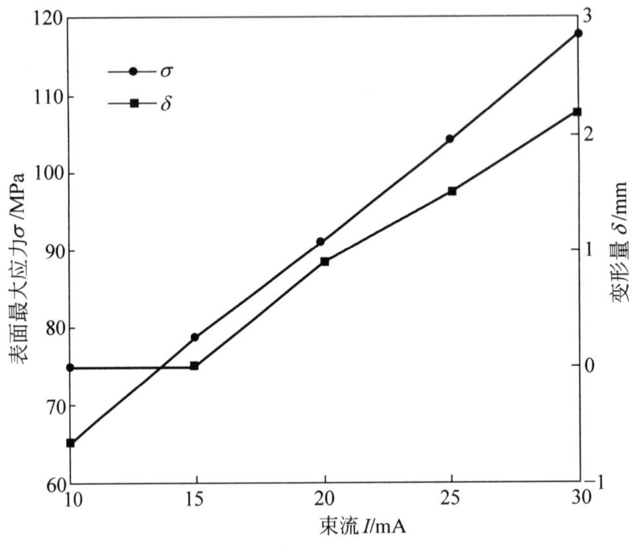

图 3.13　束流对应力场的影响

2. 电子束扫描半径对应力场的影响

讨论电子束扫描半径对应力场的影响时，电子束的工艺参数分别是：加速电压 60 kV，扫描频率 300 Hz，束斑直径 2 mm，束流 25 mA，下束时间 15 s，分别讨论扫描半径为：8 mm、11 mm、14 mm、17 mm 时，对应力场分布的影响规律。影响结果如图 3.14 所示，由

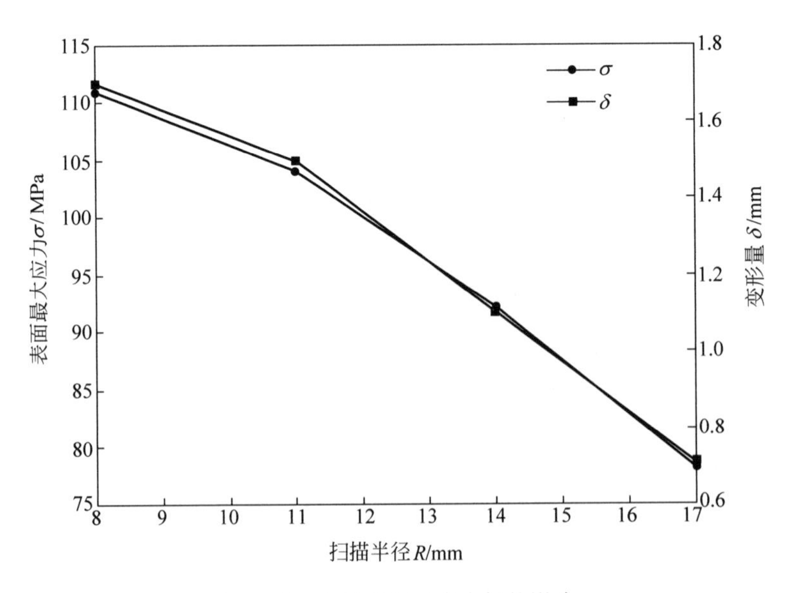

图 3.14　扫描半径对应力场的影响

图可知，随着扫描半径的增加，试样表面最大应力和变形量都快速地减小，这是因为：随着扫描半径的增大，在其他参数不变的情况下，虽然注入试样表面的总能量及热流密度不变，使得同一位置重复扫描的间隔时间增长，导致有更多的热能从试样表面向基体传导，使得试样表面的温度梯度减小，因此试样表面最大应力减小。由于有更多的热能从表面向基体传递，因此表面的最大温度更难达到铝合金的熔点，因此熔池将减小，从而导致了变形量的减小。

第 4 章

电子束表面处理熔池温度场与流场的研究

在电子束表面处理过程中，熔池内的金属流动及传热过程对处理区域的组织形貌及表面质量有重要的影响，随着电子束的移动，熔融液态金属的流动状态也随之而改变，因此，准确了解表面处理过程中熔池内的金属流动与传热过程，对表面处理冶金分析及表面处理过程控制具有一定的指导意义。

4.1 熔池流场分析的基本理论

4.1.1 流动控制方程

流体的流动通常遵循质量、动量和能量守恒定律，在对电子束表面处理过程中的熔池进行流场分析时，主要使用 Navier-Strokes 方程、连续性方程、动量守恒方程和能量守恒方程等。

连续性方程：

$$\nabla g \mathbf{V} = 0 \tag{4-1}$$

动量守恒方程：

$$\rho \left[\frac{\partial V}{\partial t} + (V \cdot g \nabla) \mathbf{V} \right] = \boldsymbol{F} - \nabla P + \mu \nabla^2 \mathbf{V} \tag{4-2}$$

能量守恒方程：

$$\rho c_p \left[\frac{\partial T}{\partial t} + (\mathbf{V} \cdot g \nabla) T \right] = \nabla g \cdot (\lambda \nabla T) + H \tag{4-3}$$

式中，ρ 为表面处理熔池液态金属的密度，kg/m^3；$\mathbf{V}$ 为熔池中液态金属的流速矢量；c_p 为液相比热容，J/(kg·K)；$\boldsymbol{F}$ 为体积力矢量；λ 为工件导热系数，W/(m·K)；$\boldsymbol{H}$ 为求解区域内热源，W/m^3；T 为温度，K；P 为压力，Pa；μ 为熔池液态金属的黏度系数，kg·m·s；t 为时间，s。

在直角坐标系中，控制方程如下：

连续性方程的表达式为

$$\frac{\partial u}{\partial x} + \frac{\partial V}{\partial y} + \frac{\partial w}{\partial z} = 0 \tag{4-4}$$

动量守恒方程的表达式为

$$\begin{cases}\rho\left(\dfrac{\partial u}{\partial t}+u\dfrac{\partial u}{\partial x}+v\dfrac{\partial u}{\partial y}+w\dfrac{\partial u}{\partial z}\right)=F_x-\dfrac{\partial p}{\partial x}+\mu\left(\dfrac{\partial^2 u}{\partial x^2}+\dfrac{\partial^2 u}{\partial y^2}+\dfrac{\partial^2 u}{\partial z^2}\right)\\ \rho\left(\dfrac{\partial v}{\partial t}+u\dfrac{\partial v}{\partial x}+v\dfrac{\partial v}{\partial y}+w\dfrac{\partial v}{\partial z}\right)=F_y-\dfrac{\partial p}{\partial y}+\mu\left(\dfrac{\partial^2 v}{\partial x^2}+\dfrac{\partial^2 v}{\partial y^2}+\dfrac{\partial^2 v}{\partial z^2}\right)\\ \rho\left(\dfrac{\partial w}{\partial t}+u\dfrac{\partial w}{\partial x}+v\dfrac{\partial w}{\partial y}+w\dfrac{\partial w}{\partial z}\right)=F_z-\dfrac{\partial p}{\partial z}+\mu\left(\dfrac{\partial^2 w}{\partial x^2}+\dfrac{\partial^2 w}{\partial y^2}+\dfrac{\partial^2 w}{\partial z^2}\right)\end{cases} \tag{4-5}$$

能量守恒方程的表达式为

$$\rho c_p\left(\frac{\partial T}{\partial t}+u\frac{\partial T}{\partial x}+v\frac{\partial T}{\partial y}+w\frac{\partial T}{\partial z}\right)=\frac{\partial}{\partial x}\left(\lambda\frac{\partial T}{\partial x}\right)+\frac{\partial}{\partial y}\left(\lambda\frac{\partial T}{\partial y}\right)+\frac{\partial}{\partial z}\left(\lambda\frac{\partial T}{\partial z}\right)+H \tag{4-6}$$

式中，x、y、z 为求解域某点的坐标，m；u、v、w 分别表示 x、y、z 方向的流速分量，m/s；ρ 为密度，kg/m^3；c_p 为比热容，J/(kg・K)；λ 为工件导热系数，W/(m・K)；H 为求解区域内热源，W/m^3；T 为温度，K；μ 为黏度系数，kg・m・s；P 为压力，Pa；t 为时间，s；F_x、F_y、F_z 分别为体积力在 x、y、z 方向的分量，N。

根据上述控制方程，可知能量方程求解区域为整个工件，即液态熔池及其周围的固态金属。在整个求解区域中，由于固体中的流体速度为零，因此在固体区域所进行计算为纯导热计算。本文采用“区域扩充法”，将动量方程的求解区域扩充到整个工件。通过定义固液两相区的速度数量级的差别来确定熔池的区域，从而解决移动边界问题。

4.1.2 熔池流体流动驱动力

在惯性坐标系中的动量守恒方程为

$$\frac{\partial}{\partial t}(\rho u_i)+\frac{\partial}{\partial x_j}(\rho u_i u_j)=-\frac{\partial \rho}{\partial x_i}+\frac{\partial \tau_{ij}}{\partial x_j}+\rho g_i+F_i \tag{4-7}$$

式中，τ_{ij} 为应力张量；ρ 为静压；F_i 为外部体积力，N，g_i 为方向上的重力体积力，N/m^3；u_i 和 u_j 为多空介质中流动速度的两个分量，m/s。

作为主要外体积力的表面张力、电磁力和浮力都以源项的形式加入到动量守恒方程中。其中表面张力在自由表面连续条件下，沿熔池表面变化等于流体的剪切力：

$$\tau=\left(\frac{\partial \gamma}{\partial T}\right)\left(\frac{\partial T}{\partial r}\right) \tag{4-8}$$

式中，$\dfrac{\partial \gamma}{\partial T}$为表面张力温度系数，N/K。

电子束表面处理熔池中的电磁力为

$$\begin{cases}F_x=-\dfrac{\mu_0 I^2}{4\pi^2\sigma_j^2 r}\exp\left(-\dfrac{r^2}{2\sigma_j^2}\right)\left[1-\exp\left(-\dfrac{r^2}{2\sigma_j^2}\right)\right]\left(1-\dfrac{z}{L}\right)^2\dfrac{x}{r}\\ F_y=-\dfrac{\mu_0 I^2}{4\pi^2\sigma_j^2 r}\exp\left(-\dfrac{r^2}{2\sigma_j^2}\right)\left[1-\exp\left(-\dfrac{r^2}{2\sigma_j^2}\right)\right]\left(1-\dfrac{z}{L}\right)^2\dfrac{y}{r}\\ F_z=-\dfrac{\mu_0 I^2}{4\pi^2 L r^2}\left[1-\exp\left(-\dfrac{r^2}{2\sigma_j^2}\right)\right]\left(1-\dfrac{z}{L}\right)\end{cases} \tag{4-9}$$

式中，μ_0 为真空磁导率；σ_j 为电流分布参数；L 为工件厚度，m；电磁力和表面张力作为主要的外体积力。

浮力是由于温度变化而引起流体密度的改变产生的，由非等温而引起的热浮力可表示如下：

$$S=\rho g\beta(T-T_m) \tag{4-10}$$

式中，β 为热膨胀系数，1/K；T_m 为金属熔点，K；由于浮力与重力方向有关，在仿真过程中，通过设定重力加速度和热膨胀系数，对其进行添加。

4.2 扫描电子束表面处理温度场仿真

本研究以 6061 铝合金为研究基材，利用有限元软件建立电子束表面处理过程中纯导热温度场的有限元模型，分析电子束表面处理过程中，工件温度的分布情况，并利用该模型预测电子束工艺参数对温度场及熔池大小的影响。

4.2.1 温度场有限元模型的建立

1. 基本假设

电子束表面处理是一个复杂的工艺过程，工艺参数较多。表面处理过程中包括工件的热传导与热辐射、金属的熔化与凝固、热应力和应变等现象。本研究在建立模型时，做如下简化。

材料的性质均匀，其热物理性能为温度的函数；电子束束流任意水平横截面处，入射能量流为高斯分布；试样有效厚度远大于扫描电子束范围，保证扫描电子束有足够的能量吸收和释放体量。

2. 几何模型的建立

采用的基材尺寸为 700 mm×400 mm×150 mm 的长方体试样，由于对称，取试样的一半建立几何模型，几何模型的尺寸为 700 mm×200 mm×150 mm。分析时将模型划分为扫描区域(体 1)，其宽度为 $d/2$(d 为束斑直径)；过渡区为体 2，宽度为 d；基体为体 3。几何模型与网格划分如图 4.1 所示。

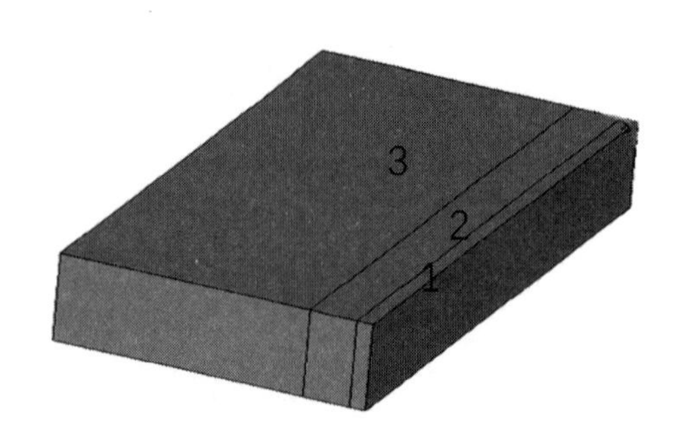

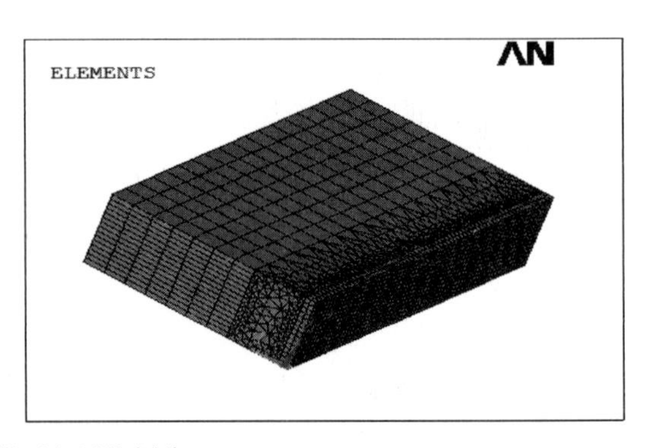

图 4.1 几何模型与网格划分

4.2.2 热源、边界条件及与材料有关参数的确定

1. 热源的选择与加载

研究时采用高斯热源,如图 2.5 所示。热流密度表示为

$$Q(r)=q_{\max}\exp\left(-\frac{3r^2}{R^2}\right)$$

$$q_{\max}=\frac{3\eta UI}{\pi R^2} \tag{4-11}$$

式中,R 为扫描电子束半径,mm;r 为距离扫描电子束中心的距离,mm;$q_{\max}$ 为最大热流密度,W/m^2;η 为热效率,通常取值为 75%;U 为电子束加速电压,kV;I 为电子束束流,mA。扫描方式如图 4.2 所示。

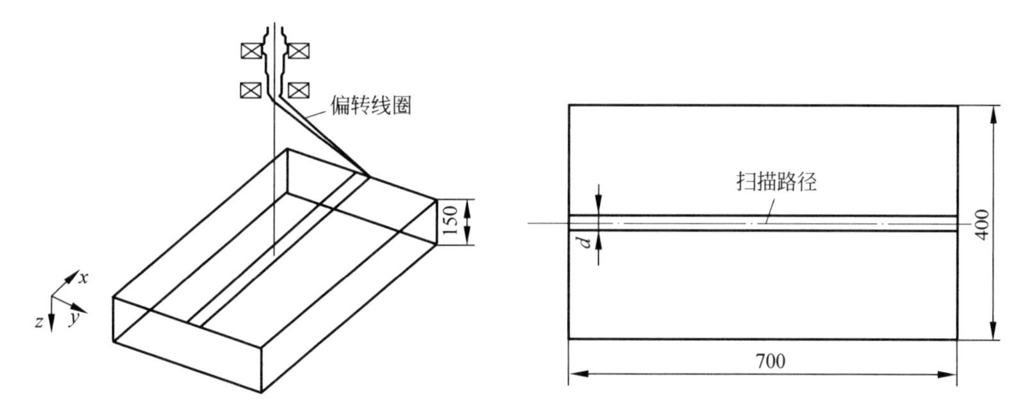

图 4.2 电子束表面处理扫描示意图(单位:mm)

2. 边界条件与材料热物性参数

(1) 边界条件

铝合金扫描电子束表面处理的过程是在真空环境中进行,真空度为 10^{-2} Pa,故可忽略空气热对流造成的热量损失。此外,在真空环境中,热辐射是工件的主要散热方式,热辐射可表示为

$$M=\varepsilon A\delta_0 T^4 \tag{4-12}$$

式中,M 为单位表面辐射出的能量,W/m^2;ε 为零件表面发射率,其值小于 1;δ_0 为斯忒藩-玻耳兹曼常量,通常取 5.67×10^{-8} W/(m^2 · K^4);T 为零件表面的热力学温度,K;A 为表面积,m^2。

(2) 相变潜热的处理

采用热焓法对试样处理过程中的相变潜热进行计算,相变潜热焓值的计算如下:

$$H=\int\rho\cdot c(T)\mathrm{d}T \tag{4-13}$$

式中,H 为材料的潜热焓值,J/m^3;ρ 为材料的密度,kg/m^3;$c(T)$为材料的比热容,J/(kg · K)。

(3) 材料属性的定义

实验所用材料为 6061 铝合金,其固相线临界温度区为 600℃,液相线临界温度区为

650℃。金属材料的热物性参数(如比热容、密度及导热系数)均随温度的变化而发生改变。本研究所采用的6061铝合金的热物理参数见表4.1。

表4.1 6061铝合金热物性参数

参数	数值								
温度/℃	20	100	200	300	400	500	650	700	800
密度/(kg/m³)	2680	2682	2682	2620	2600	2580	2436	2354	2210
导热系数/(W/(m·K))	115	159	163.3	163	167.5	170.6	173.6	176.8	178.8
比热容/(J/(kg·K))	929	963	1005	1047	1089	1131	8900	8900	1142
黏度系数/(kg·m·s)				10^{-8}		1.298×10^{-6}		0.865×10^{-6}	

4.2.3 温度场的分布规律

铝合金扫描电子束表面处理,其温度场的变化过程主要包括加热和冷却两个变化过程。对温度场分布规律的研究,应主要从以下三个方面开展,这些研究对电子束表面处理在实际中应用具有重要价值。

1. 加热过程中温度场的分布规律

对6061铝合金电子束表面处理过程仿真分析时,所采用的工艺参数见表4.2。

表4.2 扫描电子束工艺参数

加速电压 U/kV	束流 I/mA	束斑直径 d/mm	扫描频率 f/Hz	下束时间 t/s
65	60	4	100	20

利用所建立的温度场有限元模型,加入初始条件、边界条件和热源等对其求解,得到的温度场分布如图4.3所示。由图4.3(a)可知,电子束加载5 s后,试样表面温度急剧升高,达到713℃。从6061铝合金的液相线临界温度(650℃)和等温云图的数值,可以看出部分区域的金属开始熔化,熔池的宽度和深度较小,试样表面温度均匀分布。处理时间达20 s时,试样的最高温度达1042℃,最低温度可以达到419℃,如图4.3(d)所示。图4.3(e)所示为试样加载20 s后试样横截面的温度场分布及其等温线,试样熔化时,熔池的界线呈抛物线状,该形状与热源的高斯分布的热流密度和材料的导热性能有关,此时熔池的深度为1.72 mm,宽度为2.03 mm(熔池的一半宽度)。电子束能量的峰值在电子束的中心部位,且各点的能量值随径向距离的增大而减小。

2. 冷却过程中温度场的分布规律

试样经电子束表面处理后,将试样从真空室中取出。冷却阶段的仿真过程中需要考虑试样表面与空气对流散热。一般对流系数h取100~150 W/(m^2·K)。本文对流系数选定为h=150 W/(m^2·K)。

图4.4所示分别为试样取出空冷5 s、20 s、60 s和600 s后的温度分布。试样刚取出时表面最高温度为1024℃,冷却5 s后,表面最低温度为504.8℃,最高温度为598.2℃,冷却速率可达到85.16℃/s。继续冷却到20 s时,这时因为电子束处理表面区域的热量通过试样向未处理区域导热已经达到一个平衡状态,试样的整体温度趋于相同。试样冷却60 s和

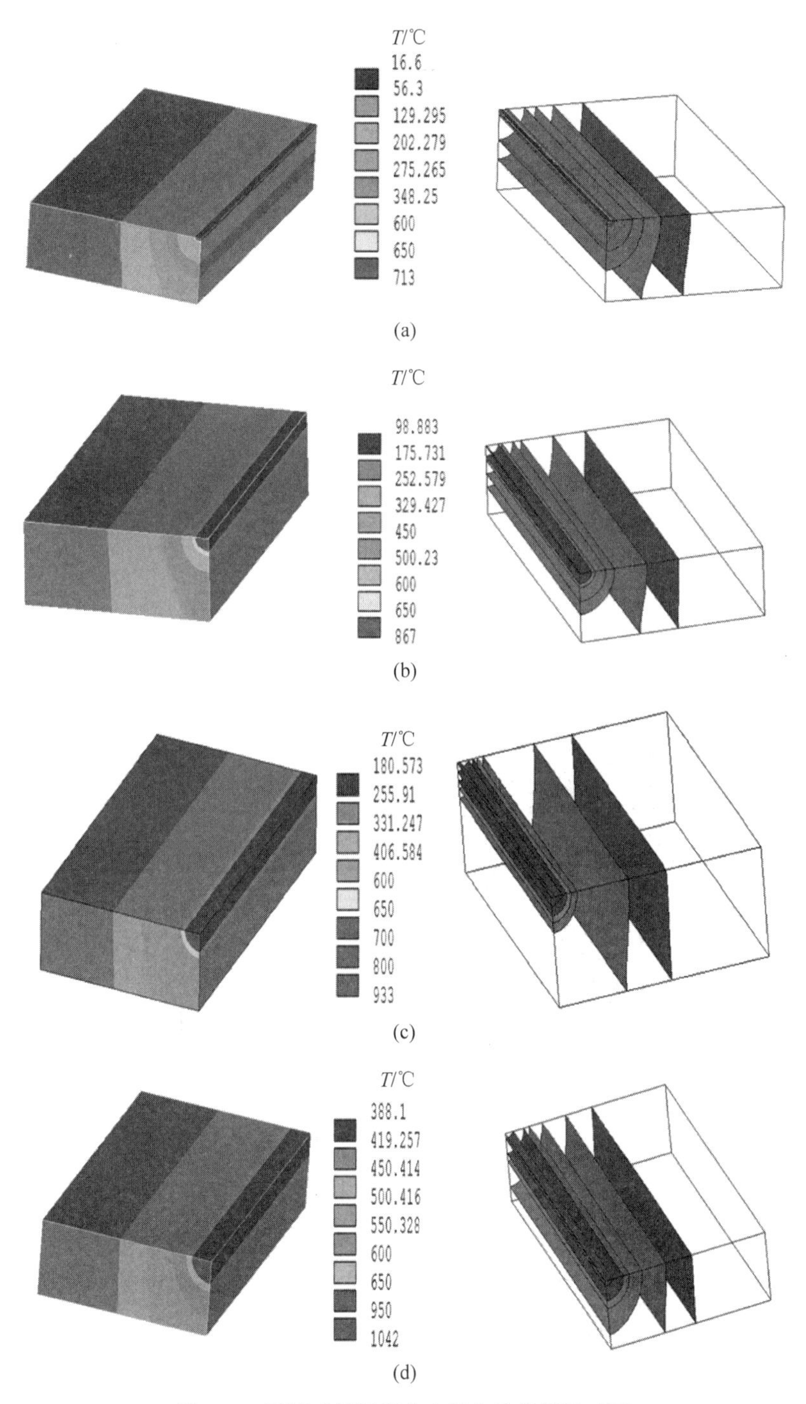

图 4.3　不同时刻温度分布规律及其等温云图

(a) 加载时间为 5 s；(b) 加载时间为 10 s；(c) 加载时间为 15 s；(d) 加载时间为 20 s；(e) 加载时间为 20 s 后试样横截面的温度场分布及其等温线

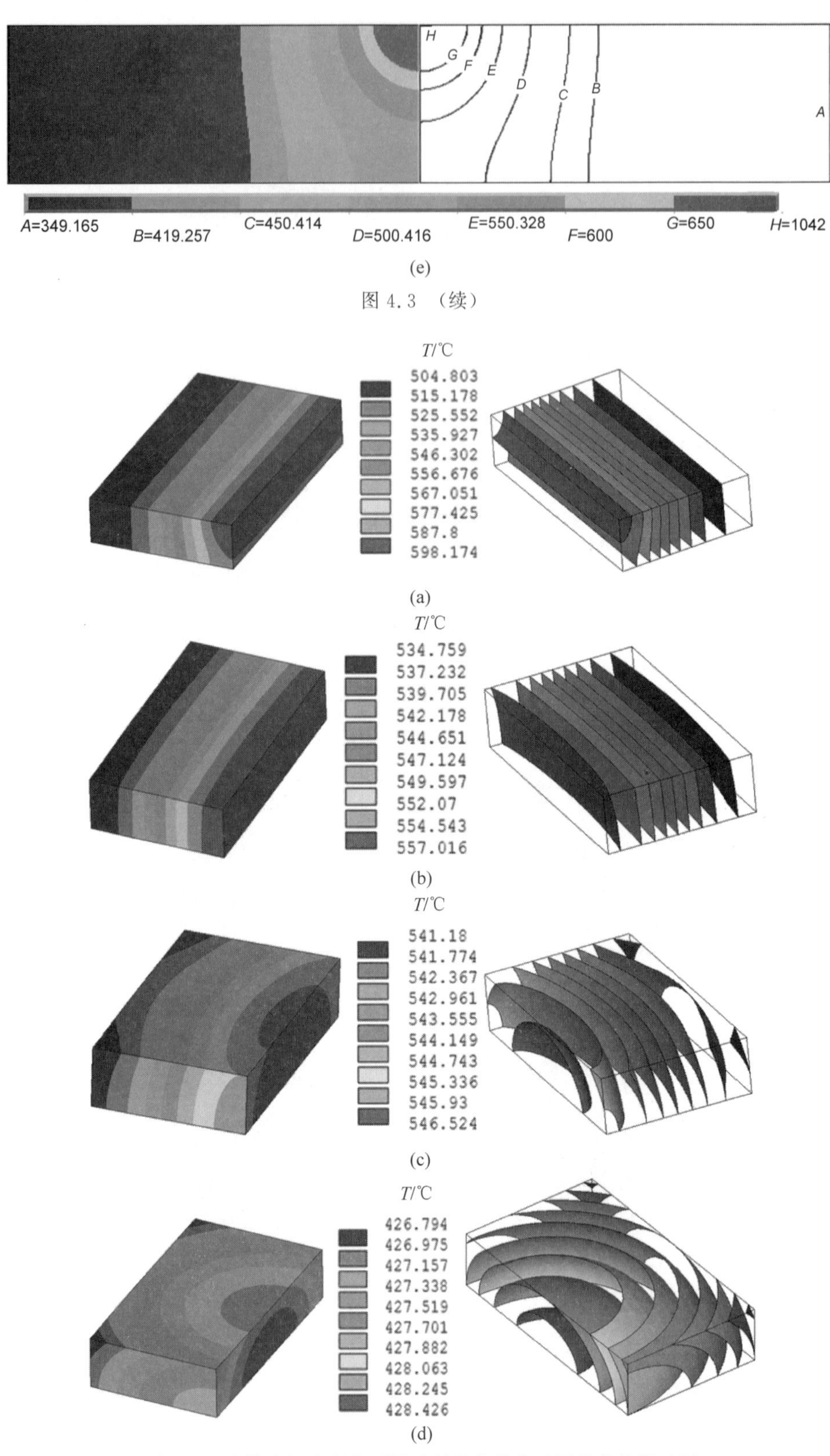

(e)

图 4.3 （续）

(a)

(b)

(c)

(d)

图 4.4 试样冷却过程中不同时刻温度分布云图及其等温云图

(a) 冷却 5 s；(b) 冷却 20 s；(c) 冷却 60 s；(d) 冷却 600 s

600 s 后的最高温度从 546.5℃降低到 428.4℃，冷却速率为 0.219℃/s，试样的最高温度在试样对称面中心处，而最低温度在试样的边缘处。分析其产生的原因是在 60 s 以后试样的散热方式主要是固体导热，对称面的中心处主要是靠试样表面的对流散热，而在试样的边角处可以通过相邻的面进行散热。

由此可见，电子束表面处理过程是一个快速冷却的过程，其冷却方式为自激冷却。在冷却过程中，由于其过大的冷却速率，提高了铝合金结晶的形核率，从而使得初晶硅、共晶体及 α-Al 晶粒均获得极其明显的细化。试样在冷却过程中，刚开始冷却速率较快，后阶段冷却速率较慢。

3. 扫描电子束处理表面温度随时间的变化规律

为深入研究电子束表面处理时的相变规律，需对表面各点的温度变化规律进行研究，以图 4.5 所示路径（*AB*、*CD*）进行研究。*AB* 路径在试样上表面中心部位沿扫描电子束的宽度方向，其坐标值为（$x=350$ mm，$y=0\sim200$ mm，$z=150$ mm）。分别命名为 A_1、A_2、A_3、A_4、A_5，其具体位置如图 4.5(a)所示。*CD* 路径在试样的对称面的中心部位沿扫描电子束的深度方向，其坐标值为（$x=350$ mm，$y=0$ mm，$z=0\sim150$ mm），分别在 *CD* 路径上从上表面到下表面每隔 40 mm 取一个点，共取 4 个节点，分别命名为 C_1、C_2、C_3、C_4，其具体位置如图 4.5(b)所示。具体结果如图 4.6 所示。

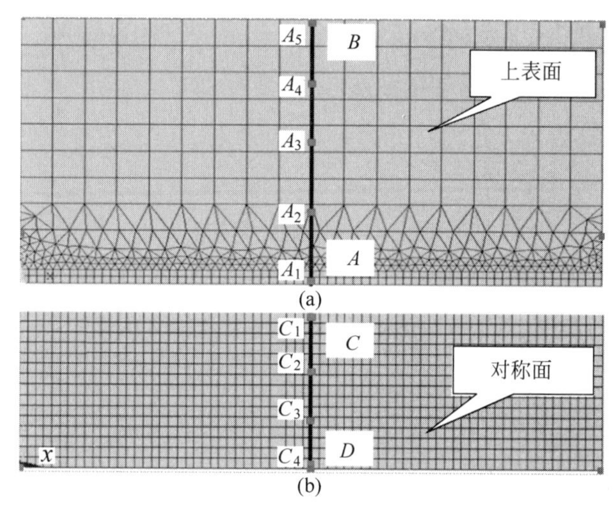

图 4.5　路径示意图

由图 4.6 可知，A_1、C_1 点的升温速率最快，达到最高温度时所需时间最短；其次是 A_2、C_2 点。电子束表面处理过程中，距离扫描区域较近的点升温的速率较大，而距离较远的点则比较小；扫描区域与基体能在极短的时间内达到最高温度，基体达到最高温度所需要的时间比扫描区域所需时间长；扫描区域与基体间有较大的温度差。形成上述现象的原因是扫描区域的面积较小、热量较为集中，扫描区域的热量向基体进行热传导需要一定的时间。

在冷却过程中，处理区域的温度急剧下降。当冷却时间从 25 s 到 50 s 时，点 A_3、A_4、A_5 的温度继续上升；当冷却时间达到 50 s 时，上表面路径各点的冷却速率接近相同。而对称面路径各点的冷却速率大约在 25 s 就可以接近相同。分析其原因为点 A_3、A_4、A_5 距离扫描区域较远，通过基体导热需要一定的时间。上表面达到热量平衡所需的时间比对称面所需

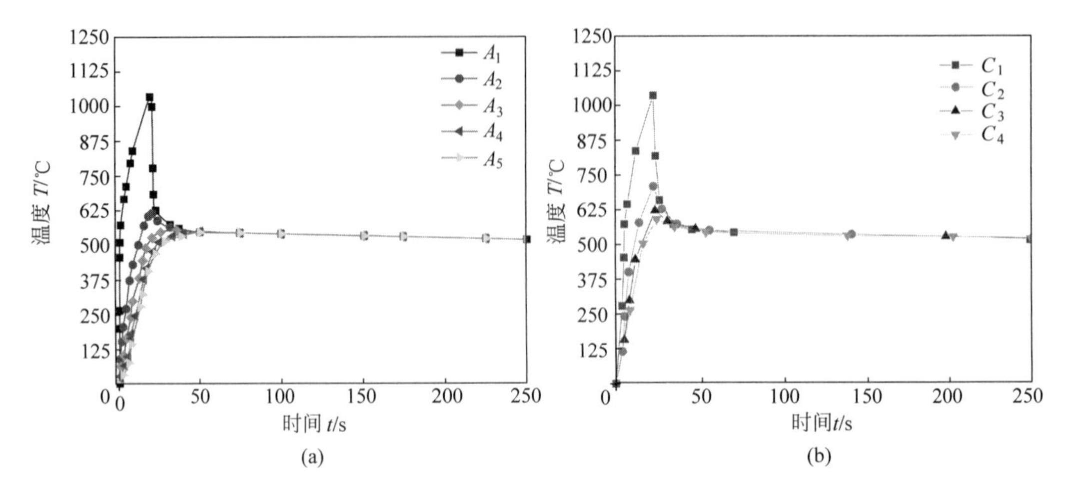

图 4.6 各点温度随时间的变化

(a) *AB* 路径；(b) *CD* 路径

的时间长，原因是上表面各点的热量只能向深度方向散热，而对称面各点的热量在基体中可以朝各个方向进行热传导，因此上表面达到热平衡所需要的时间比对称面所需时间长。

4.2.4 电子束工艺参数对温度场及熔池大小的影响

1. 下束时间对温度场及熔池大小的影响

研究下束时间对温度场及熔池尺寸的影响，所选电子束工艺参数见表 4.3，得到的影响规律如图 4.7 所示。

表 4.3 电子束工艺参数

电子束工艺参数	试样号				
	13-1	13-2	13-3	13-4	13-5
加速电压 U/kV	60	60	60	60	60
束流 I/mA	65	65	65	65	65
下束时间 t/s	15	20	25	30	35
扫描频率 f/Hz	100	100	100	100	100

随着电子束下束时间的增加，温度场的最高温度呈非线性递增，熔池的深度和宽度都有所增大。当下束时间为 20 s 时，熔池内最高温度的提升速率较大。当下束时间达到 25 s 时，熔池深度方向的增大速率比熔池宽度方向增大快。其产生的原因为刚开始加热时，由于中心区域的热流密度较大，对熔池深度方向的影响较大。在电子束能量密度不变的情况下，随着下束时间的增加，铝合金表面能量聚集越来越多，试样表面各点热能的相互影响也在增大，导致熔池深度方向的增大速率比熔池宽度方向增大快。

2. 加速电压对温度场及熔池大小的影响

研究加速电压对温度场与熔池大小影响时，选择的电子束工艺参数见表 4.4，得到的影响规律如图 4.8 所示。

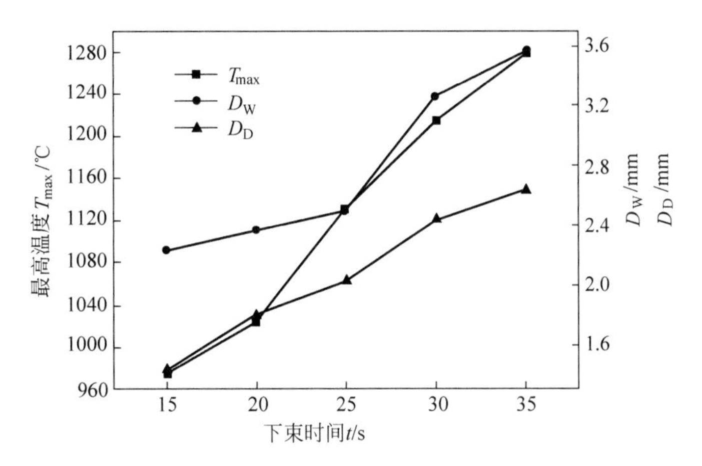

图 4.7 下束时间对最高温度与熔池大小的影响

表 4.4 电子束工艺参数

电子束工艺参数	试样号				
	14-1	14-2	14-3	14-4	14-5
加速电压 U/kV	50	55	60	65	70
束流 I/mA	65	65	65	65	65
下束时间 t/s	20	20	20	20	20
扫描频率 f/Hz	100	100	100	100	100

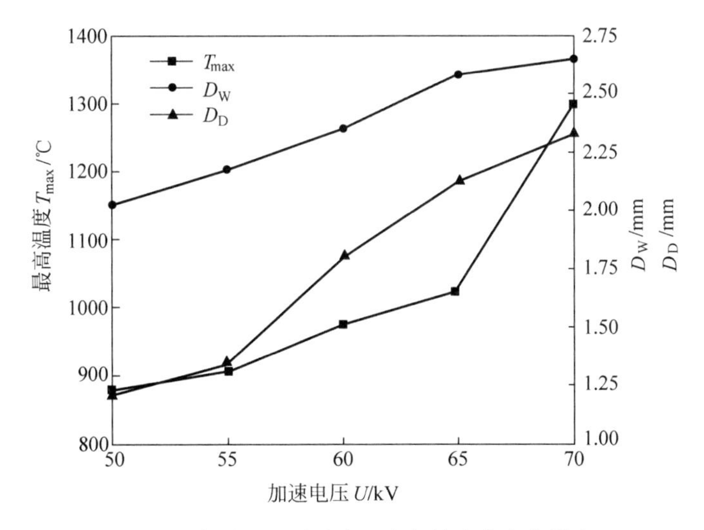

图 4.8 加速电压对最高温度与熔池大小的影响

由图 4.8 可以看出,随着电子束加速电压的升高,温度场的最高温度呈非线性逐渐升高,熔池的深度和宽度加大。当加速电压达到 65 kV 时,最高温度变化率增大较快。当加速电压为 55 kV 时,沿熔池深度方向的增大速率比熔池宽度方向增大快。这是因为加速电压与电子束中心最大热流密度 q_{max} 成正比,加速电压增大,导致电子束输入的能量增加,转化成的热能也增加。随着热能的增加,在电子束处理区域的温度会升高,从而导致电子束处理区域熔化，由于热流密度呈高斯分布，所以熔池的深度方向的增大速率比熔池宽度增大快。

4.3 铝合金扫描电子束表面处理熔池流场的研究

电子束表面处理过程中，熔池内的金属流动及传热过程对表面组织形貌及质量有重要的影响。随着电子束的移动，熔融液态金属的流动状态也随之而改变，因此，准确了解表面处理过程中熔池内的金属流动与传热过程，对表面处理冶金分析及表面处理过程控制具有一定的意义。

4.3.1 熔池流场有限元模型的建立

1. 基本假设

建立有限元模型时，采用以下假设：

(1) 假设熔池内的熔化液态金属为层流、不可压缩的牛顿流体；

(2) 熔池的上表面(自由表面)为平面；

(3) 来源于电子束的热流密度和电流密度分布呈相对称的高斯分布；

(4) 熔池内液态金属流动的驱动力主要为表面张力、浮力和电磁力，不考虑电子束的压力。

有限元模型的几何尺寸为700 mm×200 mm×150 mm。

2. 初始条件

将电子束开始作用的时刻定义为初始时刻：

$$T = T_0$$
$$u = v = w = 0 \tag{4-14}$$

式中，T 为工件温度，K；T_0 为环境温度，K；u、v、w 分别表示 x、y、z 方向的流速分量，m/s。

3. 边界条件

热边界条件：在电子束表面处理过程中，模型的上表面为处理表面。电子束表面处理熔池温度场关于中心平面(xOz 平面)对称，即$\partial T/\partial y = 0$。由于试样在真空环境中进行处理，故可忽略热对流造成的损失，所以其余各面边界条件设置成为辐射散热。在真空环境中，热辐射是工件的主要散热方式，表达式为式(4-12)。

流动边界条件：在模型上表面，由于存在较大的温度梯度，导致上表面存在表面张力梯度，驱使液态金属从低表面张力处向高表面张力处流动。

根据熔池表面的连续条件，表面张力沿熔池表面变化等于流体应力：

$$u\frac{\partial u}{\partial z} = -\frac{\partial r}{\partial T}\frac{\partial T}{\partial x}, \quad u\frac{\partial v}{\partial z} = -\frac{\partial r}{\partial T}\frac{\partial T}{\partial y}, \quad w = 0 \tag{4-15}$$

工件对称表面$\frac{\partial u}{\partial y} = 0$，$\frac{\partial w}{\partial y} = 0$，$v = 0$；在其他表面 $u = v = w = 0$。

4. 固-液两相的处理

电子束表面处理过程中，由于电子束的持续作用，扫描区域的温度急剧升高，温度由室温增至熔点以上，在扫描区域形成熔池。当熔池形成时，工件中将同时存在固相、液相和固-液两相同时存在的模糊区域。在固-液两相的模糊区域的界面随时间的变化而不断地推移，仿真时，定义固-液两相的界面是一个关键性问题。

所谓区域扩充法是指在不同区域段设定材料的黏度系数，在未熔化的温度区域中，设定一个较大的黏度系数（10^8 kg·m·s）以确保固相区的速度接近为0，在液相温度区域中则给定熔池金属的实际黏度系数。具体的实现方法采用分段函数对流体黏度系数进行定义，使其成为温度的函数，随温度的变化而变化。固-液两相区域速度数量级的差别就可以确定熔池的区域范围，从而解决移动边界问题。

本研究采用区域扩充法解决固-液两相边界的移动问题。

5. 相变潜热的处理

在电子束表面处理过程中，工件在电子束作用下，快速加热和熔化；工件在熔化过程中，需要吸收大量的热量，而在凝固的过程中需要释放热量。

本研究采用热焓法对扫描电子束表面处理过程中的相变潜热进行计算，其焓值的计算为式(4-13)。

6. 驱动力的确定

利用式(4-7)～式(4-10)确定驱动力、浮力等。

4.3.2 熔池流场的分布规律

1. 电子束表面处理熔池流体流动中的温度场

本文对6061铝合金扫描电子束表面处理熔池流场仿真分析时，所采用的工艺参数见表4.2。图4.9所示为扫描电子束表面处理考虑流体流动、电子束加载20 s后的温度场分

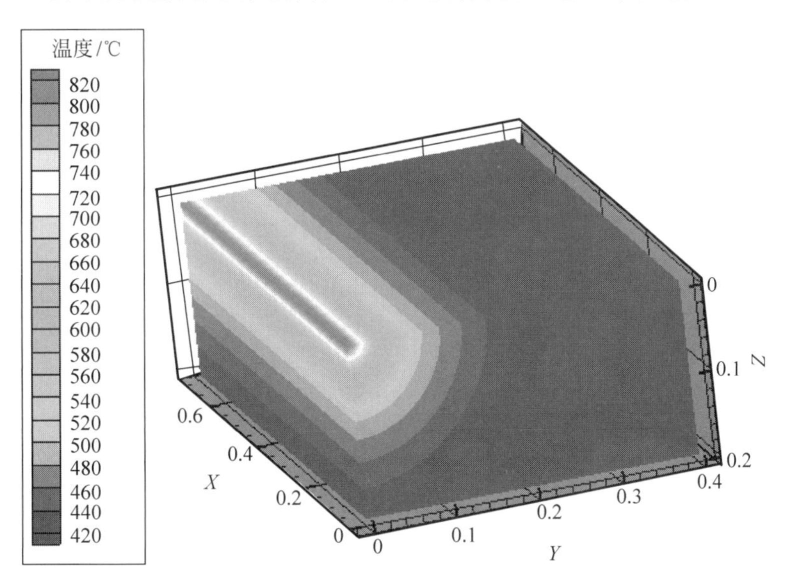

图4.9　考虑流场时电子束表面处理温度场

布规律，从图中可以看出，经扫描电子束处理后，试样表面沿 X 轴方向的温度均匀分布；沿 Y 轴方向的温度分布呈梯度分布；在试样横截面处，试样的温度沿横截面径向距离（随 YZ 增加）呈逐渐减小的梯度分布，且最高温度为 820℃，最低温度为 420℃，主要与热源的热流密度成高斯分布和材料的导热性能有关，电子束能量的峰值在电子束的中心部位，且各点的能量值随径向距离的增大而减小。

图 4.10 所示为试样 Z、Y 轴上等距离的五个点处的温度变化情况，开始时表面温度由高到低快速降低，温度变化率较大，当距离表面 20 mm 后温度变化率较小，呈逐渐减小的趋势。在 Z 轴方向上的温度高于 Y 轴方向上的温度，主要因为流动的金属将表面的热量带到熔池的底部，并沿 Z 轴方向传递。

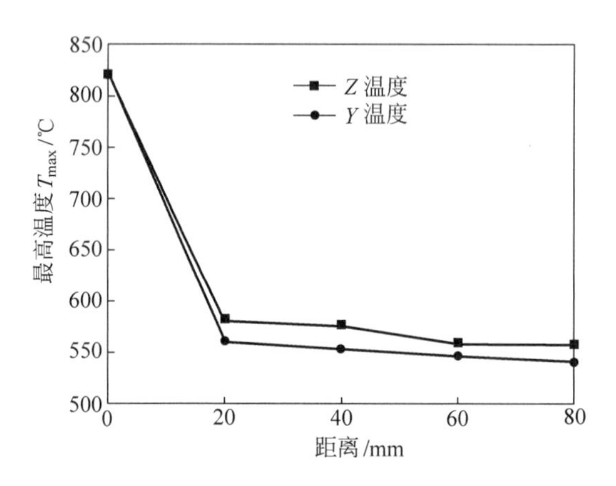

图 4.10 Y、Z 轴方向上的温度变化规律

2. 电子束表面处理熔池内流场的分布规律

图 4.11 所示为工件在电子束作用 20 s 的情况下，工件表面熔池的流场。由图可知，电子束束斑作用区域内流体的流向与束斑区域外的流向不同。在束斑作用区域内，液态金属由束斑中心（熔池中心）的高温区域沿试样厚度方向向下流，将熔池上部分的热量带到了熔池底部，加速了熔池底部金属的熔化，然后从熔池底部沿熔池的界线向熔池顶部流动。在束斑中心处液态金属流速最大达 0.28 m/s，在熔池底部流速最小为 0.11 m/s。图中的蓝色区域（见二维码）的流速为 1.1×10^{-9} m/s，其流速接近为 0 m/s，其产生的原因为采用“区域扩充法”处理固-液两相问题，将固体区域认为流速无限小的流体。

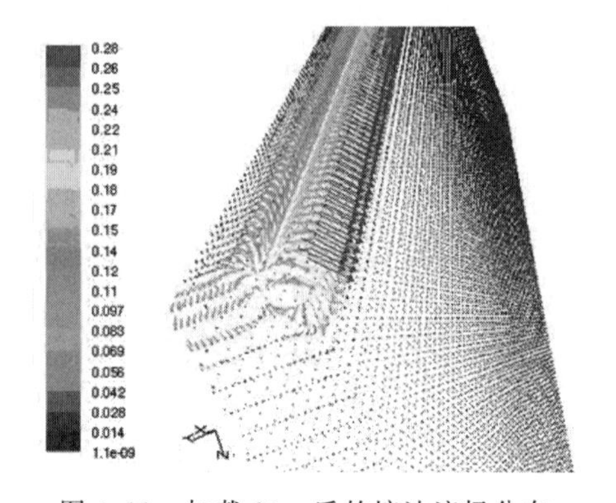

图 4.11 加载 20 s 后的熔池流场分布

图 4.11 彩图

图4.12所示为工件在电子束作用20 s时，工件上表面的液态金属流动的流场分布。由图可知，电子束束斑作用区域内流体的流向与束斑区域外的流向不同，两区域的流体流向分别沿一条直线两侧流动。其产生的原因为在电子束束斑作用处，由电子束产生的电子磁力的作用大于由温度梯度产生的表面张力；而在电子束束斑作用区域外，则是表面张力大于电子磁力的作用，从而产生上述现象。

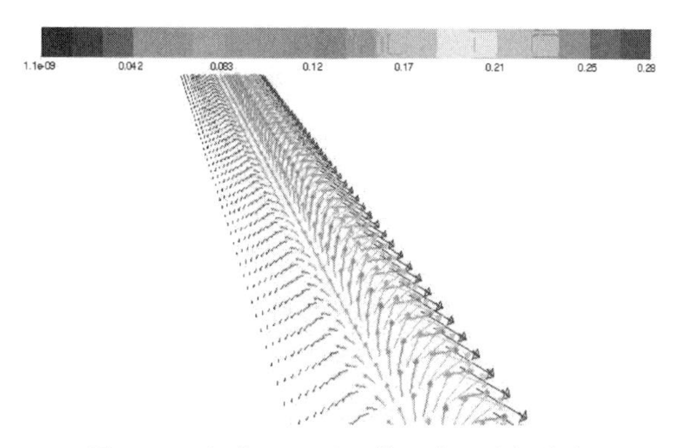

图4.12　加载20 s后工件上表面流场分布

4.4　电子束工艺参数对熔池流场及温度场的影响

4.4.1　束斑直径对熔池流场及温度场的影响

讨论束斑直径的影响时，其余参数分别为：束流60 mA，加速电压65 kV，扫描频率100 Hz，下束时间20 s。电子束束斑直径对熔池流场及温度场的影响，如图4.13所示。随着束斑直径的增加，熔池内的最大流速、最高温度呈非线性降低，其产生的原因为在其他工艺参数不变的情况下，随着束斑直径的增加，电流的集聚效应减弱，由电子束流产生的电磁力及电子束热流密度也随之变小，从而导致熔池中的流动速度和最高温度也随之增加而减小。

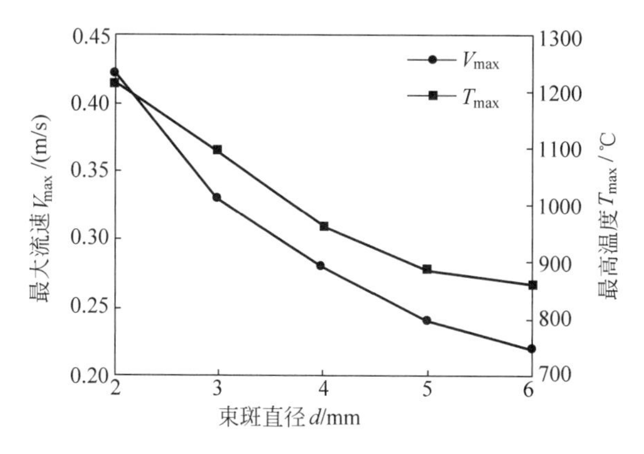

图4.13　束斑直径对熔池流场及温度场的影响

4.4.2 加速电压对熔池流场及温度场的影响

讨论电子束加速电压的影响时,其余参数分别为:束流 60 mA,束斑直径 2 mm,扫描频率 100 Hz,下束时间 20 s,其影响规律如图 4.14 所示。随着电子束加速电压的增加,最高温度与最高流速均呈非线性增加,当加速电压在 55～65 kV 范围内变化时,最大流速增加的速率高于最高温度;当加速电压大于 65 kV 后,两者增加的速率相近。这是因为电子束加速电压的增加,增加了电子束输入的最大能量和电子束流产生的电磁力;在束斑直径不变的情况下,从而导致束斑的能量递增,熔化区域内熔化金属量增多,在电磁力的驱动下加速了流体的流动和热量的传播。因此,产生了随着电子束加速电压的增加,熔池内的最大流速、最高温度都呈递增非线性增加。

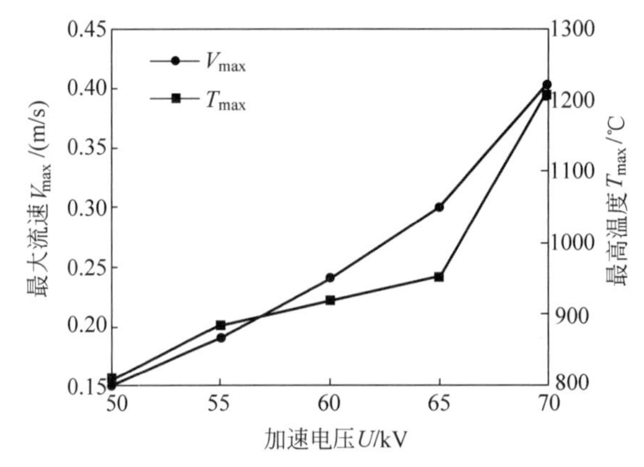

图 4.14 加速电压对熔池流场及温度场的影响

4.4.3 下束时间对熔池流场及温度场的影响

讨论下束时间的影响时,其余参数分别为:束流 60 mA,加速电压 65 kV,束斑直径 2 mm,扫描频率 100 Hz。下束时间对熔池流场与温度场的影响,如图 4.15 所示。随着下束时间的增加,熔池内的最大流速与最高温度呈非线性增加。这是因为电子束的能量刚开始注入工件的表面,导致工件部分熔化;随着电子束能量持续注入,工件吸收的能量增加,导致工件中的熔化金属液体量增多,熔化范围加大,从而导致熔池内的流速增加、温度升高。

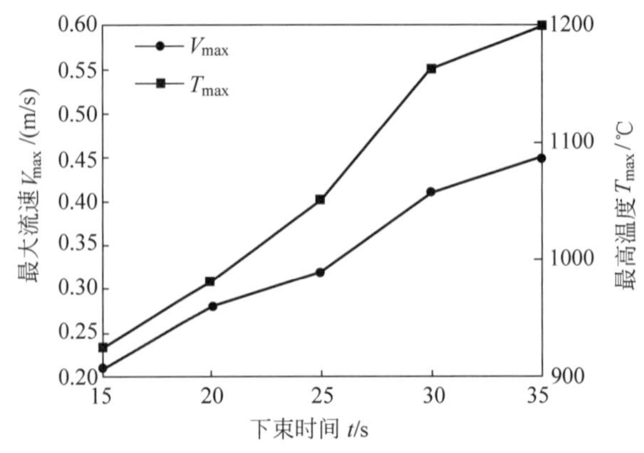

图 4.15 下束时间对熔池流场及温度场的影响

4.4.4 表面张力温度系数对熔池流场及温度场的影响

图4.16所示为表面张力温度系数对熔池流场及温度场的影响。由图可知，当表面张力温度系数为0时，熔池中的流体的流速为0 m/s，此时为纯热传导。随着表面张力温度系数的增加，熔池内最大流速呈非线性增加，而最高温度则呈非线性下降。这是因为表面张力温度系数增加，表面力就增加，促进熔池内液态金属的流动，熔池内的流体流动速度就增大。而当表面张力存在时，熔池中的熔融液态金属由熔池中的高温区域沿试样熔池深度方向向下流，将熔池上部分的热量带到了熔池底部，加速了熔池底部金属的熔化，然后沿熔池的底部边缘向熔池上部流动，对高温的熔池中心具有一定的散热作用，使得温度下降。同时也说明熔池内液态金属的流动对熔池内的温度梯度变化具有较重要的影响。

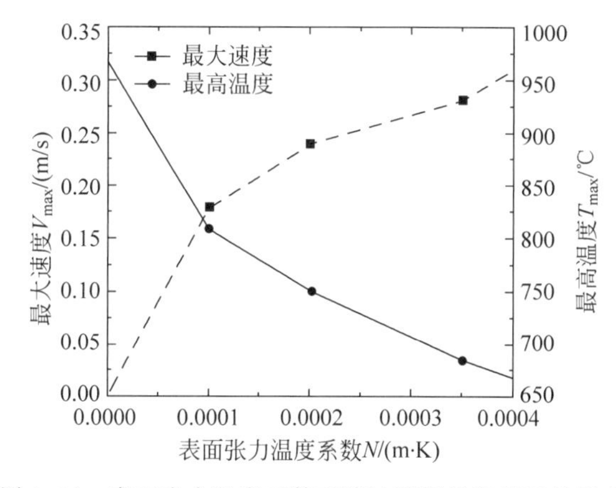

图4.16 表面张力温度系数对熔池流场及温度场的影响

4.5 扫描电子束铝合金表面处理的实验研究

材料的宏观性能(机械强度、硬度及耐腐蚀等)与其微观的组织结构有着极为密切的关系。当利用扫描电子束对材料表面进行处理时，入射电子束在材料表面作用区域瞬时能量沉积。在其表面会引起一系列复杂的物理、化学变化过程，从而导致材料表面改性层的晶体结构、晶粒微观尺寸及应力分布等方面产生显著的变化，其宏观上表现为材料性能的改变。

4.5.1 材料与方法

1. 实验材料

本试验选取基体材料为6061铝合金，成分见表4.5。

表4.5 铝合金的化学成分(质量百分数/%)

Si	Fe	Cu	Mn	Mg	Cr	Zn	Ti	Al
0.4～0.8	≤0.7	0.15～0.4	≤0.15	0.80～1.2	0.04～0.35	≤0.25	≤0.15	Bal.

2. 实验设备与参数

实验设备仍采用桂林某研究所自主研发的 HDZ-6 型高压数控真空电子束加工设备。

电子束工艺参数为：加速电压 U 为 50～70 kV；束流 I 为 30～65 mA；束斑直径 d 为 2～6 mm；扫描频率 f 为 60～1000 Hz。

3. 实验方法

将 6061 铝合金加工成 700 mm×400 mm×150 mm 的试样。经过打磨、清洗后进行电子束表面扫描处理，扫描方式和路径如图 4.2 所示。

将扫描处理后的试样切割成 5 mm×400 mm×10 mm 的试块，分别进行磨制、浸蚀后利用金相显微镜、SEM 扫描电镜和显微硬度计等对其进行组织和性能分析。

4.5.2 结果分析

1. 扫描电子束表面处理改性层的显微组织

采用电子束工艺参数为：加速电压 $U=60$ kV、束流 $I=60$ mA、扫描频率 $f=100$ Hz、束斑直径 $d=2$ mm 进行扫描电子束表面处理，得到的组织整体形貌与各部分显微组织，如图 4.17 所示。由图 4.17(a)可知，经电子束表面扫描处理后，整体形貌分为强化层、过渡区与基体三部分，强化层的晶粒细小、分布均匀，基体中的晶粒较大。

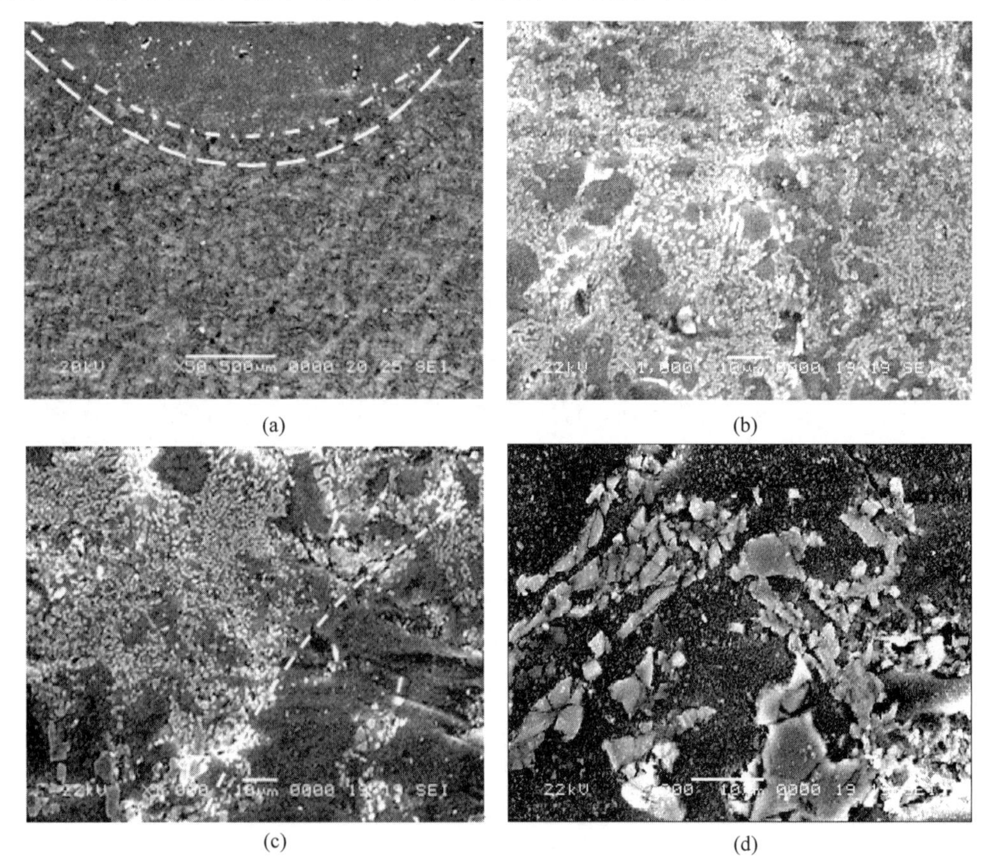

(a) (b) (c) (d)

图 4.17 扫描电子束表面处理对铝合金显微组织的影响

(a) 微观组织整体形貌；(b) 强化层微观组织；(c) 过渡区的微观组织；(d) 基体的微观组织

2. 表面处理改性层的显微硬度及其分布规律

为进一步分析改性层的性能，本实验利用 HMV-Z 显微硬度机分别对表面强化层、过渡区和基体进行硬度测试。图 4.18 所示为硬度沿着截面深度方向的变化规律，随着深度的增加显微硬度逐渐减小，强化层的显微硬度最高可达 173 HV，最低为 168 HV；当深度达到 1.5 mm 时，显微硬度急剧下降，在 1.5～2.0 mm 时，显微硬度从 168 HV 降低到 146 HV，与基体硬度值基本一致。这是因为当电子束对铝合金进行表面处理时，电子束快速加热熔化消除或减少了粗大的有害相；由于铝合金表层金属比层内金属更易冷却，形成较大的过冷度，过冷度提高了结晶的形核率，所以铝合金重新结晶的晶粒细小，并且其大小随深度的增加而增大。晶粒越小，显微硬度就越大。从显微硬度的变化规律可以看出，强化层的厚度约为 1.5 mm，而过渡区的厚度约为 0.5 mm。图 4.19 为强化层的显微硬度沿着表面的变化规律，距区域中心越近，显微硬度就越大，这是因为电子束能量分布是高斯分布，在圆心处的能量最大，离电子束束斑中心越远，电子束的能量越小。

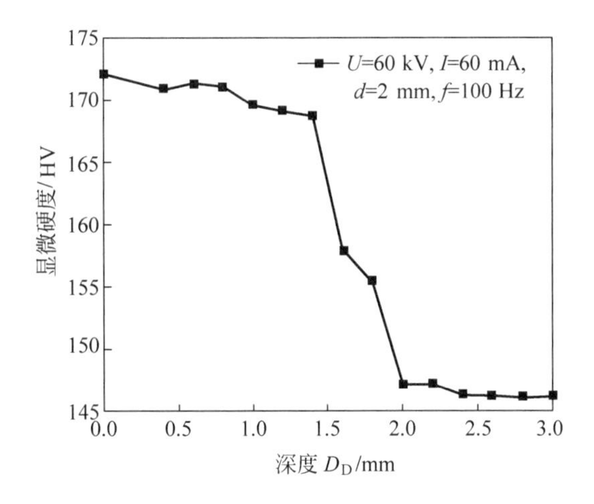

图 4.18 硬度沿着截面深度的变化规律

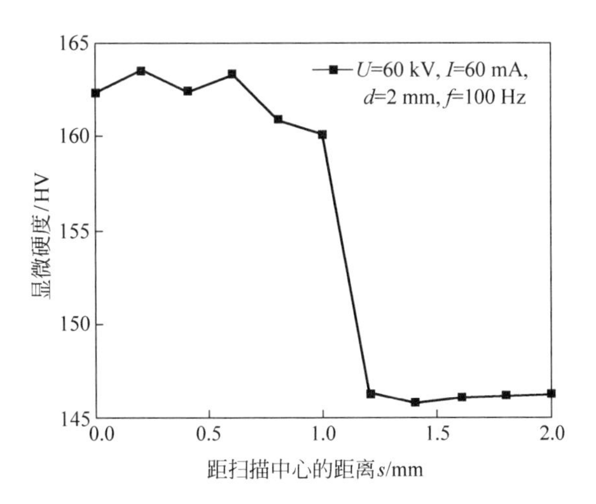

图 4.19 硬度沿表面的变化规律

4.5.3 电子束工艺参数对强化层组织和性能的影响

1. 加速电压对组织和性能的影响

电子束的工艺参数为：束流 $I=60$ mA，扫描频率 $f=100$ Hz，下束时间 $t=20$ s 和束斑直径 $d=2$ mm 时，加速电压对强化层组织和性能的影响如图 4.20 所示。随着加速电压的增加，晶粒逐渐变细。当加速电压为 55 kV 时，强化层内晶粒较大，有小部分晶粒极为细小；当加速电压为 60 kV 时，处理区域内大部分的晶粒较为细小，有小部分的较大颗粒；当加速电压为 70 kV 时，处理区域内遍布的晶粒较为细小，只有极少的晶粒颗粒较大。其产生的原因为在其他工艺参数不变的情况下，随着电子束加速电压的增加，电子束的热流密度增加，当电子束与铝合金表面接触时，转换的热能增加，从而导致采用较高加速电压处理的铝合金表面的晶粒比较细小。

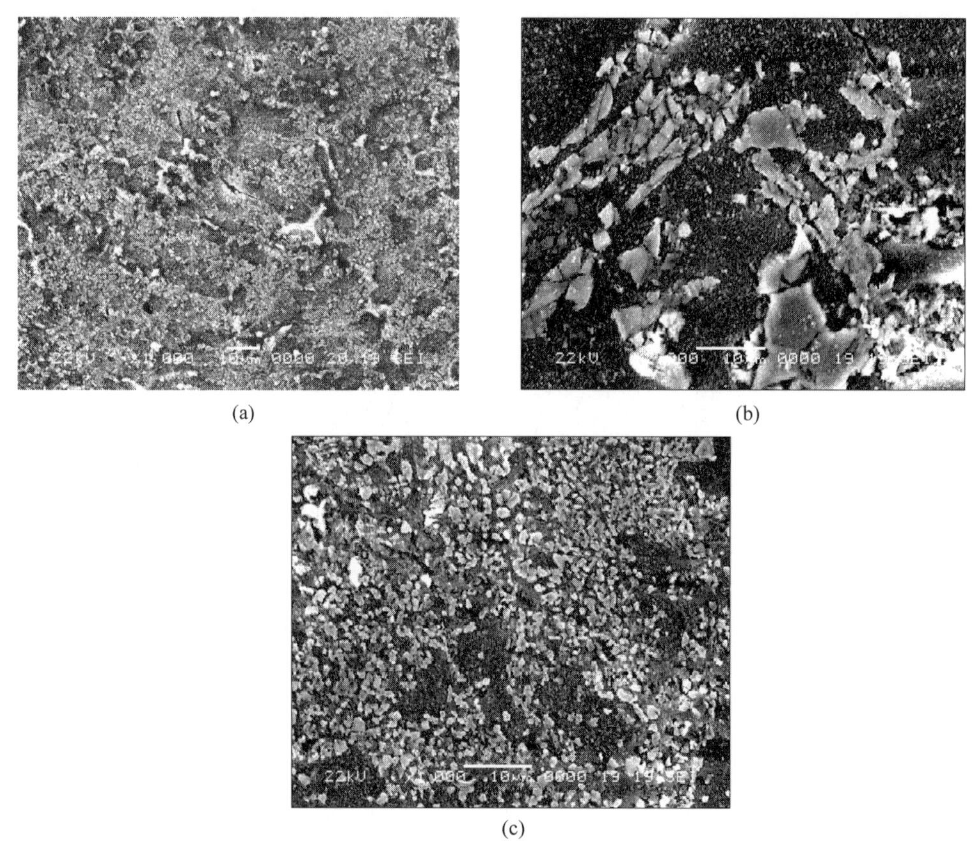

图 4.20 加速电压对微观组织的影响

(a) $U=55$ kV；(b) $U=60$ kV；(c) $U=70$ kV

图 4.21 所示为加速电压对材料表面硬度的影响。距离表面中心等距离处，加速电压越高，显微硬度也越高。这是因为在其他参数不变的情况下，增加加速电压可使电子束输入的总能量增加，在快速冷却过程中，加速电压高能产生更大的冷却度，从而导致形核率的提高，晶粒细化。

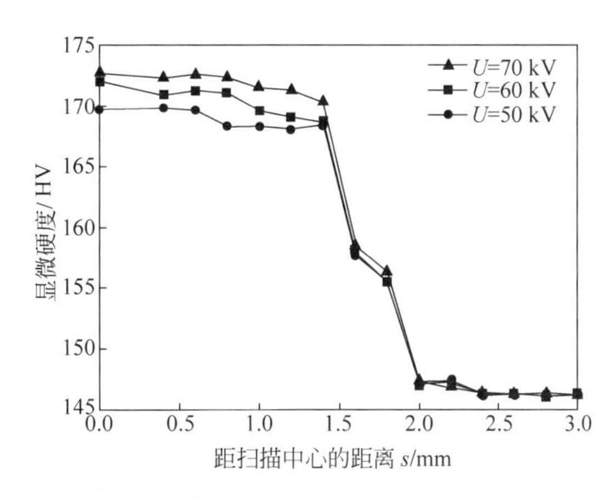

图 4.21　加速电压对材料表面硬度的影响

2. 束斑直径对组织和性能的影响

讨论束斑直径的影响时，束流 I 为 60 mA，加速电压 $U=60$ kV，扫描频率 f 为 100 Hz 和下束时间 t 为 20 s，其影响规律如图 4.22 所示。当束斑直径为 2 mm 时，在处理区域内大部分晶粒较为细小，有小部分的颗粒较大；当束斑直径为 4 mm 时，在处理区域内晶粒较大，在大晶粒间有小部分细小的晶粒；当束斑直径为 6 mm 时，处理区域内遍布着较大的晶粒，说明晶粒的大小随着束斑直径的增加而增大。根据式(4-11)可知，束斑直径与电子束的热流密度成反比，在其他工艺参数不变的情况下，随着束斑直径的增加，电子束注入处理区域的能量减小。束斑直径较小时，电子束的能量集聚效应较好。

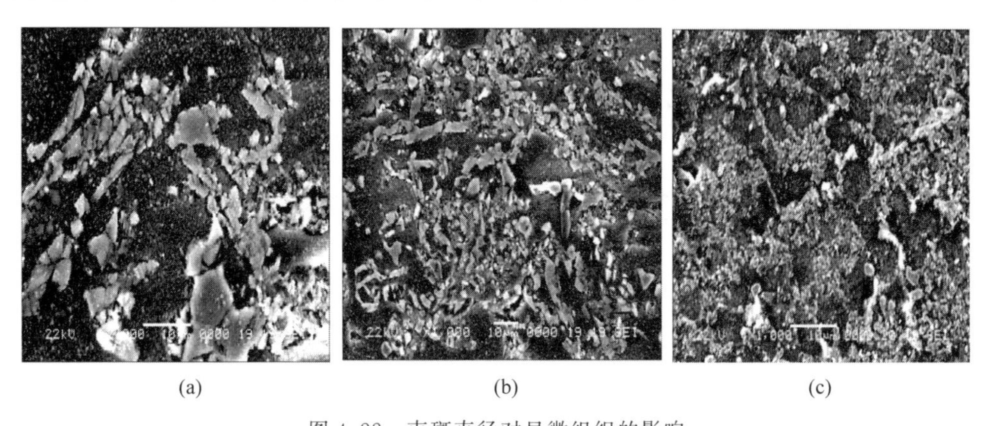

(a)　(b)　(c)

图 4.22　束斑直径对显微组织的影响

(a) $d=2$ mm；(b) $d=4$ mm；(c) $d=6$ mm

图 4.23 所示为束斑直径对材料表面显微硬度的影响。随着束斑直径的增加，强化层的显微硬度随之降低。束斑直径的增加导致电子束输入的总能量减少。在快速冷却时，产生的冷却速度减小，从而导致形核率降低，晶粒粗大。

4.5.4　温度场与显微形貌的分析

为验证仿真模型对温度场计算结果的可靠性，将仿真结果与实验结果进行比较，以期验证和修订仿真模型。图 4.24(a)所示为实验所得横截面显微组织形貌，由图可知，处理区域

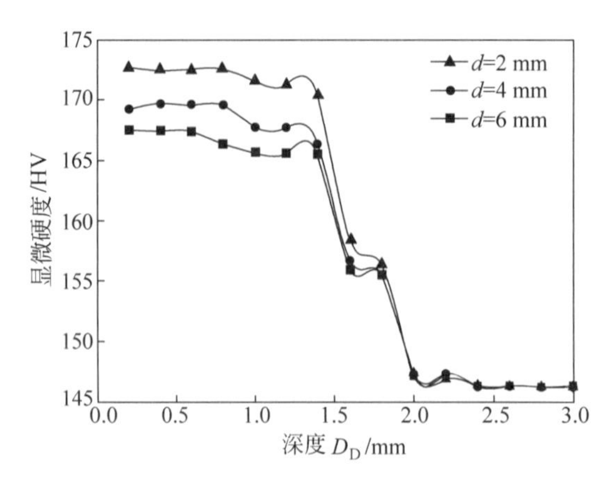

图 4.23　束斑直径对材料表面显微硬度的影响

与基体间的界线呈抛物线状,这是因为电子束热流密度呈高斯分布,在束斑中心的热流密度较大,而在束斑中心至束斑边缘,热流密度在逐渐减少；其次束斑中心处的热流密度只能朝深度方向进行热传导,而束斑的其他部分,可以向各个方向进行热传导。利用上述模型得到的熔池显微组织形貌与实验结果比较,如图 4.24(b)所示。采用高斯热源仿真得到的温度场分布规律与实验结果相吻合,表明所建立的电子束表面处理有限元模型可进行温度场与流场的分析,对实际的电子束加工过程有一定的指导意义。

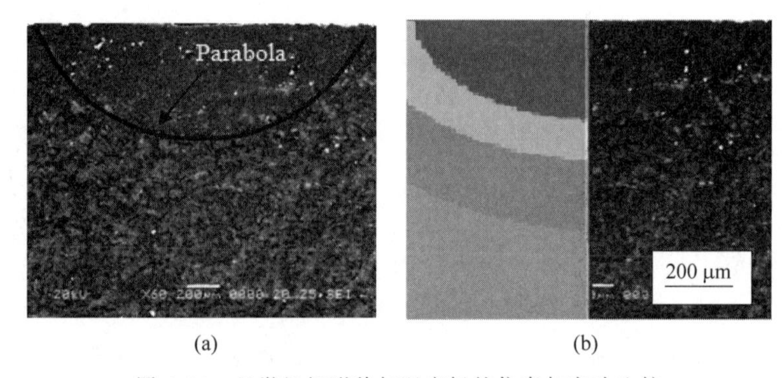

图 4.24　显微组织形貌与温度场的仿真与实验比较

(a) 实验所得显微组织形貌；(b) 温度场仿真与实验结果比较

4.5.5　电子束工艺参数对熔池大小影响的仿真与实验比较

1. 电子束加速电压对熔池大小的影响

利用仿真与实验获得的熔池大小随着加速电压的变化,如图 4.25 所示。从图中可以看出,随着加速电压的增加,熔池的尺寸不断增大。这是因为加速电压 U 与电子束热流密度成正比,在其他工艺参数不变的情况下,随着加速电压的增加电子束的集聚效应增强。

2. 下束时间对熔池大小的影响

图 4.26 所示为下束时间对熔池大小的影响。随着下束时间的增加,熔池的深度和宽度均增加；且实验与仿真结果误差较小,说明利用模型可以很好地预测熔池变化,具有一定的实用价值。

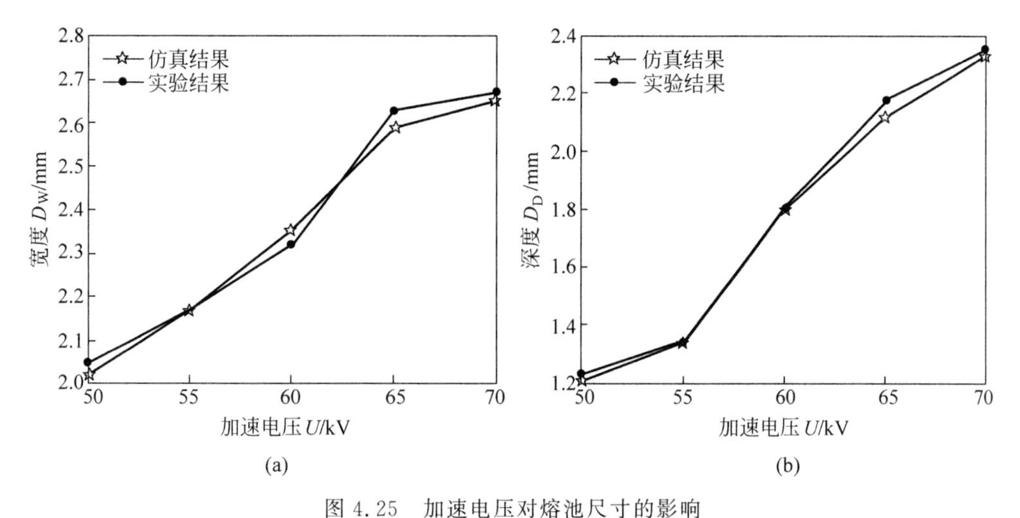

图 4.25　加速电压对熔池尺寸的影响

(a) 熔池宽度随加速电压的变化；(b) 熔池深度随加速电压的变化

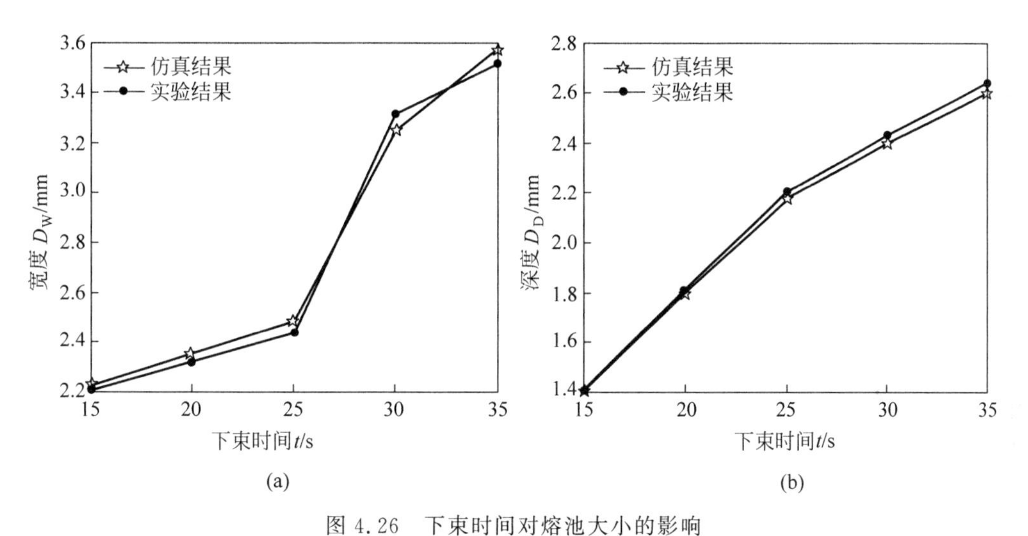

图 4.26　下束时间对熔池大小的影响

(a) 下束时间对熔池宽度的影响；(b) 下束时间对熔池深度的影响

第5章

电子束相变硬化时温度场与组织场双向耦合的研究

相变硬化过程中，硬化区的温度与组织间存在着明显的相互作用，温度引起组织转变并产生潜热的吸收和释放，而潜热的出现又引起温度的改变，使温度场的求解变成高度非线性的双向耦合问题。在对相变硬化过程中温度场与组织场进行双向耦合研究时，既要考虑以温度为求解对象的温度场的模拟，又要探讨出硬化过程中组织转变量与温度、温度变化率等因素之间的关系，从而获得相变硬化过程中温度场与组织场的变化规律。

5.1 相变硬化时温度场与组织场双向耦合的理论基础

5.1.1 相变硬化过程中耦合行为分析与仿真方法

1. 相变硬化过程中耦合行为分析

电子束相变硬化处理是一种特殊的淬火处理工艺。硬化过程中，同时出现的场变量有温度场、应力场、组织场(相变)，三场之间两两相互影响，其关系如图5.1所示。图中①表示温度场对组织场转变的影响，相变硬化处理的本质就是通过控制温度变化来获得所需组织；②表示组织场转变过程中吸收或释放潜热对温度场的影响；③表示温度场对应力场的影响，即热弹塑性应力；④表示相变对应力场的影响，如奥氏体转变成马氏体过程中体积的膨胀，因温度梯度大、变化不一致，处理区各部位组织转变不同步等原因，产生组织场应力；⑤表示应力场对组织场转变的影响；⑥表示应力场对温度场的影响。

根据热应力理论可知，应力场受到温度场的影响，而应力场又受到相变的影响。对温度场与组织场耦合行为的模拟，可作为温度-应力-组织三场耦合的前期基础。

电子束表面相变硬化，是针对含有马氏体相变过程的金属材料，通过电子束加热使材料表面温度超过相变温度(A_{c1}线或A_{c3}线)，但还未及熔点温度的一种表面改性方法。根据电子束相变硬化定义可知，相变硬化是通过所加热材料基体的热传导方式以达到自冷却。若要满足自冷淬火要求，只有电子束冷却速度远大于马氏体相变的临界冷却速度，才可完全抑制先析相的析出和珠光体、贝氏体的转变，因此，为控制冷却速率该方法对淬火材料的几何尺寸有一定要求。实验表明：电子束相变硬化区多由马氏体、残余奥氏体及未熔碳化物

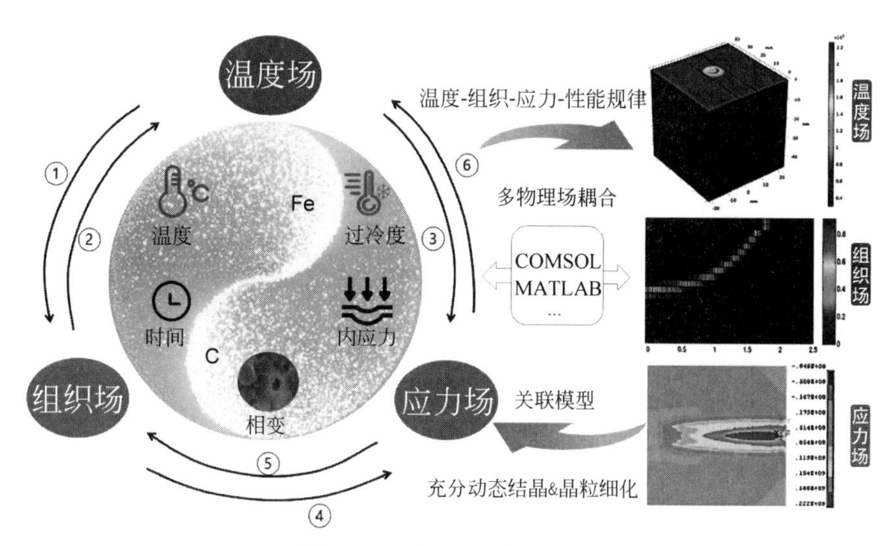

图5.1　三场耦合之间的关系

构成。相变硬化过程中，温度场对组织的影响可以简单分为：加热过程为原始组织（珠光体、铁素体）向奥氏体转变，冷却过程为奥氏体向马氏体转变的两个过程。从理论和实验的角度清晰表明电子束相变硬化处理过程中温度与组织的变化情况。

温度场不仅跟电子束热源和热传导有重要的关系，而且也受到相变过程中相变潜热吸收与释放的影响，如奥氏体化过程中的吸热与马氏体转变过程中的放热，且其吸热与放热时，相变潜热在83.5～90.5 J/mol，因此，在计算温度场的过程中，除了要考虑热源模型、传热边界条件和热物性参数等因素影响外，还要考虑相变发生时相变潜热的吸收与释放对温度场的影响。针对温度场与组织场的模拟，潜热无疑为两场相互作用的一个变量——硬化中温度的变化引起组织场潜热的产生，而潜热的出现反过来影响温度的大小。

2. 两场耦合模拟的分析方法

温度场与组织场耦合模拟的分析方法，主要包括顺序耦合法和双向耦合法。顺序耦合法，又称单向耦合。首先进行热分析，然后将求得节点的历史温度作为体载荷加到组织计算程序中，进而求得空间各点组织含量随时间和温度变化的解。这种方法，只考虑了温度对组织的影响，不考虑组织转变过程中组织成分和含量变化对温度的影响。双向耦合法，为同步的两个顺序耦合。在求解完第一迭代步温度场后，根据各节点历史温度数据去计算各节点此时的组织含量和潜热的变化，并根据相变潜热的大小对温度场的解进行修正，如此不断迭代求解则可求得在温度场与组织场双向耦合作用下，各时刻温度与组织含量的解。

3. 两场耦合变量的处理

在电子束相变硬化处理过程中，温度场不仅受到电子束热源的影响，同时还受到组织转变释放潜热的影响，因而温度场的计算必须与相变过程的计算同时进行。在温度场与组织场双向耦合求解过程中，组织场对温度场的影响主要通过潜热来实现，而潜热的产生又离不开温度的变化，因此潜热可作为一个耦合变量来处理。而耦合变量的计算和处理方法，则影响到耦合模拟的求解是否能实现、求解精度和速度等，因此耦合变量的处理，是双向耦合模拟中不可缺少的研究内容。

1）组织潜热的计算

潜热的计算主要跟各相组织发生转变前后的体积分数和各相组织的热焓有关。假设 f_{η} 是 η 时刻的相转变量，则该相所对应的潜热 q_{η} 计算表达式为

$$q_{\eta}=\Delta H\cdot\frac{f_{\eta+1}-f_{\eta}}{\Delta t} \tag{5-1}$$

式中，ΔH 为该相发生相变时的热焓，J/m^3；$f_{\eta+1}$ 和 f_{η} 为该相组织相邻时间步的体积分数；Δt 为计算时间步，s。

对于 n 种相组织并存的情况下，相变的总潜热 Q 的表达式为

$$Q=\sum_{n=1}^{k}q_{\eta}^{n}=\sum_{n=1}^{k}\Delta H_{n}\cdot\frac{f_{\eta+1}^{n}-f_{\eta}^{n}}{\Delta t} \tag{5-2}$$

式中，ΔH_{n} 为 n 相发生相变时的热焓，J/m^3；f_{η}^{n} 为 n 相 η 时刻相转变体积分数。

2）相变潜热对温度影响的处理

根据传热学理论，固态组织转变释放（吸收）的相变潜热，相当于各组织成分转变对应潜热量的加权值。从数学角度分析，潜热的释放（吸收）将使温度场的控制方程变得高度非线性，给数值求解带来困难，因此，潜热处理的恰当与否，对温度场的求解至关重要。常见的潜热处理方法主要有以下几种。

（1）**等效热量法（又称温度回升法）**：假设金属在相变过程中释放（吸收）的潜热完全用于单元体本身温度的增加（降低），即通过温度修正达到温度与组织耦合的目的。

材料发生相变时，不同相的热焓不同，不同类型的组织转变所释放（吸收）的相变潜热不同。相变潜热的大小与该相变量的大小成正比：

$$Q_{\eta}=\Delta H_{\eta}\cdot\frac{\Delta V_{\eta}}{\Delta t}$$

式中，ΔH_{η} 为材料发生 η 相变时的热焓（如 45 钢，奥氏体转化为铁素体时 ΔH_F 为 $5.9\times10^8\ J/m^3$，奥氏体转化为珠光体时 ΔH_P 为 $6.0\times10^8\ J/m^3$，奥氏体转化为马氏体时 ΔH_M 为 $6.5\times10^8\ J/m^3$）；ΔV_{η} 为材料在 Δt 时间内 η 相的转变量。

因潜热引起的温度回升（下降）为

$$\Delta T=\frac{\sum Q_{\eta}}{c_{p}} \tag{5-3}$$

式中，c_p 为材料的比定压热容，J/(kg·K)；Q_{η} 为各组织相变潜热总和，J/mol。

（2）等效热容法：在求解过程中，将相变潜热作为热传导方程中比定压热容的一部分，此种方法在快速冷却条件下的凝固潜热处理中常见。

（3）等效内热源法：是将材料相变硬化处理过程中，单位体积内的相变潜热直接作为内热。本研究中采用将相变潜热作为内热源的形式进行求解。

5.1.2 电子束相变硬化传热过程分析

电子束是电子在电场中经过加速、提高能量，而形成的载能束流。当能量为 E 的电子束轰击到金属表面时，该能量将以各种传递形式被转换。在能量快速传递和电子动能转换过程中，吸能层 S 被直接加热。相变硬化过程中，该处理区温度以极快的速度升到奥氏体化温

度以上并在熔点以下，使仍处于冷态的基体与被加热薄层之间产生高达 $10^4 \sim 10^5$℃/cm 的温度梯度。附近的吸能层区域，因出现高温度梯度，通过热传导和热扩散而得以加热。当电子束停止作用后，通过材料基体(固态金属)的热传导，吸能层和它附近的加热区域又被快速冷却，进行形成自冷淬火，从而实现工件表面加热层的相变硬化。

电子束表面相变硬化处理中，硬化层的温度要求控制在 A_{c1}(碳钢奥氏体化开始温度)和 T_S(碳钢熔化温度)之间。因此，A_{c1} 和 T_S 是两个很重要的温度数值：硬化过程中，碳钢表面的最高温度必须低于材料的熔化温度 T_S，且高于奥氏体转变温度 A_{c1}，否则达不到相变硬化处理效果。相关实验表明，被硬化的表层深度都大于电子作用的范围 S，而要把表面深度为 H 的材料加热到奥氏体开始转变的最低温度 A_{c1}，只能借助热传导来实现。对电子束表面相变硬化过程中温度场的仿真分析时，材料表面最高温度 T_{max} 和奥氏体开始转变温度 A_{c1} 是两个重要的控制数据。

1. 对流

对流一般是指液体或气体中较热部分和较冷部分之间通过循环流动使温度趋于均匀的过程。表面热处理中，主要是指固体的表面与它周围接触的流体之间，因温度差的存在而引起的热量交换。对流一般用牛顿冷却方程来描述：

$$q'' = h(T_S - T_B) \tag{5-4}$$

式中，h 为对流传热系数，W/(m^2·K)；T_S 为固体表面温度，K；T_B 为周围流体的温度，K。因电子束相变硬化在真空环境中完成，没有空气对表面的对流散热，故不考虑对流，即 h 取 0。

2. 热辐射

热辐射是指物体向外所发射的电磁能，被周边其他物体吸收并转换为热的一种热交换方式，是三大基本热传递方式之一。热辐射的传递无须任何介质，且在真空中的传递效率最高，因此，热辐射成为电子束相变硬化过程中，除热传导外基体材料能量损失最主要的一种方式。

工程中，通常采用斯忒藩-玻耳兹曼方程计算热辐射量：

$$M = \varepsilon\sigma(T^4 - T_\alpha^4) \tag{5-5}$$

式中，M 为辐射散热的能量，W/m^2；ε 为试样表面辐射率(黑度)；σ 为斯忒藩-玻耳兹曼常量，通常取 5.67×10^{-8} W/(m^2·K^4)；T 为物体表面温度，K；T_α 为周围的环境温度，K。

5.1.3　电子束相变硬化组织转变量的计算

电子束相变硬化过程包括加热过程中奥氏体化和冷却过程中马氏体相变两个过程。

由于碳钢中组织转变的程度不同和组织转变的热效应对温度场和应力场产生较大的影响，所以必须对该过程中的加热和冷却过程分别进行讨论，以便准确地计算出表面相变硬化处理后碳钢中的组织转变量与相变潜热对温度和应力的影响。

本文采用奥氏体化等温转变曲线(austenite isothermal transformation diagram，TTA曲线)与等温转变曲线(time-temperature-trans formation，TTT 曲线)的方法进行模拟。

1. 奥氏体化开始转变温度的确定

奥氏体化是钢在加热过程中的一种基本转变，它的转变程度对钢冷却过程中的组织转变有明显的影响，研究奥氏体开始转变的温度对组织模拟有着重要的作用。

在连续加热中，原始相向奥氏体开始转变的温度取决于该点被加热的温度和速率。已有学者在研究快速加热过程中，以加热点的温度变化曲线与 TTA 曲线（奥氏体等温转变曲线）的相交点作为奥氏体相变开始转变温度。本研究采用 Scheil 叠加原理计算连续加热过程中奥氏体开始转变的温度和时间。

具体原理如图 5.2 所示，对于每一个时间步 i，计算 $\Delta t_i/\tau_i$，并对各计算步求和：

$$f_{\text{sum}} = \sum(\Delta t_i/\tau_i) \tag{5-6}$$

式中，Δt_i 为时间步长；τ_i 为相对应温度下完成奥氏体化所需时间，s。

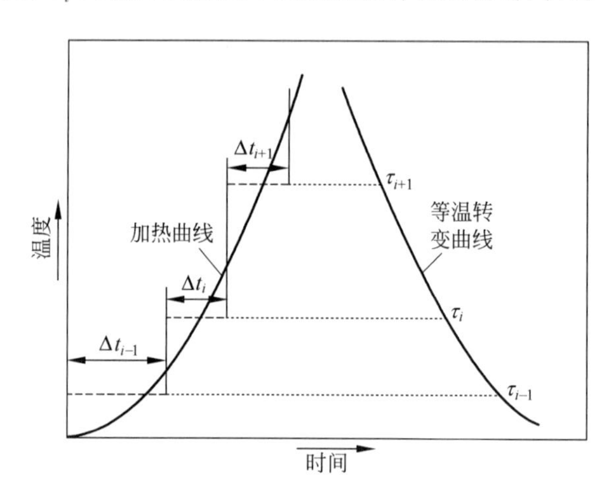

图 5.2　奥氏体转变孕育时间叠加原理

当求和 f_{sum} 达到整数为 1 时，孕育期满，奥氏体转变开始，即以此时的温度 T_z 为连续加热过程中奥氏体化开始转变温度。利用数学工具拟合出 45 钢等温转变前 2 s 的 TTA 曲线，如图 5.3 所示，其拟合误差均在 0.5%以内。

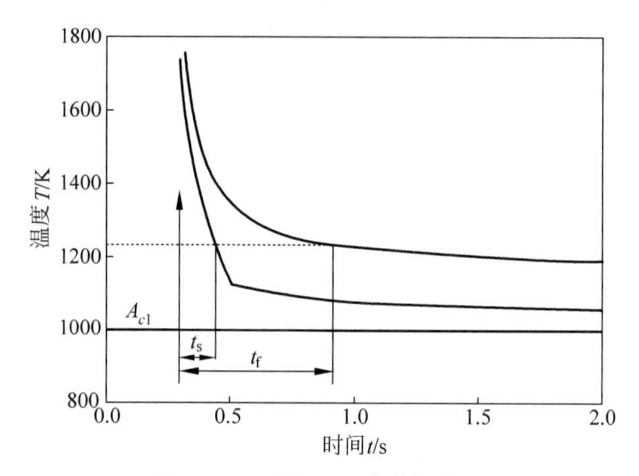

图 5.3　45 钢 TTA 曲线拟合图

2. 奥氏体转变量的计算

奥氏体转变生成量的计算，采用 Avrami 方程：

$$\varphi_A(T,t)=1-\exp[-b(T)t^{n(T)}] \tag{5-7}$$

式中，$\varphi_A(T,t)$为生成的奥氏体的体积分数，%；T为温度，K；t为时间，s；$b(T)$和$n(T)$为常数，计算方法为

$$n(T)=\ln(\ln(1-\varphi_s)/\ln(1-\varphi_f))/\ln(t_s/t_f)$$

$$b(T)=-\ln(1-\varphi_s)/t_s^{n(T)}$$

此处，假定$\varphi_s=0.5\%$，$\varphi_f=99.5\%$，$t_s=t_f(T)$为温度T下奥氏体转变开始时间，$t_f=t_f(T)$为温度T下奥氏体转变结束时间。开始转变和结束转变曲线，如图5.2所示，第一步迭代从开始转变温度T_z处开始。

根据第$(i-1)$时间步奥氏体的生存体积分数φ_{Ai-1}，计算出该生成量对应第i时间步温度T_i下所需的虚拟时间：

$$t_i^*=[-\ln(1-\varphi_{Ai-1})/b_i]^{1/ni}$$

则可求得时间步i结束时奥氏体体积分数：

$$\varphi_{Ai}=1-\exp[-b_i(t_i^*+\Delta t_i)^{ni}] \tag{5-8}$$

3. 马氏体转变量的计算

冷却过程中，马氏体相变属于非扩散型相变，碳钢的马氏体转变量的计算，采用Koistinen-Marburge公式：

$$f_M(T)=1-\exp[-k(M_s-T)^m] \quad (T\leqslant M_s) \tag{5-9}$$

式中，$f_M(T)$表示马氏体体积分数，%；M_s为马氏体开始转变温度，K；对于45钢，一般取$k=0.011$，$m=1$，$M_s=598$ K。

设奥氏体最好体积分数为φ_A，则45钢经过奥氏体化后，马氏体的体积分数为

$$\eta_M(T)=\varphi_A\{1-\exp[-0.011(M_s-T)]\} \tag{5-10}$$

式中，φ_A为马氏体转变前的奥氏体体积分数，%。

5.2 电子束相变硬化时温度场与组织场双向耦合模型的建立

45钢电子束相变硬化过程中，存在热源模型（电子束与金属表面作用时热源分布模型）与变热物性参数的难以确定等问题，再考虑到相变潜热对温度的影响，使得求解变成高度非线性问题。深入研究电子束相变硬化过程中，热源模型、温度场和组织场随时间的变化规律，不但可以为温度场—组织场—应力场三场耦合的研究做前期准备，而且可实现更为准确地预测硬化区组织分布，探究相变硬化过程中组织转变规律，分析硬化处理后强化机理，是优化相变硬化工艺参数的关键。

5.2.1 电子束相变硬化处理过程的物理描述

建立电子束相变硬化过程的物理模型，如图5.4所示（因对称，模拟时只建1/2实体模型）。电子束束流以热流密度q垂直作用在平行于xy平面的试样表面上，与此同时，试样（xyz坐标系）以速度v相对束流沿W轴负方向移动，从而形成扫描。建立相变模型时，采用以下假设：

(1) 试样表面的热吸收率为常数；

(2) 试样的热物性参数为温度的函数；

(3) 考虑试样相变潜热对温度的影响；

(4) 试样各向同性，为有限大；

(5) 试样和周边环境温度均为 300 K；

(6) 电子束能量分布呈高斯分布，且功率恒定；

(7) 试样在真空环境下，不考虑对流传热，只考虑辐射散热；

(8) 以等效热容法处理熔化时的相变潜热。

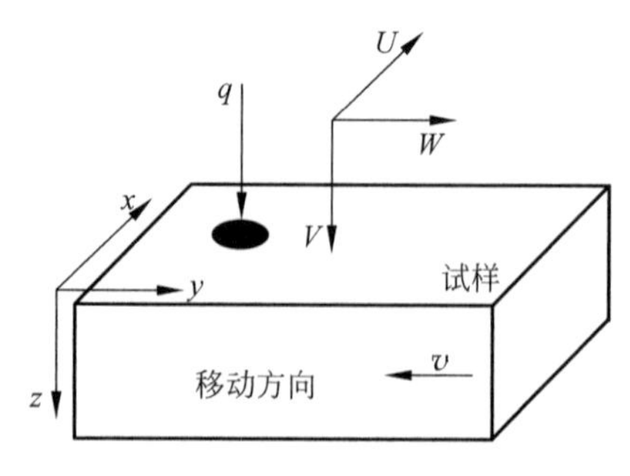

图 5.4 电子束表面相变硬化处理示意图

5.2.2 电子束移动热源的确定

1. 热源模型的假设

采用电子束束流密度呈高斯分布的热源，高斯面热源模型如图 2.6 所示。

设表面任意一点距中心为 r 处的热流密度 $q(r)$ 为

$$q(r)=q_{\mathrm{m}}\exp\left(-\frac{ar^2}{r_0^2}\right) \tag{5-11}$$

则表面功率：

$$q=\int q(r)\mathrm{d}S$$

式中，S 为表面积，m^2。

表面热流密度的积分为

$$q=\int_0^{+\infty}q_{\mathrm{m}}\exp\left(-\frac{ar^2}{r_0^2}\right)2\pi r\mathrm{d}r=\frac{q_{\mathrm{m}}\pi r_0^2}{a}$$

可得：

$$q_{\mathrm{m}}=\frac{aq}{\pi r_0^2}$$

热源功率密度分布可写为

$$q(r)=\frac{aq}{\pi r_0^2}\exp\left(-\frac{ar^2}{r_0^2}\right) \tag{5-12}$$

式中，q 为表面有效功率，W；q_{m} 为束斑中心的最大功率密度，$\mathrm{W/m^2}$；r_0 为束流有效加热半径，m；r 为束斑中 A 点到电子束加热中心的距离，m；a 为热流集中程度系数，即在半径 r_0 内能量占总能量百分比。

2. 热源模型参数的确定

根据式(5-12)可知：q 为表面有效功率，从能量损失角度进行假设后，可作为已知量；a/r_0^2 为常数，该变量的数值只有通过实验测得，无法直接获得。尽管该值由 a 和 r_0^2 两个变量控制，但当电子束各参数和作用方式不变的时候，a/r_0^2 是一个常量。因此，当 r_0 确定后 a 的值也随之确定，即 r_0^2 值的定义不同，相对应的热流集中系数 a 也进行了相应的调整，以此满足束流分布的唯一性。通常情况下，r_0 取 r_0 内能量所占百分比为95%时的值，此时，a 为3。经过计算，热流集中系数 a 在不同取值下，r_0 内能量所占百分比如表5.1所示。

表5.1　热流集中系数 a 取值对能量分布的影响

a	1	1.5	2	2.5	3
r_0 内能量所占百分比/%	63.21	77.69	86.47	91.79	95.02

在预定时间内，以直径为6 mm的束流对45钢表面进行定点集中下束处理，表面硬化区组织分布(主要为含有马氏体的区域)半径可通过实验测得。以常用高能束快速加热下相变硬化温度达到1073～1123 K作为硬化区的界限，测试出硬化后该线离硬化中心(束流中心)的距离。因加热时间短且能量集中忽略处理表面束斑径向传热对温度的影响，则可利用一维瞬态温度场的数学计算公式，反求出该位置表面热流密度大小，然后通过式(5-12)，反求出热流集中系数 a。经计算，束流半径为6 mm时，a 的取值为1.6。

3. 移动热源的边界表达式

电子束束流热源，作为面热源处理，可经过坐标变换推导出工件表面热源移动的数学表达式。

依据前面所建立的物理模型，结合图5.4，在 U-W-V 坐标系里有：

$$r^2 = U^2 + W^2 \tag{5-13}$$

且动态坐标系(xyz)与静态坐标系(UWV)的关系为：

$$W = y - vt$$

表面功率 q 与电子束加速电压和束流强度的关系为

$$q = \eta UI$$

整理上式，则可得到工件表面热源功率密度为

$$q(x,y,t) = \frac{\eta a UI}{\pi r_0^2} \times \exp\left\{\frac{-a[(x-x_0)^2+(y-y_0-vt)^2]}{r_0^2}\right\} \tag{5-14}$$

式中，U 为电子束加速电压，kV；I 为电子束束流强度，mA；η 为电子束热效率，取0.75；v 为扫描速度，m/s；t 为相变硬化总时间，s；(x_0, y_0)为开始下束时的坐标。

5.2.3　电子束相变硬化温度场模型的建立

1. 几何尺寸的确定

为控制相变硬化过程中，硬化区冷却速率低于发生马氏体相变的冷却速率，经一维热传导公式计算，结合45钢棒料尺寸，考虑加工切削量，试件尺寸选为32 mm×32 mm×50 mm。由于对称，研究时取模型的1/2进行分析。

2. 移动热源下温度场的控制方程和边界条件

1) 控制方程

相变硬化处理是在表面不熔化的条件下，表面热源通过固体传热机制向内部传递热能，使基体材料被加热。根据热传导基本定律——傅里叶定律，在直角坐标系中，试件内部热传

导方程为

$$\rho c_{\mathrm{p}} \frac{\partial T}{\partial t} = \nabla \cdot (\lambda \nabla T) + Q \tag{5-15}$$

式中：ρ 为材料密度，$\mathrm{kg/m^3}$；c_ρ 为比定压热容，$\mathrm{J/(kg \cdot K)}$；∇是对空间变量的拉普拉斯算子；λ 为导热系数，$\mathrm{W/(m \cdot K)}$；T 为热力学温度，K；t 为时间，s；Q 为内热源，$\mathrm{W/m^3}$。内热源 Q 为相变过程中的潜热，温度场与组织场通过 Q 来进行耦合。

2）初始条件

初始条件下有

$$T = T_a \tag{5-16}$$

3）边界条件

热源加载表面（xy 平面，$z=0$）：

$$q(x,y,z,t) = \frac{\eta a U I}{\pi r_0^2} \times \exp\left\{\frac{-a\left[(x-x_0)^2 + (y-y_0-vt)^2\right]}{r_0^2}\right\} \tag{5-17}$$

对称面：

$$\frac{\partial T}{\partial y} = 0, \quad y = 0 \tag{5-18}$$

除对称面外所有表面：

$$-n\lambda \nabla T = \varepsilon \sigma_0 (T^4 - T_a^4) \tag{5-19}$$

式中，T_a 为环境温度，K，定为 300 K；n 为所在表面的法线方向；ε 为试样表面的辐射率，45 钢取为 0.81；σ_0 为斯忒藩-玻耳兹曼常量，通常取 $5.67\times10^{-8}\ \mathrm{W/(m^2 \cdot K^4)}$；$T$ 为试样表面的热力学温度，K。

3. 材料热物性参数的确定

电子束相变硬化的基体材料是 45 钢，熔点为 1763～1793 K，热物性参数见表 5.2 所示。

表 5.2　45 钢热物性参数

温度 T/K	密度 $\rho/(\mathrm{kg/m^3})$	导热系数 $\lambda/(\mathrm{W/(m \cdot K)})$	比热容 $c/(\mathrm{J/(kg \cdot K)})$
273	7783	41.28	448
373	7761	38.45	479
473	7731	35.96	518
673	7668	32.74	614
873	7600	30.42	860
1073	7527	29.41	867
1373	7430	32.32	647
1473	7449	34.97	680
1573	7300	36.44	698
1673	6964	36.15	809

5.2.4　电子束相变硬化组织与潜热模型的建立

1. 数学模型建立

根据奥氏体开始转变温度确定的方法和奥氏体计算算法，运用软件，计算出电子束相变硬化加热过程中奥氏体体积分数的变化曲线，进而在此基础上求得马氏体转变量。经过奥氏体化后，假设奥氏体最好体积分数为 φ_A。

引入 Heaviside 阶梯函数 $H(x)$，用于描述马氏体相变过程。$H(x)$定义为

$$H(x)=\begin{cases}1, & x \geqslant 0\\ 0, & x<0\end{cases} \tag{5-20}$$

当 $H(x)=1$ 时，表示某种相变发生；当 $H(x)=0$ 时，表示相变不发生。

电子束相变硬化过程中，要发生马氏体转变，必须同时满足温度(T)和温度冷却速率(v_T)的条件：$M_f \leqslant T \leqslant M_s$ 且 $v_T \geqslant v_c$。因此，马氏体相变条件可表示为

$$F(T,T_v)=H(M_s-T)H(T-M_f)H(v_T-v_c) \tag{5-21}$$

式中，$F(T,T_t)$表示同时满足发生马氏体相变的温度和温度冷却速率的条件；M_s 表示马氏体开始转变的温度；M_f 表示马氏体终止转变温度；v_c 为马氏体相变临界冷却速率。

综上所述，奥氏体生成量为

$$\varphi_A(T,t)=\varphi_A \tag{5-22}$$

马氏体生成量为

$$\varphi_M(T,t)=F(T,T_v)\varphi_A(T,t)f_M(T) \tag{5-23}$$

剩余其他碳化物为

$$\varphi_c(T,t)=1-\varphi_A(T,t)-\varphi_M(T,t) \tag{5-24}$$

根据组织潜热和相变硬化过程中组织转变情况，组织潜热可表示为

$$Q_i=\begin{cases}0, & i=1\\ \Delta H_A \cdot \dfrac{\varphi_A^i-\varphi_A^{i-1}}{\Delta t}+\Delta H_M \cdot \dfrac{\varphi_M^i-\varphi_M^{i-1}}{\Delta t}, & i>1 \text{ 且 } i \in \mathbf{N}^+\end{cases} \tag{5-25}$$

式中：i 为迭代步次数；ΔH_A 为初始相奥氏体化过程中热焓，J/m^3；ΔH_M 为马氏体转变过程中的热焓，J/m^3；Δt 为计算时间步长，s；φ_A^i 和 φ_M^i 为计算第 i 步时所对应奥氏体体积分数和马氏体体积分数；Q_i 为计算第 i 步时对应的修正潜热。

5.3　电子束相变硬化中温度场与组织场双向耦合的结果分析

相变硬化过程中，硬化区的温度分布(特别是表面最高温度)和各相组织含量(特别是马氏体体积分数)是表面硬化尺寸和硬化质量最基本和最重要的物理量。硬化区温度与组织的分布和变化过程、硬化层尺寸，除跟材料的自身性能有关外，与热源模型、相变潜热、硬化位置、工艺参数等有着密切关系，是影响表面相变硬化效果的主要因素。因此，对相变硬化过程中的温度场分布、组织场分布和组织转变规律的研究具有重要意义。

5.3.1 电子束相变硬化温度场仿真结果分析

1. 相变硬化过程中温度场的分布规律

根据建立的45钢相变硬化温度场与组织场耦合模型，利用有限元和数学软件对相变硬化过程中温度场的分布规律进行仿真。仿真时所用电子束工艺参数见表5.3。

表5.3 扫描电子束工艺参数

起点坐标(x,y)/m	加速电压U/kV	电流I/mA	扫描速度v/(mm/min)	束斑直径d/mm
(0,−0.004)	60	15	600	6

1）加热过程中的温度场分布

相变硬化加热过程中温度场的分布，如图5.5所示。图5.5(e)所示束流中心所处位置为O点，该时刻束流中心所在坐标为(0,0.025,0)，即试样表面中心。由图5.5(e)可知，随着时间的推移加热区范围增大，表面最高温度随着y方向上位移的增加而增加，这一阶段为下束后表面最高温度开始增加阶段(y方向坐标在0～6 mm)；如图5.5(d)～(e)所示，随着时间的推移加热区等值线范围基本不变，表面最高温度随着y方向上位移的增加而基本不变，为下束后表面温度进入稳定阶段(y方向坐标在6～45 mm)；如图5.5(f)所示束斑在试样边缘位置(收束时)，表面最高温度随着y方向上位移的增加而明显增加，甚至超过表面熔点1793 K，这一段为开始收束前表面最高温度增加阶段。

由图5.5可知，束流扫描过程中有三个明显的特征：①束流扫过后红色亮斑(高温区)立即消失，整个扫描过程中只可见一个红色亮斑在移动(见二维码)；②在电子束移动方向上的温度分布等值线呈椭球状，且试样下束端最高温度比中间稳定区温度低，而收束端最高温度比中间稳定区温度高；③除下束端和收束端表面温度变化较大外，随着扫描时间的增加，中间稳定区表面整体温度有所增加，但增幅不显著，中间稳定区表面最高温度维持在1737～1748 K。

第一种情况说明电子束处理高温热影响范围极小，主要是因束斑有效加热直径小，表面热流密度特别大，而束流一直在移动使得硬化过程中加热时间短等因素而引起。由高斯热源公式可知，能量在束流中心集中，在上述参数中获得的表面热流密度最高可达3.2×10^3 W/m^2，束流中心点全部加热时间在0.6 s以内，且能量在0.3 s内传到表面。由图5.5(a)和(b)可知，表面温度增加了1180 K，而整个变化过程只有0.3 s。表面能量的突然聚集，基体材料无法在加热的同时通过热传导将这些热量扩散，因此温升极快，且高温热影响范围小。随着束流的移动，加热区的温度能通过基体的自身导热和能量的吸收能力(比热容)迅速将热量传递。

第二种情况说明扫描电子束后，表面热量的累积效应和远离边缘后热量扩散速度均匀。图5.5(f)所示为束流扫描至试样收束端，表面温度已经超过熔点1763～1793 K，达到熔化，明显高于中间温度1735 K。主要是因为收束端边界处扫描前方没有基体材料及时将累积的热量进行热传递，引起能量在试样边界表层聚集，温度增加甚至导致收束端开始熔化。下束端正好相反，如图5.5(b)和(c)所示，分别离边界1 mm和6 mm的位置，因扫描方向后方高温对热传导的干扰较小，此时所传能量一方面需要用于加热原有基体材料；另一方面扫

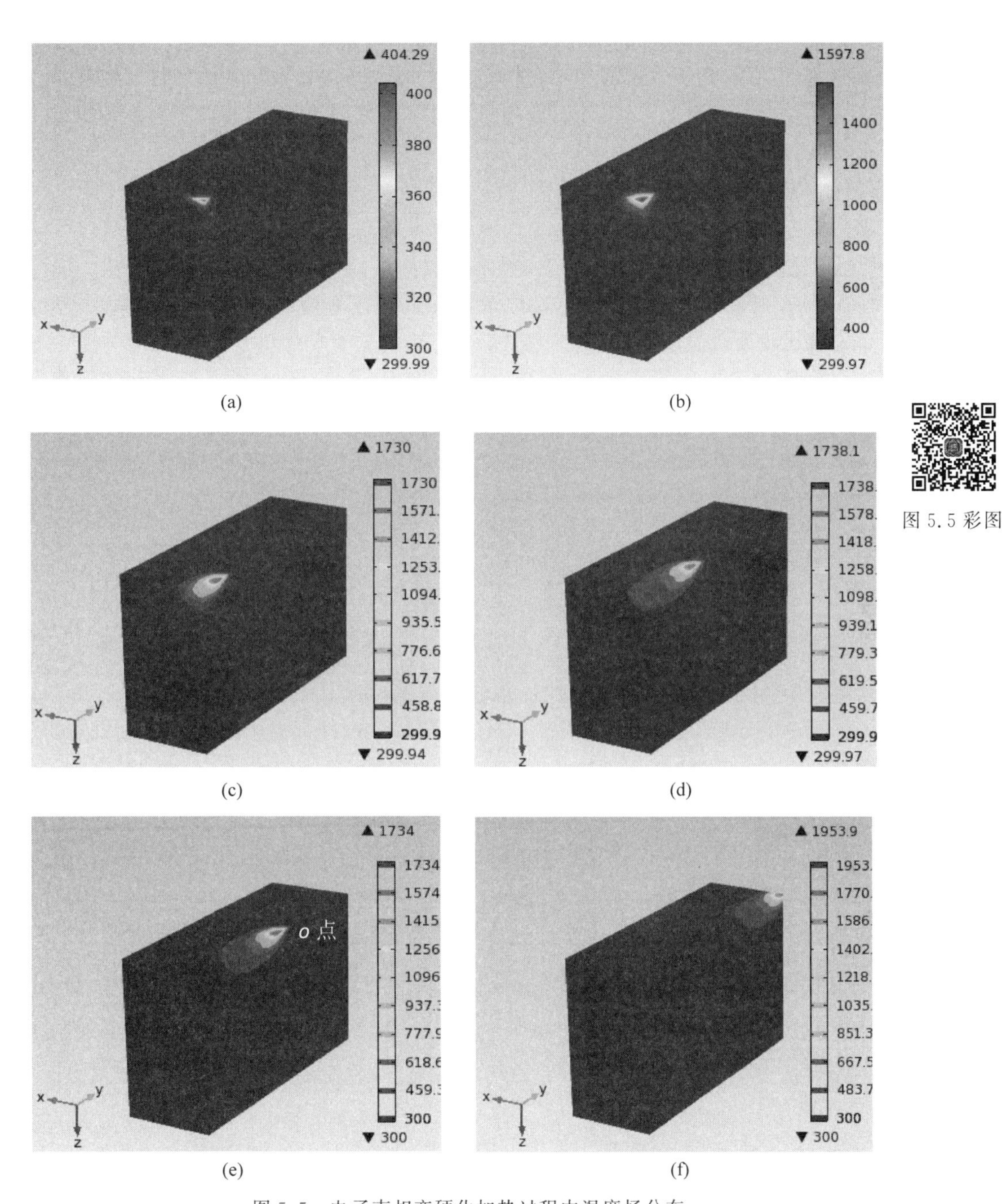

图 5.5　电子束相变硬化加热过程中温度场分布

(a) $t=0.2$ s；(b) $t=0.5$ s；(c) $t=1.0$ s；(d) $t=2.0$ s；(e) $t=2.9$ s；(f) $t=5.4$ s

描前方有相对充裕的空间吸收所传能量，从而引起下束端传热效率高，温度比中间稳定区和收束端低的现象。

第三种情况说明在远离两端边界 6 mm 的中间位置，可近似认为该过程为硬化区恒定稳定区。如图 5.5(c)～(f)所示，1000 K 以上温度场分布区域大小稳定，中间稳定区表面最高温度维持在 1738～1744 K。随着扫描的进行，表面温度有所增加，但增幅不显著，出现这种现象主要是因为束流快速加热和快速冷却的特点使热影响范围小。此外，因材料导热性能好，能及时将表面热量向基体传递，使得连续扫描过程中能量积累少，因而对后面扫描区域有一定的影响，但没有起到决定性的作用，这种表面热量的传入效率与基体材料对热量的吸收和传导量之间保持一个平衡，为表面温度稳定提供了可能，否则会出现随着扫描时间的增加基体表面最高温度会显著增加的现象。

2）冷却过程中温度场的分布规律

图 5.6 所示为收束后试样冷却过程中，不同时刻温度场的等值线分布。由图 5.6(a)可知，温度立即由熔化时的温度降到 744.5 K(整个过程 0.3 s)，表面温度迅速被降低。如图 5.6(b)和(c)所示，则显示收束后温度扩散的一个过程，温度等值线，整体往底层降低，连续平滑而且下束端比收束端温度要低，这主要是由于下束端先于收束端加热，但束流匀速运动且功率恒定引起热量传入连续所致。如图 5.6(d)所示，第 12 s 时表面最高温度仅有 341 K，整个过程完全在电子束焊接室的真空环境下完成，所以此处没有考虑空气对流的影响。

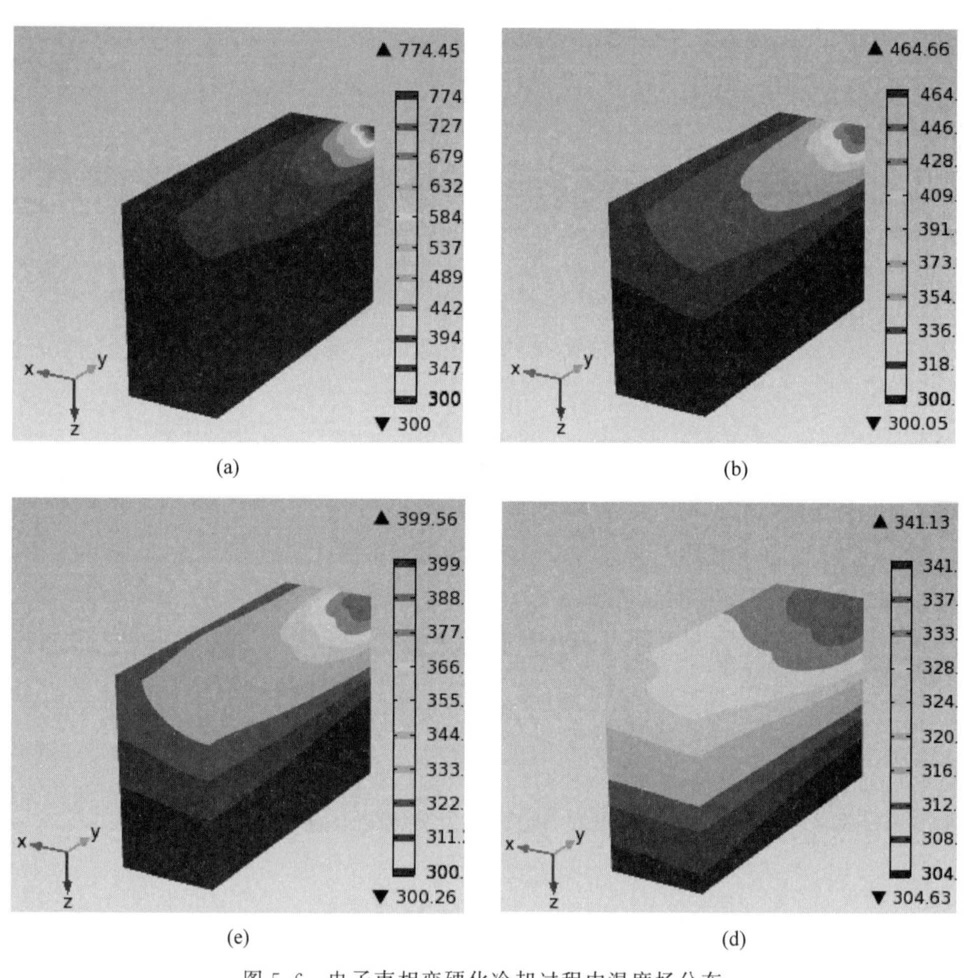

图 5.6 电子束相变硬化冷却过程中温度场分布

(a) $t=6.0$ s; (b) $t=7.0$ s; (c) $t=8.0$ s; (d) $t=12.0$ s

3）扫描过程试样截面的温度场分布

相变硬化的目的是获得表面硬化层，因此深入研究相变硬化过程中硬化区深度和宽度方向上的温度分布，可为确定相变硬化区形态变化的规律打下基础。

图5.7和图5.8所示分别是相变硬化过程中，束流扫描至表面中心O点时，表面(xy面)和横截面(平行于xz面)的温度等值线。由图5.7可知，电子束移动方向上温度分布的等值线呈椭球状，束流最高温度中心并不在25 mm所指位置，而是偏向扫描的反方向1.5 mm左右，即表面束流中心到达该位置时，该点温度并未到达最大值而是稍有延后。

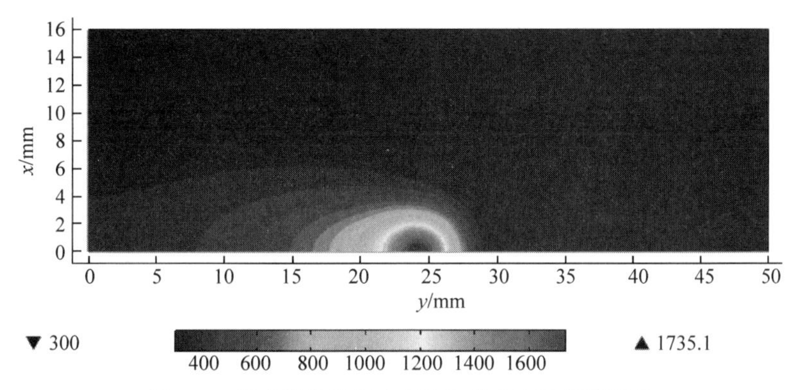

图5.7 相变硬化过程中束流扫描表面温度等值线

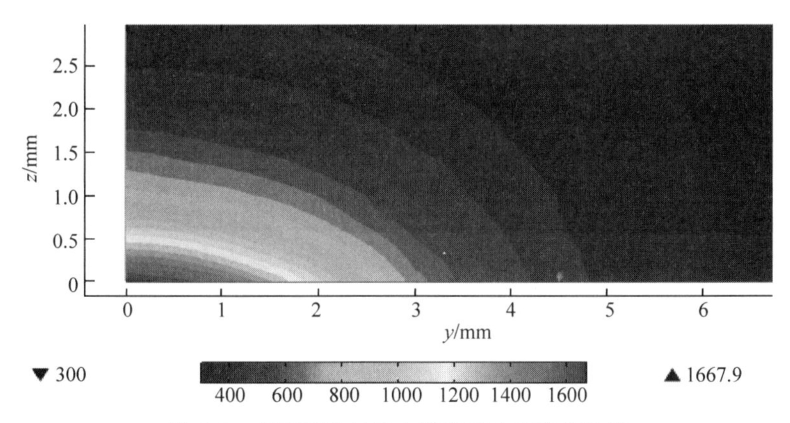

图5.8 相变硬化过程中横截面上温度等值线

由图5.8可知，以等温线划分，温度场横截面上等值线呈抛物线状，即中间厚、两端薄。此外，此温度场虽为束流扫描至表面中心O点时横截面温度场，但最高温度只有1667.9 K，明显低于硬化过程中表面最高温度1740 K，与图5.7所示表面最高温度滞后于束流中心相一致。

横截面上温度等值线呈抛物线状是因为电子束热源呈高斯分布，使得加热有两个特点：束流中心能量高，远离束流中心的点能量相对低；在加热过程中束流以相同速度相对工件移动，使得束流中心部分加热时间长，远离束流中心位置加热时间短。在能量密度和时间两重因素的叠加作用下，产生了椭球状的温度场分布，从而使得硬化层横截面呈抛物线状。

2. 相变硬化区各点的热循环过程分析

1) 扫描方向热循环曲线

对扫描中心线正表面下0.2 mm处的热循环曲线进行了提取，如图5.9所示。从左至右依次对应点的y坐标为0 mm、5 mm、10 mm、15 mm、20 mm、25 mm、30 mm、35 mm、

40 mm、45 mm、50 mm。由图可知，沿 y 方向，除下束端附近温度明显较低，收束端明显较高甚至熔化以外，中间稳定区相同深度点所受加热和冷却循环基本相同。

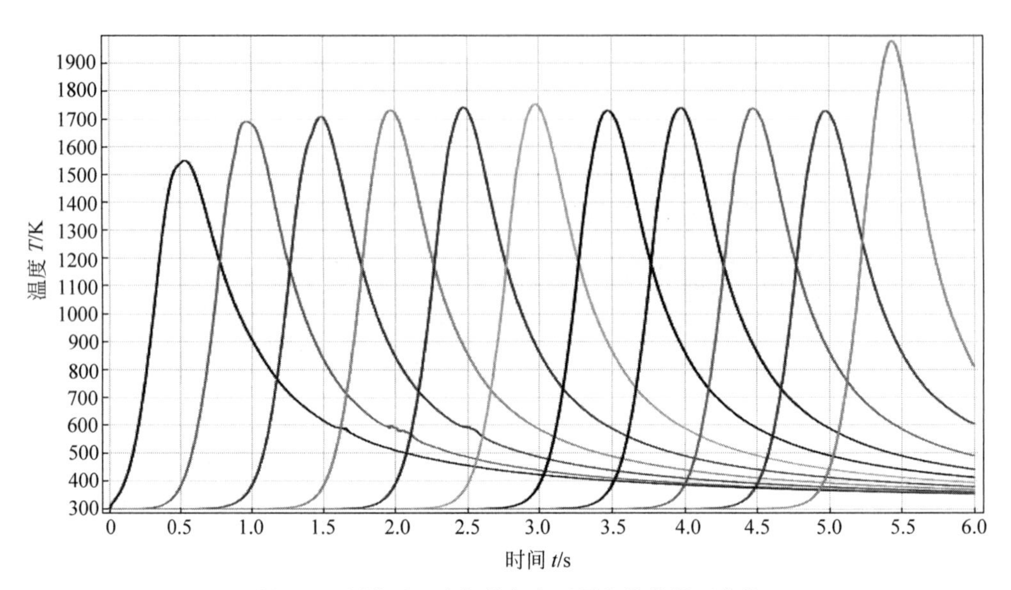

图 5.9　硬化过程中扫描方向不同点的热循环曲线

2）深度方向的热循环曲线

图 5.10 所示为表面中心 O 点深度方向各点的热循环曲线，由图可知，越靠近表面的点被加热的速率越大，材料表面加热速度可高达 3.2×10^3 K/s；同样，越靠近表面的点被冷却的速率越大，降温速度高达 1.6×10^3 K/s，593 K(45 钢马氏体开始转变温度)以上温度的平均冷却速率大于 1000 K/s，远高于马氏体转变所要求冷却速率。因此，电子束表面相变硬化不仅是一个快速加热过程，而且是一个快速冷却的过程，表面通过基体自冷却能力发生奥氏体向马氏体转变的过程。

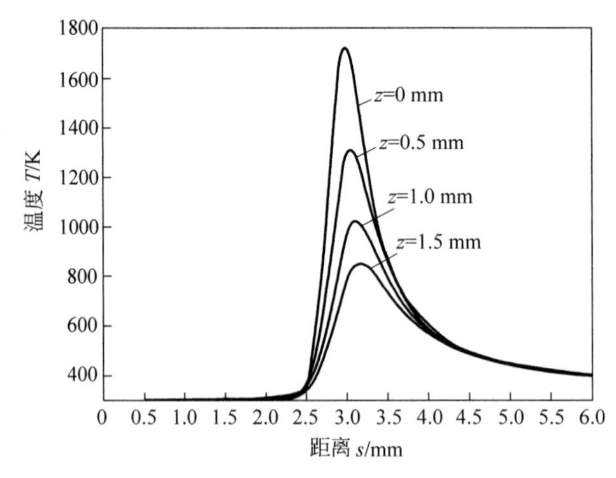

图 5.10　硬化过程中沿深度方向不同点的热循环曲线

图 5.10 中 $z=0$ 所示曲线为表面中心 O 点热循环曲线，该曲线温度最大值在第 2.98 s，滞后于束流中心扫描至 O 点的第 2.9 s。此处再次表明：表面最高温度并非束流中心，而

是沿扫描方向略有偏后。引起这种情况的原因既有加热表面时候温度升高需要一定的时间,但最主要原因是束斑有一定的直径,尽管其外围热流密度要比中心低,但仍足以将表面继续加热,因此产生这种温度分布规律。图中四条曲线的峰值出现的时刻不同,存在延时现象,且随着深度的增加,到达峰值所需时间增加,这是因为材料表面受到电子束加热的作用后,传热到基体不同位置时,需要一定的时间。这一现象的出现,若想通过温度的范围来获取硬化区形状与尺寸,则需要通过对大于一定温度的温度场进行叠加才能得以实现。

5.3.2 电子束相变组织场仿真结果分析

1. 相组织在空间的分布规律

仍以扫描中心 O 点为分析对象,研究相变硬化后空间相组成体积分数分布。如图 5.11(a)～(c)所示分别为硬化处理后,O 点沿宽度方向(x 方向)、深度方向(z 方向)以及横截面的马氏体体积分数分布。如图 5.11(a)所示,在深度方向 0.47 mm 内为完全相变区,该区原始相组织完全奥氏体化,硬化处理后第 8 s 时的马氏体体积分数为 0.925,剩余全部为残余奥氏体,属于完全相变区;深度为 0.47～0.73 mm 时,马氏体体积分数减少,且减速先慢后快,减少至体积分数为 0.1 时速度缓慢直到 0 为止;残余奥氏体也相应减少;原始相组织则

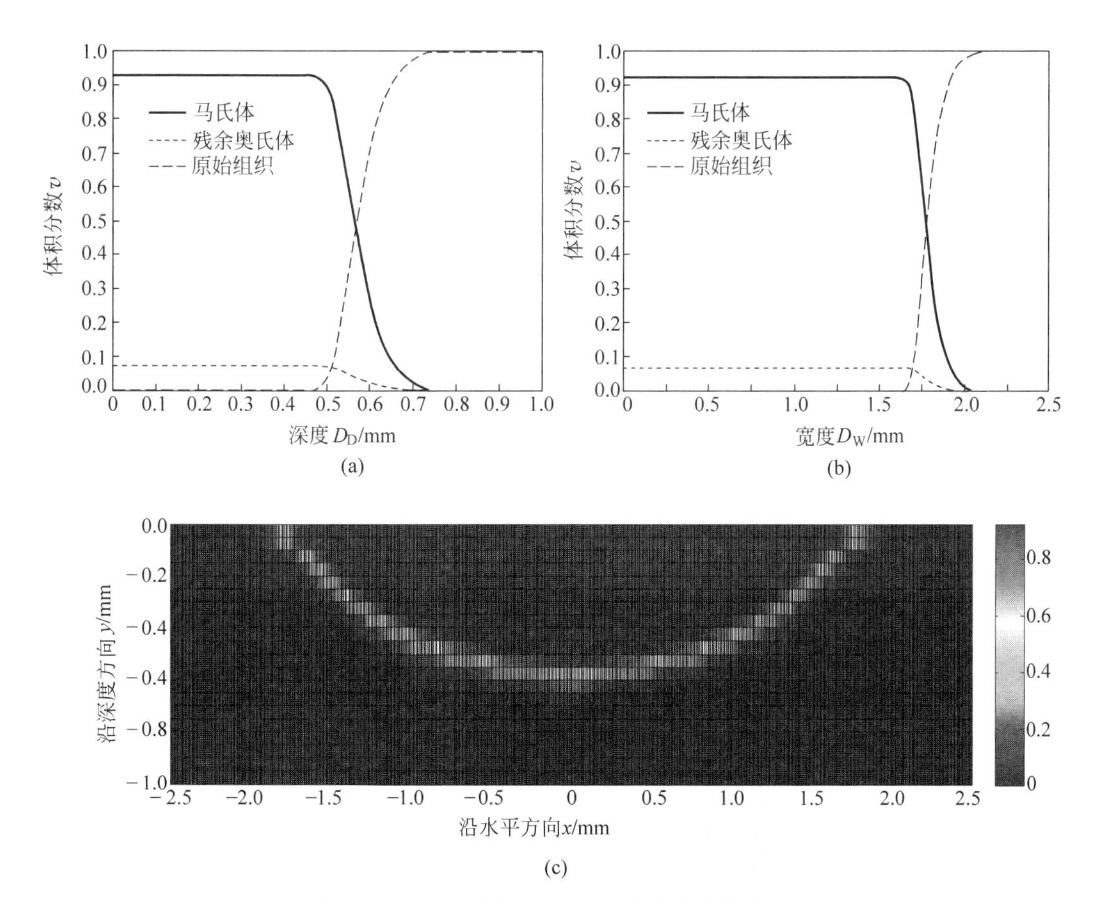

图 5.11　相变硬化空间上相组织体积分数分布

(a) O 点沿深度方向;(b) O 点沿宽度方向;(c) 硬化区过 O 点横截面的马氏体体积分数分布图

随着深度的增加而减少，直到全部为原始相组织，属于不完全相变硬化区；深度为0.73 mm以下，全部为原始相组织，没有马氏体生成，属于无相变硬化的区域，即基体。本文中，提到的硬化区是指不完全相变硬化区和完全相变硬化区，硬化区尺寸是指不完全相变硬化区和完全相变硬化区的最大尺寸。

深度为0.47～0.73 mm，属于不完全相变硬化区。深度在0.47～0.58 mm的区域内，加热发生奥氏体化后组织为奥氏体加铁素体，冷却时转化为马氏体和铁素体，此时，马氏体体积分数不断减少，铁素体的数量不断增加，残余奥氏体也相应减少，主要是由于马氏体中存在着铁素体，致使马氏体体积膨胀对奥氏体产生的压力减小，残余奥氏体所占马氏体体积分数逐渐减少，当到达0.58 mm深度时，马氏体的体积分数大约为55.5%，铁素体为44%，其余为残余奥氏体；深度在0.58～0.73 mm的区域内，加热发生奥氏体化后组织为奥氏体＋铁素体＋珠光体，冷却时奥氏体转变为马氏体和少量残余奥氏体，此时组织为马氏体＋少量残余奥氏体＋铁素体＋珠光体多种组织并存，且随着深度的增加，铁素体＋珠光体的量不断增多，马氏体的量不断减少直至消失，此过程中残余奥氏体先于马氏体消失。

图5.11(b)和(a)相比，沿宽度方向与深度方向，组织变化趋势相似，只是宽度方向马氏体下降的过渡阶段有0.5 mm，而深度方向只有0.25 mm。出现这种现象的原因是由于热源的特殊性，使得横截面上温度等温线呈中间厚两端薄的抛物线状，表面宽度方向的相变硬化区内的温度梯度小于深度方向，出现横截面表面宽度方向组织不完全硬化区比深度方向明显。硬化处理后，横截面马氏体体积分数分布呈抛物线状，与温度场分布规律相一致，且完全相变硬化区面积明显大于不完全相变硬化区，不完全相变硬化区明显存在。

2. 相变硬化过程中组织转变过程的分析

相变硬化过程中，各相组织随温度变化过程的研究，对探讨硬化机理和研究组织应力的产生与分布有着重要的意义。相变硬化过程中，组织随温度变化的过程，如图5.12所示。图中所示为O点下方0.2 mm处，坐标为(0,0.025,0.0002)时与时间-温度相对应的各相组织体积分数。

随着束流靠近O点，O点被开始加热，当温度加热至大约1200 K时，奥氏体开始转变，

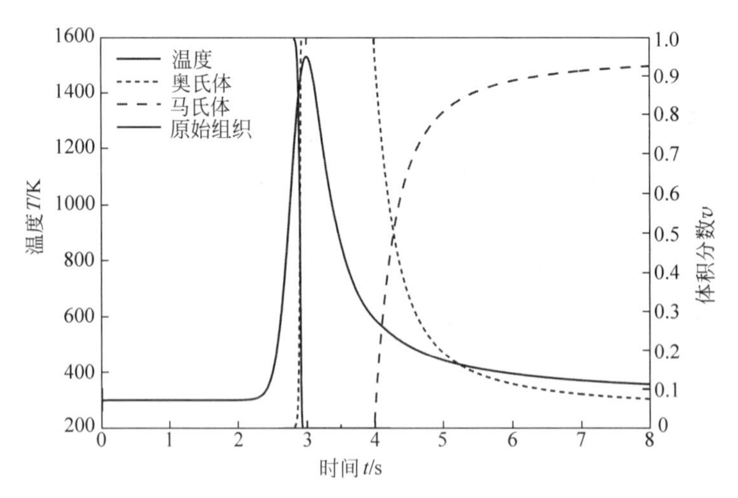

图5.12 相变硬化中组织转变过程

在 0.15 s 左右后原始相向奥氏体转变完成，此过程为经典的奥氏体化过程。随着束流的离开，表面热流密度减小直至 0，该点开始迅速冷却，且冷却速率远大于马氏体转变所要求的速率，因此当温度降到 597 K 时，马氏体转变开始，随着温度的降低马氏体体积分数增加，直至一恒定值为止，最终获得马氏体体积分数在 0.925 左右。从图 5.12 中马氏体随时间变化曲线可知，马氏体体积分数在开始转变的 1.0 s 内增加 70%。马氏体体积分数迅速的增加，引起体积膨胀，且各点膨胀速率和程度不一样，从而产生组织应力。组织应力的出现，对相变硬化过程中应力的影响很大，甚至引起应力性质的变化，最终影响残余应力。

3. 不同热循环过程对组织转变的影响

图 5.13 所示为 O 点下方 $z=0$ mm、0.5 mm、0.55 mm、0.6 mm 时，热循环过程中奥氏体/马氏体体积分数随时间的变化规律。

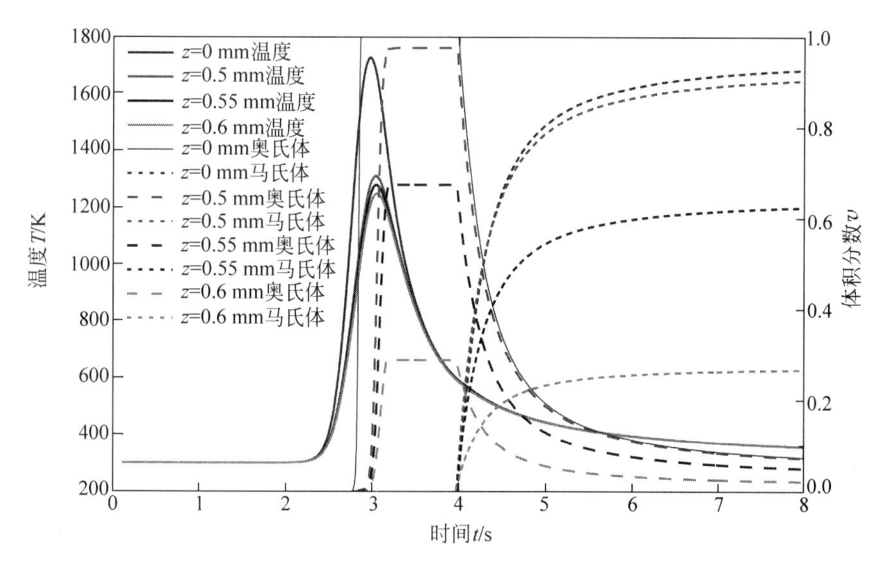

图 5.13　不同热循环过程下奥氏体/马氏体体积分数的变化

由图 5.13 可知，升温越快，奥氏体开始转变温度越高，且转变时间越短。表面温度由于温升速率大，开始转变温度高达到 1300 K 左右；即使是 O 点下 0.6 mm 的位置，其开始转变温度也在 1145 K 左右，明显高于等温作用下 A_{c1} 线的 1000 K，与李俊昌提出在高能束下奥氏体开始转变温度 1123 K 变化规律相符合。在温度冷却过程中，马氏体转变温度为 597 K，如图 5.13 所示，$z=0.6$ 的温度曲线。该曲线 597 K 以上温度，冷却速率为 860 K/s，高于马氏体转变冷却速率 520 K/s，此处再次证明电子束相变硬化处理后，硬化区除奥氏体转变以外，只有马氏体相变，这也是相变硬化的最主要原因。

5.3.3　相变潜热对温度场的影响

为探究温度场与组织场两场耦合时，组织场对温度场的影响和双向耦合与顺场耦合的差异，定量分析相变潜热对温度场的影响具有实际意义。

图 5.14 所示是硬化过程中有无考虑相变潜热时的热循环曲线。加热过程中，在温度为 1300 K 左右时，考虑相变潜热的温度低于不考虑相变潜热的温度，最低时可降低 32 K 左右

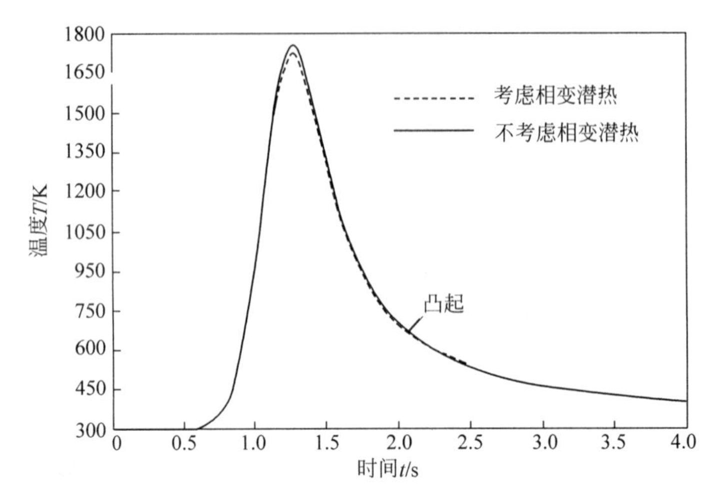

图 5.14 有无相变潜热时的热循环曲线比较

(在最高温度附近);而在冷却过程中,温度降到 600 K 时,考虑潜热的热循环曲线冷却速率减慢,很快高于不考虑相变潜热的温度(先相交),并且形成一个小"凸起"现象,考虑相变潜热时温度曲线在同一时刻比不考虑相变潜热时温度高,最高时可高出 13 K 左右。这主要是因为在奥氏体化过程中,原始相组织转变为奥氏体要吸收热量,由图 5.12 所示组织转变过程图可知,奥氏体化完成时间很短,即在短时间内吸收较大的热量,故考虑潜热时比不考虑潜热时的温度低。而在冷却过程中,由于在 600 K 的时候,发生马氏体相变,相变过程中释放出潜热,引起温度的升高,而且在马氏体释放潜热过程中,随着冷却温度的降低组织转变量增加速率明显减慢,因此在马氏体相变过程中,潜热对温度的影响开始明显,并出现突然"凸起"的现象。但随着冷却时间的增加,潜热的缓慢放出使得考虑相变潜热曲线与不考虑相变潜热曲线逐步重合在一起,即此时温度逐步相同。

综上所述,相变潜热相对于高温 1200~1700 K 与较高温 500~600 K 而言,其产生的影响并不明显,仅有 2.3%左右,且随着奥氏体化程度的不同,产生的潜热不同。

5.3.4 电子束相变硬化区尺寸的确定

1. 奥氏体化开始转变温度的计算

电子束相变硬化后,对硬化区尺寸的界定方法不同会存在一定的差异。从相变硬化机理看,表面强化的原因有多种,包括马氏体的生成,晶粒组织的细化,残余应力的产生等。理论上有奥氏体产生的地方,就会有马氏体出现,而马氏体是表面硬化最重要的一个因素,因此,计算奥氏体在硬化区内开始转变的温度是探讨硬化尺寸的一种有效方法。

图 5.15 所示是硬化过程中,O 点沿深度方向上各点奥氏体开始转变温度随深度的变化情况。由图 5.15 所示越靠近表面开始转变的温度越高,表面开始转变温度可高达 1265 K,最低开始转变温度为 1085 K,说明电子束相变硬化开始转变温度高于普通等温转变温度 1000 K,且随着加热速率的增加开始转变温度有所增加、发生奥氏体化的位置在 O 点下方 0.83 mm 处。

2. 以共析线 A_{c1} 为界相变模型的确定

电子束相变硬化过程中,材料表面形成了很高的温度梯度和极快的加热与冷却速率。

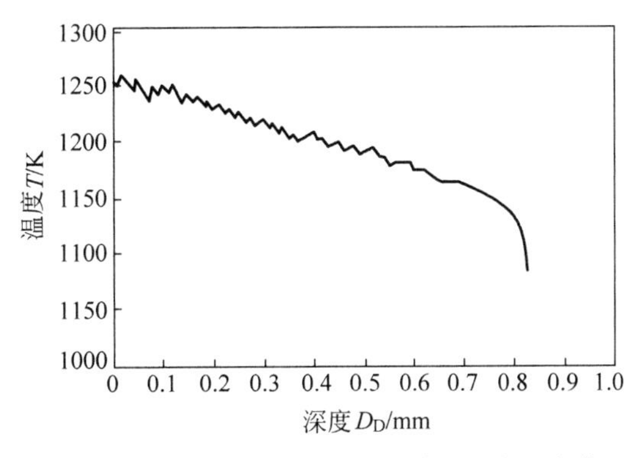

图 5.15　O 点沿深度方向开始转变温度的变化

意味着，硬化区的深度除与该点最高温度有关外，还与温度增长的快慢有关。根据金属学原理知以 A_{c1} 为界，最高温度高于 A_{c1} 区域为相变硬化区域。根据前面对开始转变温度的分析可知，此处 A_{c1} 的数值与平衡相图中的 A_{c1} 有区别，在 Fe-C 平衡相图中，45 钢 A_{c1} 是一个常数 1000 K(727℃)；当高能束热处理温升速率很高时，A_{c1} 则是一个变化值，如图 5.15 所示，此处相变过程并不完全遵守平衡相变规律，而是由于加热速度的增加，相变临界值有一定的过热度，会使 A_{c1} 有所提高。

结合 Faria 等对 A_{c1} 升温速度大于 102℃/s 时的测量结果、45 钢的 CTA 曲线、电子束相变硬化过程中对奥氏体开始转变温度的计算分析，45 钢电子束相变硬化过程中，A_{c1} 取 1123 K(850℃)为合理数值，可作为电子束相变硬化过程中界定硬化区的参考数值，且该方法具有实用价值。

图 5.16 所示为通过叠加后相变硬化区横截面的形状与尺寸，该横截面为过表面中心 O 点的横截面。模拟结果表明：硬化区深度和宽度分别为 0.82 mm 和 4.21 mm。

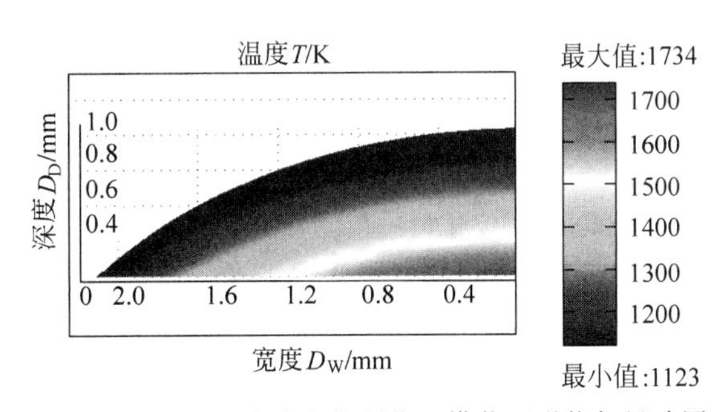

图 5.16　以 A_{c1} 线确定的硬化区横截面形状与尺寸图

5.4　电子束相变硬化实验验证与结果分析

5.4.1　材料与方法

1. 实验材料

选用热轧空冷状态下的 45 钢，其化学成分见表 5.4，其基体组织主要为近平衡态的珠光体和铁素体。

表 5.4 45 钢化学成分(质量分数/%)

元素	C	Si	Mn	S	P	Cr	Fe
含量	0.42～0.49	0.17～0.37	0.5～0.8	≤0.045	≤0.04	≤0.25	Bal.

2. 实验方法

将直径为 ϕ50 mm 的 45 钢棒料，加工成 32 mm×32 mm×50 mm 的长方体试样。用丙酮和无水乙醇清洗表面油污和铁锈后风干表面作为待处理试样。

5.4.2 结果与分析

1. 硬化区形状与尺寸

相变硬化处理时采用的工艺参数见表 5.5。

表 5.5 电子束相变硬化实验工艺参数

试样编号	加速电压 U/kV	束流 I/mA	扫描速度 v/(mm/min)	束斑直径 d/mm
201	60	15	1200	6
202	60	16	1200	6
203	60	18	1200	6
204	60	20	1200	6
205	60	21	1200	6
301	60	15	600	6
302	60	15	700	6
303	60	15	800	6
304	60	15	900	6
305	60	15	1000	6

处理后其表面和硬化区外观形貌如图 5.17 所示。由图可知，扫描电子束方向为自左向右，下束后 5 mm 内硬化区宽度有明显逐渐增大的趋势；距下束端口 5 mm 至距离收束端 6 mm 处为中间稳定的硬化区，宽度保持稳定无明显变化；距收束端 4 mm 表面至收束边界处，有明显的熔化凸起，即在收束端有明显熔化现象。从上述现象可知，电子束表面相变硬化处理过程具有三个阶段：开始下束阶段、中间稳定阶段、收束阶段。

横截面组织形貌如图 5.17(b)所示。横截面的形状呈中间厚两端薄的抛物线状，与组织场模拟所得马氏体分布结果趋势一致，如图 5.18、图 5.19 所示。

由于硬化冷却过程中只发生马氏体相变，而且从实验观测来看，硬化后组织分布界限清晰，则可认为硬化后硬化区组织场的分布范围与马氏体分布范围相同，因此，马氏体分布尺寸可认为是组织分布尺寸。

实验测量硬化区深度和宽度分别为 0.80 mm 和 4.43 mm，如图 5.19(a)所示；根据温度场与组织场耦合模型所得组织场与马氏体组织分布如图 5.18 所示，其硬化区深度和宽度分别为 0.74 mm 和 4.04 mm；而利用 5.4 节确定的以 1123 K 为相变硬化区组织场分界线

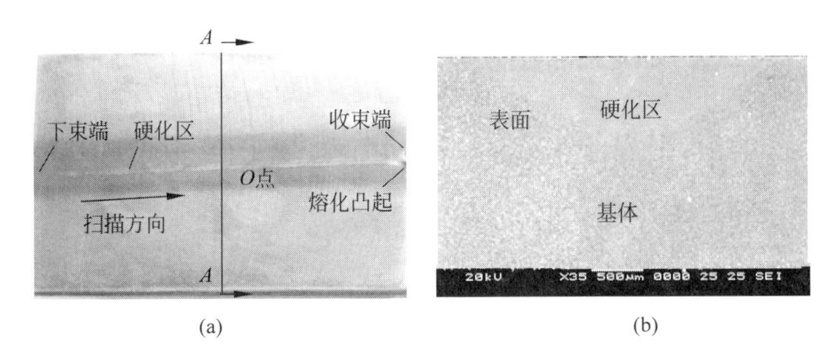

(a)　　(b)

图 5.17　电子束相变硬化表面处理后整体形貌

(a) 表面处理后的外观形貌；(b) 硬化区横截面(A—A 剖)形貌

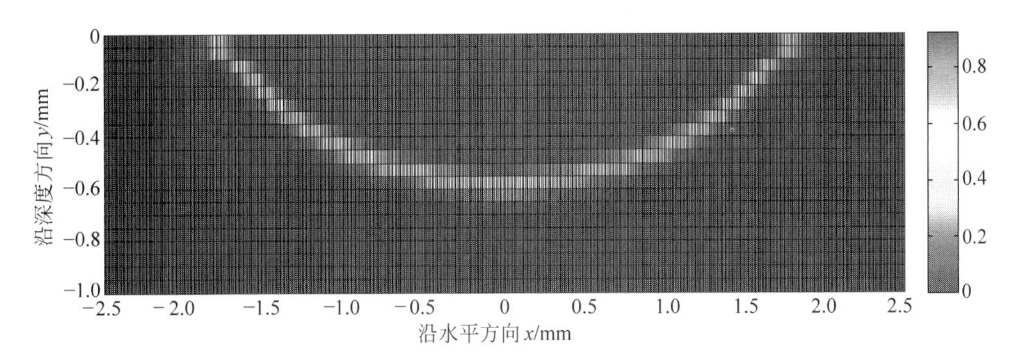

图 5.18　45 钢相变硬化区横截面马氏体体积分数分布

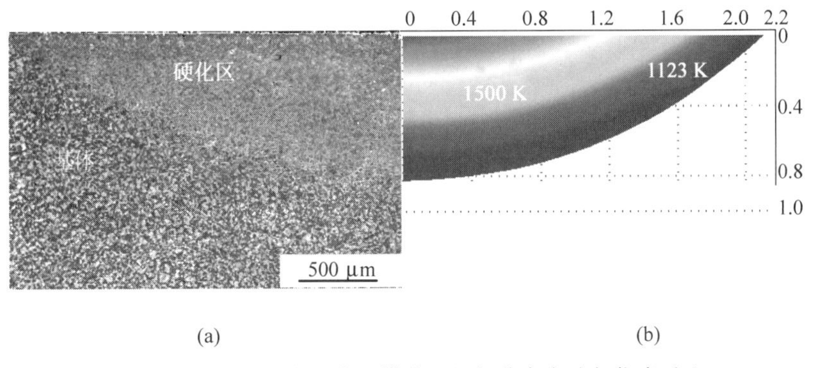

(a)　　(b)

图 5.19　45 钢相变硬化区横截面组织分布实验与仿真对比

(a) 实验测得的形貌与尺寸；(b) 仿真获得的形貌与尺寸

模型，所得结果如图 5.19(b)所示，硬化区深度和宽度分别为 0.82 mm 和 4.21 mm。结果表明 A_{c1} 硬化区界定方法的模拟结果与实验结果误差小于 5%。这是因为 A_{c1} 硬化区界定方法，考虑了 TTA 曲线拟合过程中为提高计算速度而带来的误差。

2. 硬化区组织分布

电子束硬化处理后，横截面呈抛物线形状，显微组织如图 5.20 所示。由图可知距离表面 500 μm 左右内，为完全相变硬化区，该区域内晶粒细小，组织主要由针状和板条状的马氏体组成，越靠近表面针状马氏体形状越明显，晶粒有变粗大趋势，但组织成分基本相同；

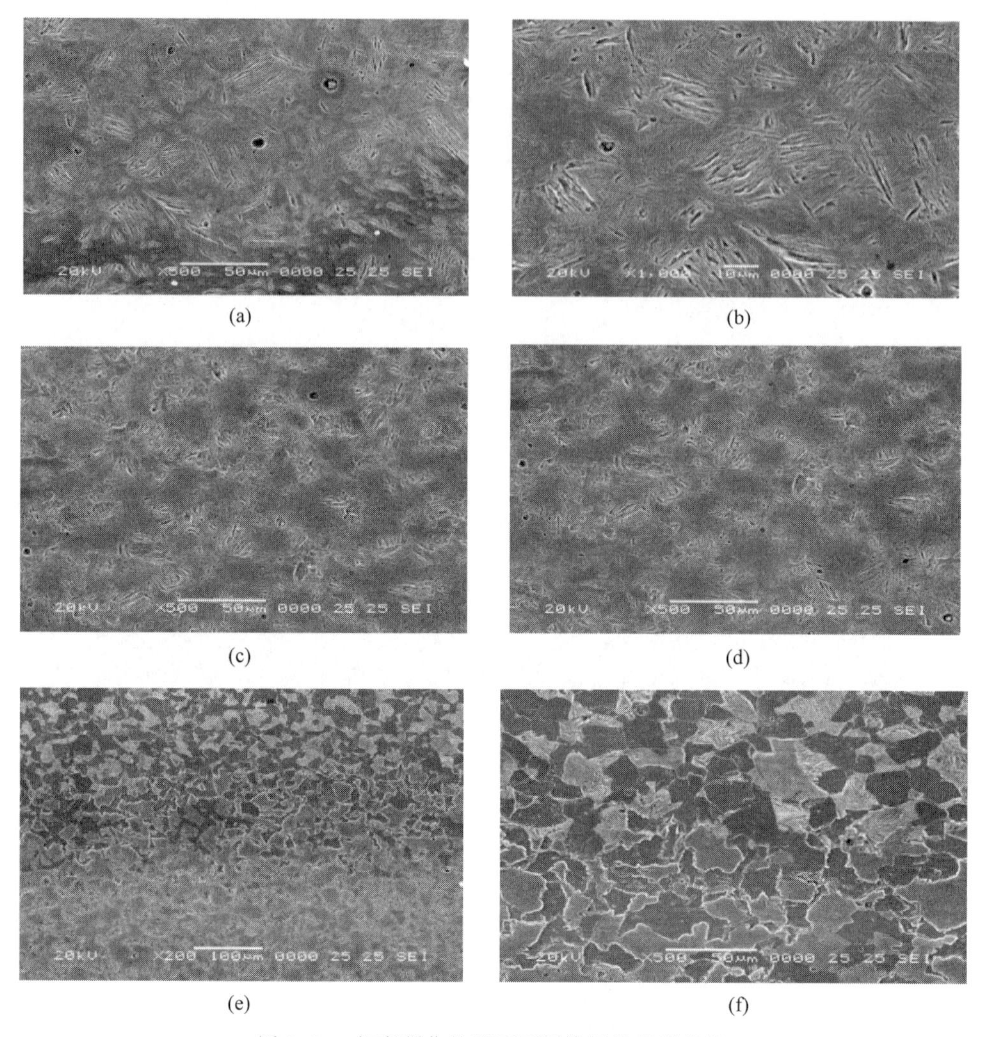

(a) (b) (c) (d) (e) (f)

图 5.20　相变硬化处理后不同位置的显微组织

(a) 距表面 200 μm 处的显微组织；(b) 距表面 200 μm 处的显微组织；(c) 距表面 500 μm 处的显微组织；(d) 距表面 550 μm 处的显微组织；(e) 距表面 750 μm 处的显微组织；(f) 距表面 2000 μm 处的显微组织

距离表面 500～750 μm 内，为不完全相变硬化区，组织过度清晰，主要为马氏体＋少量残余奥氏体＋铁素体等；距离表面 750 μm 以下为基体，组织为颗粒较大的铁素体和珠光体。

相变显微组织沿深度方向分布如图 5.21 所示。由图可知，距表面 200～450 μm 处，主要为马氏体组织，其所占表面积达 90%以上，且马氏体组织越靠近表面其晶粒越粗大，但所含马氏体相组织的面积(体积分数)几乎没有变化；距表面 550 μm 处的组织为马氏体＋少量残余奥氏体＋铁素体等，且随着深度增加马氏体含量逐渐减少，铁素体含量逐渐增加。这一分布规律与图 5.11 所得结果一致。

3. 硬化区的硬度分布规律

图 5.22 所示为横截面硬度分布规律。表面硬化处理后，横截面上硬度分布等高线仍整体呈抛物线趋势，与温度场和组织场分布相似；硬度最大值不在束流扫描中心，而在离束流中心一个范围内，整个横截面硬度分布呈抛物线状，但明显可见束流扫描中心硬化深度比周

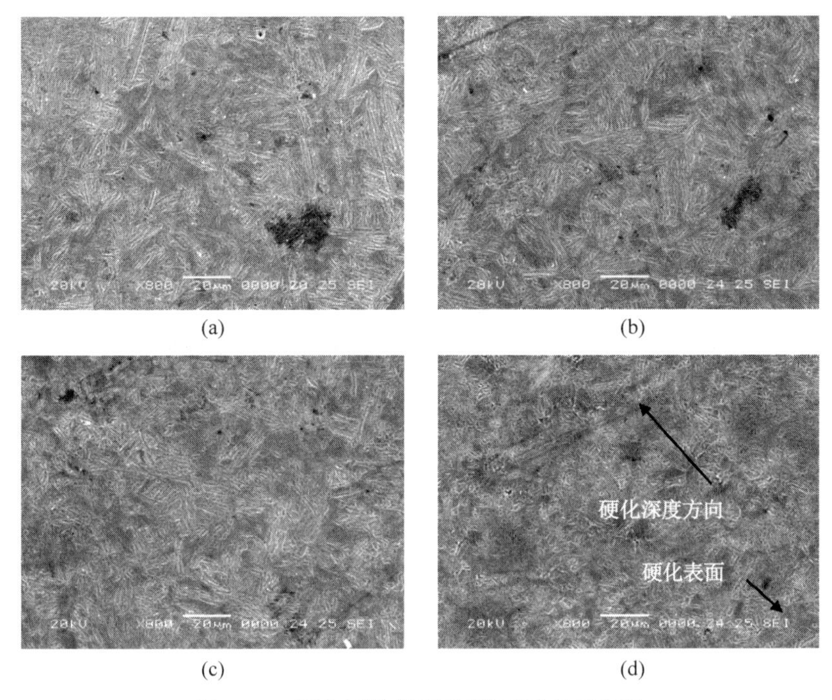

图 5.21　硬化区横截面不同深度的显微组织

(a) 距表面 200 μm 处的显微组织；(b) 距表面 350 μm 处的显微组织；(c) 距表面 450 μm 处的显微组织；(d) 距表面 550 μm 处的显微组织

边深，且在硬化边界上的硬度梯度大(硬度等高线密集)。靠近表面的硬度，其最高值出现在宽度方向离束流扫描中心 1.5～1.9 mm 处，由图 5.11 可知，该位置正好为马氏体开始减少位置附近，横截面高硬度区几乎出现在马氏体开始转变位置附近，即完全相变硬化区与不完全相变硬化区相交线附近。

4. 电子束工艺参数对硬化区大小的影响

1) 功率对硬化层大小的影响

为研究功率的影响，采用的电子束工艺参数分别为：加速电压 60 kV，扫描速度 1200 mm/min，束斑直径 6 mm，讨论电子束功率分别为 900 W、960 W、1080 W、1200 W 和 1260 W 时对硬化层尺寸的影响。

功率对横截面尺寸的影响如图 5.23 所示。当功率从 900 W 增加到 1260 W 时，实验所得组织分布深度从 0.32 mm 增加到 0.71 mm，增幅 121.88%；而宽度则从 2.75 mm 增加到 4.35 mm，增幅 58.18%，组织分布深度增加比相应宽度增加明显。这说明在束斑半径和扫描速度不变的情况下，功率的增加使得宽度方向组织分布尺寸的增加是有限的，而深度增加则相对更快，但深度和宽度增加的尺寸均是有限的，因为随着功率的增加表面开始出现熔化现象。在其他参数相同的情况下，硬化区组织分布的宽度和深度随着扫描功率的增加呈非线性增加。这是因为：随着功率的增加，单位时间内表面吸收的能量增加，温度高于 A_{c1} 线的区域增大，从而使得硬化区尺寸增大。

2) 电子束扫描速度对硬化区大小的影响

选择工艺参数分别为：加速电压 60 kV，束流为 15 mA，功率为 900 W、束斑直径

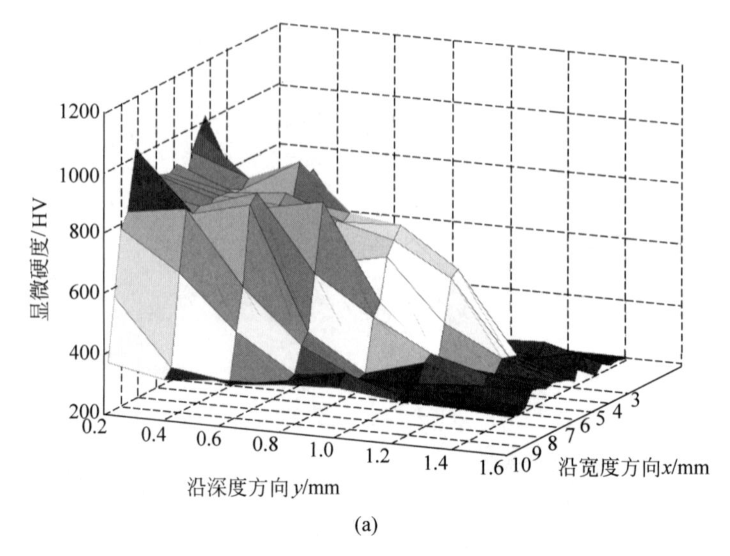

(a)

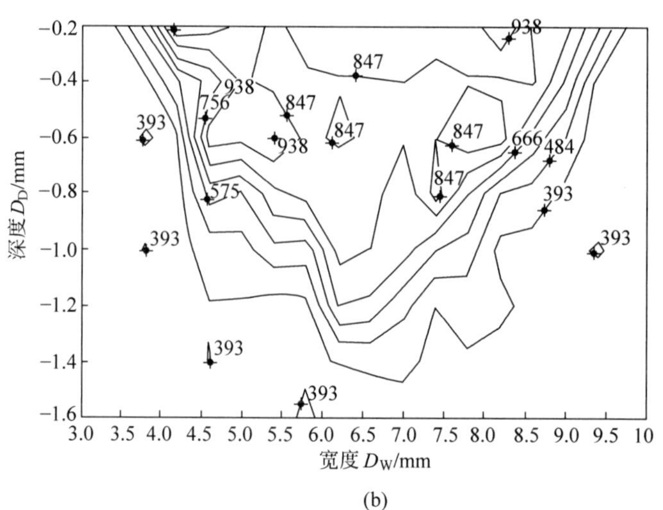

(b)

图 5.22　45 钢电子束相变硬化处理后横截面硬度分布

(a) 横截面硬度分布；(b) 横截面硬度等高线图

6 mm，讨论电子束扫描速度分别为 600 mm/min、700 mm/min、800 mm/min、900 mm/min 和 1000 mm/min 时的影响。

图 5.24 所示为扫描速度对横截面硬化区大小的影响。当速度从 1000 mm/min 减小到 600 mm/min 时，实验所得组织分布深度从 0.43 mm 下增加 0.80 mm，增幅 86.05%；而宽度则从 3.45 mm 增加到 4.43 mm，增幅 28.41%，与功率对硬化层组织分布尺寸影响规律一样，组织分布深度增加比相应宽度增加明显。这说明，束斑半径不变化的情况下，无论是增加功率或是减小扫描速度，对硬化区组织大小均有明显的影响。

由图 5.24 可知，在其他参数不变的情况下，硬化区的宽度和深度随着扫描速度的增加呈非线性减小，直到表面不能开始相变硬化。这主要是因为：当功率不变时，速度的增加使得电子束与金属表面作用的时间减少，金属表面单位面积吸收的能量减少，温度高于 A_{c1} 线的区域减小，从而使得硬化区尺寸减小。当速度快到表面温度无法达到 A_{c1} 线时，表面

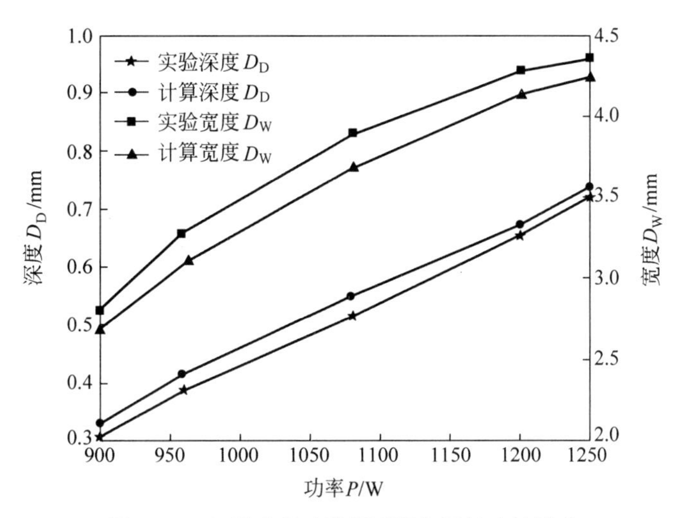

图 5.23　扫描功率对横截面硬化区尺寸的影响

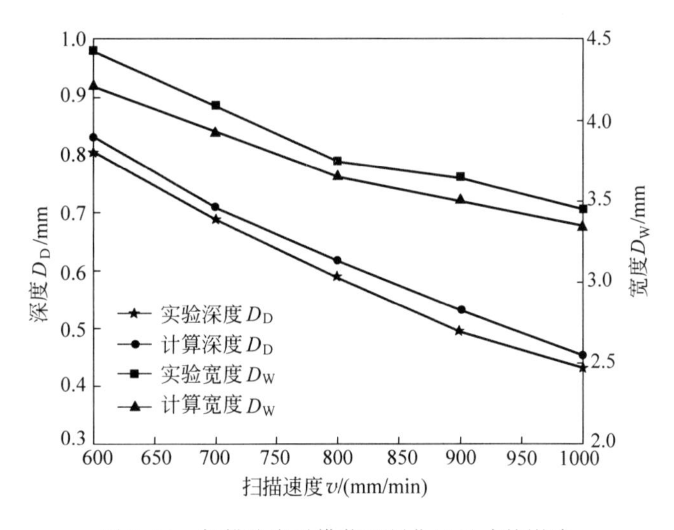

图 5.24　扫描速度对横截面硬化区尺寸的影响

则不能发生相变硬化；而当扫描速度较低时，在一定的功率下，表面则很容易熔化，因此，扫描速度过大或过小均不利于表面相变硬化处理。

第6章

扫描电子束碳素钢表面微熔抛光和强化的研究

碳素钢因具有良好的综合性能和易切削性能而成为当代工业中用量最大的金属材料。目前,全球碳素钢的年产量占各类钢总产量的80%左右,适用范围涵盖建筑、桥梁、铁道、车辆、船舶等传统制造工业,并在石油化学工业、海洋开发等新型朝阳产业方面,也得以大量使用。

碳素钢因工件表面锈蚀、磨损以及裂纹等,而引发的失效是工件报废的重要原因,而优良的表面抛光与强化处理可以有效降低以上失效形式。对碳素钢材料表面抛光主要方法有机械抛光、电解抛光、化学机械抛光、化学抛光、激光抛光等方法。

本研究采用电子束表面处理技术对金属材料进行表面抛光。

6.1 试验材料及测试方法

6.1.1 试验材料

实验时选用碳素钢(35钢、45钢、65钢、80钢)作为基材,其化学质量分数见表6.1。

表6.1 碳素钢的化学成分(质量分数/%)

材料	C	Si	Mn	P	S	Fe
35钢	0.32～0.40	0.17～0.37	0.50～0.80	≤0.035	≤0.035	Bal.
45钢	0.42～0.50	0.17～0.37	0.50～0.80	≤0.04	≤0.045	Bal.
65钢	0.62～0.70	0.17～0.37	0.50～0.80	≤0.035	≤0.035	Bal.
80钢	0.77～0.85	0.17～0.37	0.50～0.80	≤0.035	≤0.035	Bal.

6.1.2 设备与方法

在电子束抛光过程中,所使用的设备是桂林某研究所自主研发的电子束加工设备(型号HDZ-6),其性能参数见表2.1。

采用环形下束水平移动工件的扫描方式。试样是边长为40 mm的正方体,扫描环内外直径分别为2 mm和4 mm。

6.2 电子束微熔抛光工艺参数的确定

扫描电子束微熔抛光属于新型非接触式热抛光工艺，通过调节电子束工艺参数实现能量密度大小的控制，使电子束功率密度与试样表面熔融所需热流密度达到平衡状态，实现表面微熔抛光效果。

6.2.1 扫描电子束微熔抛光过程理论分析

碳素钢材料在机械加工处理后会有明显的刀痕和起伏，其表面质量难以达到应用需求。电子束扫描金属表面时，若电子束能量密度达到阈值，表面凸起的部分达到熔点开始熔融，在重力和表面张力作用下，熔融金属会流向曲率低的方向，从而使得熔融表面各处曲率趋于一致形成光滑形面。

用电子束浅熔抛光(electric beam surface shallow melting，EBSSM)说明抛光复合强化机理时，假设金属表面上所有的凸起均为直径相同的半球面，利用扫描电子束时，熔化的液态金属受重力和表面张力沿梯度方向流向凹槽部位，从而使表面粗糙度降低，实现抛光效果。同时，依靠基体的快速导热产生快速凝固和固态相变，使抛光的同时产生强化效果。

随着时间 t_1 到 t_4 不同时刻的变化($t_1 < t_2 < t_3 < t_4$)，凹部分熔融物的流动过程如图 6.1 所示。

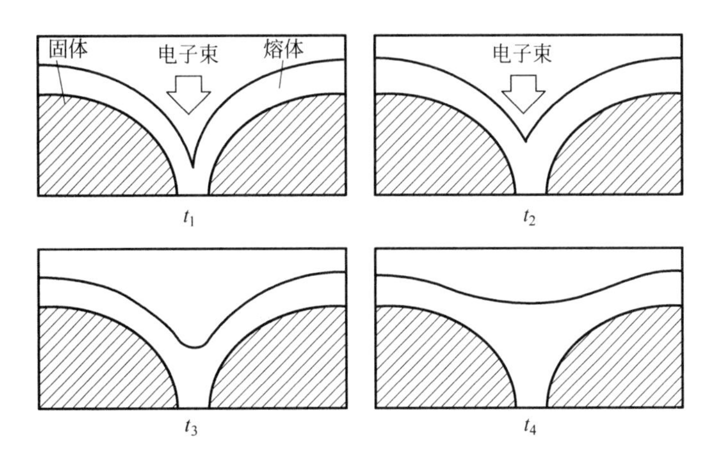

图 6.1　扫描电子束抛光时熔体的流动

6.2.2 扫描电子束表面抛光模型与工艺参数的确定

1. 物理数学模型

由于电子束抛光过程能量较高，且是在极短的时间内完成，材料表层会发生快速熔凝和固态相变，引起微观组织的变化。采用实验方法很难直接测量抛光过程中的温度场实时的变化情况，因此通过建立传热模型，探究抛光过程中的传热过程具有一定的意义。

扫描电子束微熔抛光过程，可以理解为金属的热处理过程。从传热学和相变理论的角度来看，扫描电子束微熔抛光是非稳态传热过程，且传热过程相对复杂，包含多种传热方式：

热对流、热传导及热辐射等传热方式，且过程复杂多样，经分析其具体过程有以下几个特点。

(1) 抛光处理只发生在工件表层，瞬时沉积的能量有限，作用深度仅为试样表层，因而入射电子的动能只在工件表层转变为热能而对基体无显著影响。

(2) 电子束轰击试样作用时间短。在扫描电子束束流与工件相互作用后，可瞬间实现电子束动能与熔融所需的热能之间的转变，试样表面温度会在极短的时间内升至工件熔点。当电子束作用结束后，由于热传导的作用，基体会迅速将表层热量吸收，形成很高的温度梯度。

(3) 包含多种传热形式。扫描电子束微熔抛光过程中，除了工件抛光层沿纵向向基体传热之外，基体内部也会出现热传递现象。

基于以上几个热传递问题，均使得扫描电子束抛光工件表面的热处理过程非常复杂。在扫描电子束微熔抛光实验中，扫描电子束的扫描轨迹直径可控制在 4～6 mm，而选取的碳素钢试样尺寸远大于扫描轨迹直径，则可将抛光过程简化为无限大试样表面接受较小面积能量均匀的电子束束流的平行照射。如图 6.2 所示，可将整个热传导过程简化为只沿轴向的一维模型。

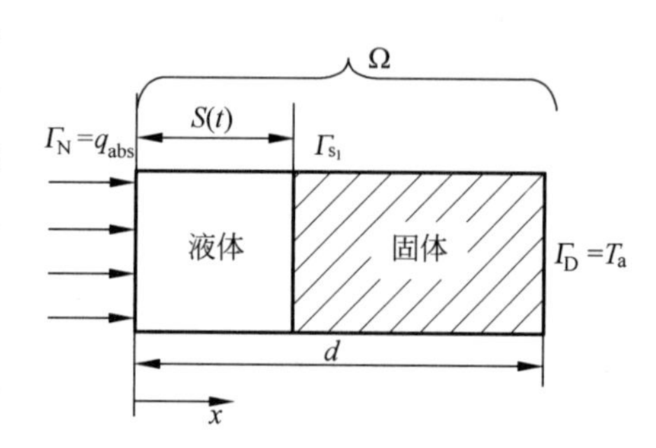

图 6.2　一维热传导方程模型示意图

建立模型时假设：

(1) 扫描电子束束流能量稳定均匀(q_{abs})，沿垂直方向射入工件表面；

(2) 试样待加工面尺寸远大于扫描电子束轨迹直径；

(3) 工件的厚度 d 远大于扫描束流热影响深度 $S(t)$；

(4) 工件材质均匀性能稳定，热物性参数吻合标准值；

(5) 不考虑基体在熔化过程中内部的对流情况；

(6) 只考虑沿电子束入射方向的热传递，忽略平行于试样表面的径向传热。

根据以上描述可以把扫描电子束微熔抛光过程看作为半无限大物体在 $t=0$ 时刻受到电子束能量密度 q_0，所有时刻分布均匀且为常数，建立一维非稳态变化方程。

能量密度方程：

$$\frac{\partial q}{\partial t}=a\ \frac{\partial^2 q}{\partial x^2} \tag{6-1}$$

初始条件：

$$q(x,t<0)=q_0$$

边界条件：

$$q(x=0,t\geqslant 0)=q_0$$

$$q(x\to+\infty,\forall t)=0$$

可解得

$$q=q_0\left[1-\operatorname{erf}\left(\frac{x}{\sqrt{4at}}\right)\right] \tag{6-2}$$

应用傅里叶定律 $q=-\lambda\mathrm{d}T/\mathrm{d}x$，对式(6-2)进行积分，得到温度场：

$$T=-\frac{q_0}{\lambda}(\sqrt{4\alpha t})\left[\frac{x}{\sqrt{4\alpha t}}\operatorname{erfc}\left(\frac{x}{\sqrt{4\alpha t}}\right)-\frac{1}{\sqrt{\pi}}\exp\left(-\frac{x^2}{4\alpha t}\right)\right]+\text{常数}$$

积分常数可通过无限远处的功率密度为零得出，即

$$\forall t, x\rightarrow\infty\Rightarrow T\rightarrow T_0$$

一维瞬态温度场可描述为

$$T_h(x,t)=\frac{q_0}{\lambda}\left[\sqrt{\frac{4\alpha t}{\pi}}\exp\left(-\frac{x^2}{4\alpha t}\right)-x\operatorname{erfc}\left(\frac{x}{2\sqrt{\alpha t}}\right)\right]+T_0 \tag{6-3}$$

式中，h 为表层深度，μm；t 为时间，s；λ 为导热系数，W/(m·K)；α 为热扩散率，m^2/s；T 为温度，℃；x 为作用深度，μm；T_0 为基材初始温度，℃，设为 25℃；q_0 为初始功率密度，W/cm^2；q 为功率密度，W/cm^2。

2. 材料热物性参数

研究用的碳素钢热物性参数见表 6.2。

表 6.2 45 钢的热物理参数

参　数	数　值	参　数	数　值
密度 $\rho/(kg/m^3)$	7850	熔点 T/℃	1500
比热容 $c/(J/(kg\cdot K))$	460	沸点 T/℃	2750
导热系数 $\lambda/(W/(m\cdot K))$	60		

3. 工艺参数之间关系的确定

电荷载体在偏转线圈和加速线圈作用下形成高速电子束流，高速束流作用于试样表面时会发生各种能量的转换，并且入射电子仅能击穿有限深度的基体，假设该入射深度等于电子束作用范围 S，电子束抛光过程中可将该作用层看作表面热源。扫描电子束过程中热影响区的厚度与加速电压相关，加速电压越大，能量吸收层厚度越大，实验选用加速电压为 60 kV，根据相关资料得碳素钢工件试样表面电子束作用深度为 10 μm，仅使用电子束束流调节电子束功率密度大小。

在式(6-3)中，求得电子束抛光碳素钢试样过程中，在 $x=h$ 的面域有最高温度，因为 h 值较小仅为 10 μm，可将最高温度面看作为试样表面。可令 $x=0$，求得碳素钢表层温度函数表达式：

$$T_{\text{surf}}(t)=\frac{q_0}{\lambda}\sqrt{\left(\frac{4\alpha t}{\pi}\right)}+T_0 \tag{6-4}$$

工件表面微熔的临界功率密度为

$$q_0'=\frac{0.886\cdot\lambda\cdot(T_m-T_0)}{\sqrt{\alpha t}} \tag{6-5}$$

在电子束微熔抛光过程中，电子束的扫描频率设定为 300 Hz，且为瞬时环形扫描，采用高斯热源，中心最大热流密度如式(2-4)所示。即

$$q_m=\frac{1}{0.9836}\frac{\eta IU}{\pi Rd}\sqrt{\frac{3}{\pi}}$$

试样表面熔化所需临界功率密度(q_0')与电子束束斑热流密度(q_m)相等有：

$$\frac{0.886 \cdot \lambda \cdot (T_m - T_0)\sqrt{v}}{\sqrt{\alpha d}} = \frac{1}{0.9836}\frac{\eta IU}{\pi Rd}\sqrt{\frac{3}{\pi}}$$

将导热系数 $\lambda=60\ \text{W/(m}\cdot\text{K)}$、试样熔点 $T_m=1500℃$、基材的初始温度 $T_0=25℃$、热扩散系数 $\alpha=1.66\times10^{-5}\ \text{m}^2/\text{s}$、热效率 $\eta=90\%$、电子束加速电压 $U=60\ \text{kV}$、扫描环半径 $R=2\ \text{mm}$ 代入式，得

$$\frac{I}{\sqrt{dv}}=2.39$$

将下束点直径 $d=1.4\ \text{mm}$ 代入上式，得电子束束流 I 与扫描速度 v 之间的关系为

$$\frac{\sqrt{v}}{I}=11.01 \tag{6-6}$$

6.2.3 电子束工艺参数对碳素钢表面粗糙度的影响

1. 工艺参数的选择

为探讨电子束工艺参数与粗糙度之间的关系，扫描速度范围为 0～15 mm/s。利用式(6-6)计算得到的参数见表 6.3。

表 6.3 碳素钢扫描电子束微熔抛光的工艺参数

试验编号	工作台扫描速度 v/(mm/s)	束流 I/mA
1#	1	2.90
2#	5	6.40
3#	10	9.08
4#	15	11.10

2. 电子束抛光效果分析

经电子束抛光处理后碳素钢表面形貌如图 6.3 所示。1#试样表面出现少量熔坑，主要

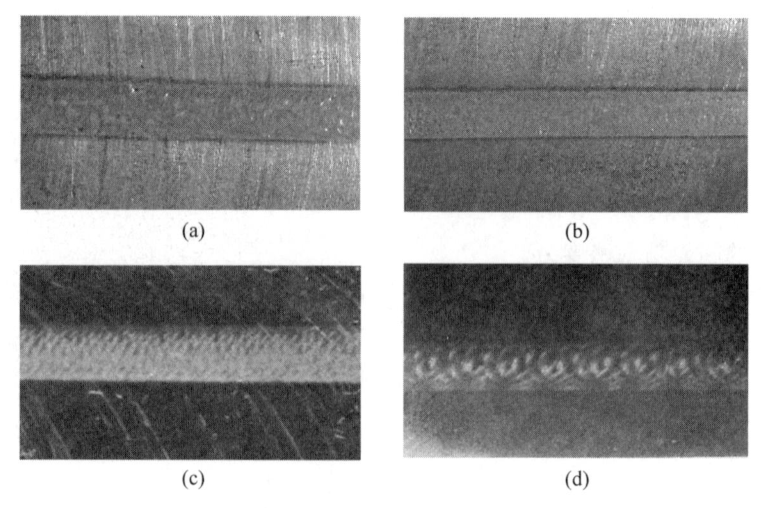

图 6.3 扫描电子束微熔抛光处理后表面形貌

(a) 1#试样；(b) 2#试样；(c) 3#试样；(d) 4#试样

是因为扫描速度较慢，扫描过程中产生了能量堆积，因热量过大引起扫描区域过度熔融，经测试其粗糙度为 1.224 μm；2#试样表面形貌较为平整光滑，工艺参数较为适中，能量分布均匀充足，其粗糙度降至 1.047 μm；3#试样表面出现明显熔融间隙，粗糙度为 1.364 μm；4#试样表面出现鱼鳞状熔融痕迹，粗糙度为 1.425 μm。这是因为3#和4#试样扫描速度较快，单个扫描周期内产生的能量快速向基体传导，造成能量流失过大，热量无法集中，因而扫描区间出现致密的熔融间隙和鱼鳞状熔痕。

结合理论与实验分析，当加速电压 $U=60$ kV、电子束束流为 6.40 mA、扫描速度为 5 mm/s、扫描频率为 300 Hz 时，表面粗糙度低，平整光滑，工艺参数适合于表面抛光处理。

6.3　响应面法优化电子束微熔抛光工艺参数

为进一步探究电子束抛光效果、优化工艺参数，将响应面法(response surface methodology，RSM)引入到电子束抛光实验优化设计中，研究电子束工艺参数对试样表面粗糙度的影响。

6.3.1　响应面法设计方案的确定

响应面法是利用多元回归方程并迭代拟合计算，求解出整个实验组中所设定的实验因素变量之间的函数关系，并以实验因素作为坐标轴，响应值作为坐标点绘制出二维或三维图形表达出实验因素之间的内在联系。

响应面法利用合理的实验设计方案，采用多元回归方程拟合实验因子与响应值之间的函数关系，从而实现实验变量的拟合、优化以及预测。

系统响应 Y 与实验设计变量 x 之间满足函数关系：

$$Y=y(x)+\varepsilon \tag{6-7}$$

式中，$y(x)$为确定函数；ε 为随机误差。

通过实验设计，实验变量和响应值之间的函数关系可表达为

$$Y=\tilde{y}(x)+\delta$$

式中，$\tilde{y}(x)$为响应面；δ 为总误差。

响应面可以定义为

$$\tilde{y}(x)=a_0+\sum_{i=1}^{N}a_i\varphi_i(x) \tag{6-8}$$

式中，$\varphi_i(x)$为响应面基函数；a_i 为基函数系数；N 为基函数个数。

一阶与二阶多项式近似的基函数分别为$(1,x_1,x_2,\cdots,x_n)(1,x_1,x_2,\cdots,x_n,x_1^2,x_1x_2,\cdots,x_1x_n,\cdots,x_nx_1,\cdots,x_n^2)$，其中，$n$ 为实验因子个数。根据式(6-8)可得一阶和二阶响应面的近似表达式分别为

$$\tilde{y}(x)=a_0+\sum_{i=1}^{n}a_ix_i \tag{6-9}$$

$$\tilde{y}(x)=a_0+\sum_{i=1}^{n}a_ix+\sum_{i=1}^{k}a_{ii}x_i^2+\sum_{1=i<j}^{n}a_{ij}x_ix_j \tag{6-10}$$

当获得与 $M(M>1.5N)$ 个设计样本点对应的响应矢量 $\boldsymbol{y}=(y^{(1)},y^{(2)},\cdots,y^{(M)})^{\mathrm{T}}$ 后，通过最小二乘法可计算得到基函数关系系数列阵 $\boldsymbol{a}=(\boldsymbol{\Phi}^{\mathrm{T}}\boldsymbol{\Phi})^{-1}(\boldsymbol{\Phi}^{\mathrm{T}}\boldsymbol{y})$。

式中，$\boldsymbol{\Phi}$ 为响应面样本点矢量，采用的二阶多项式响应面，$\boldsymbol{\Phi}$ 可以表示为

$$\boldsymbol{\Phi}=\begin{bmatrix} 1 & x_{1,1} & x_{1,2} & \cdots & x_{1,N} \\ 1 & x_{2,1} & x_{2,2} & \cdots & x_{2,N} \\ \vdots & \vdots & \vdots & & \vdots \\ 1 & x_{M,1} & x_{M,2} & \cdots & x_{M,N} \end{bmatrix} \tag{6-11}$$

从设计空间中的设计样本点确定矩阵 $\boldsymbol{\Phi}$ 和对应的响应矢量 $\boldsymbol{y}$，再代入式(6-11)，可求出响应面近似模型的系数列阵 $\boldsymbol{a}$，进而得到响应面的具体表达式。

实验选用电子束束流、扫描速度和碳素钢含碳量三个因素作为设计变量，以表面粗糙度 Ra 作为目标响应。通过回归方程计算、显著性分析获得较优的工艺参数组合。

6.3.2 电子束微熔抛光响应面设计方法及分析

1. 电子束抛光实验设计方案

在响应面模型中选取电子束束流 I、扫描速度 v 以及碳素钢含碳量作为实验影响因素进行组合实验，利用 6.2 节所得结果选取工艺参数，实验因素水平设计见表 6.4，得出的电子束微熔抛光的实验工艺参数、试样表面粗糙度测量结果见表 6.5。

表 6.4 实验因素水平设计

工艺参数	水平	
	低	高
电子束束流/mA	5.00	8.00
扫描速度/(mm/s)	1.00	5.00
含碳量/%	0.45	0.80

表 6.5 实验方案与结果

序号	影响因素			响应值
	A 电子束流/mA	B 工件移速/(mm/s)	C 含碳量/%	粗糙度/μm
1	5.00	1.00	0.63	0.864
2	8.00	1.00	0.63	1.412
3	5.00	5.00	0.63	0.712
4	8.00	5.00	0.63	1.245
5	5.00	3.00	0.45	0.649
6	8.00	3.00	0.45	1.635
7	5.00	3.00	0.80	0.744
8	8.00	3.00	0.80	1.177
9	6.50	1.00	0.45	1.980
10	6.50	5.00	0.45	1.232
11	6.50	1.00	0.80	0.965
12	6.50	5.00	0.80	1.156

续表

序号	影响因素		响应值	
	A 电子束流/mA	B 工件移速/(mm/s)	C 含碳量/%	粗糙度/μm
13	6.50	3.00	0.63	0.798
14	6.50	3.00	0.63	0.737
15	6.50	3.00	0.63	0.891
16	6.50	3.00	0.63	0.889
17	6.50	3.00	0.63	0.863

2. 显著性分析

根据表6.5表面粗糙度的测量结果，应用二次多项回归方法对粗糙度模型进行显著性分析，结果见表6.6。通过显著性计算分析可得：模型的$F=14.70$，$P=0.0009<0.01$，表明实验所采用的响应面模型有效和显著。失拟项P值为$0.0506>0.05$，说明该响应面模型无失拟因素存在，整体模型选取合理。

表6.6　粗糙度的显著性分析

方差来源	自由度	均方	F 值	Prob>F	显著性
Model	9	0.22	14.70	0.0009	极显著
A	1	0.78	52.00	0.0002	极显著
B	1	0.096	6.41	0.0391	显著
C	1	0.26	17.54	0.0041	极显著
AB	1	5.63E−3	3.74E−3	0.9529	不显著
AC	1	0.076	5.09	0.0487	显著
BC	1	0.22	14.73	0.0064	极显著
A^2	1	3.65E−3	0.24	0.6374	不显著
B^2	1	0.27	17.81	0.0039	极显著
C^2	1	0.25	16.83	0.0046	极显著
失拟项	3	0.029	6.54	0.0506	不显著
残差	7	0.015			
总值	16	2.09			
方差 R^2	94.98%				

电子束束流、扫描速度以及碳素钢含碳量对响应值的影响可用回归方程表示为

$$R=0.84+0.31A-0.11B-0.18C-0.00375AB-0.14AC+0.24BC-0.029A^2+0.25B^2+0.25C^2 \tag{6-12}$$

图6.4所示为回归方程的残差正态图，17个试样点趋近于回归方程的残差曲线，其中5个中心点均匀分布于曲线的上下区域，说明中心点选取合理，置信度较高。

因素A电子束束流，因素C含碳量的P值均小于0.01，说明因素A和B对电子束抛光效果的影响是极显著的。因素B扫描速度的P值$=0.0391<0.05$，说明因素B对电子束抛光效果有显著影响。而B^2和C^2的P值均小于0.01，说明B和C两者的二次项均对电子束抛光效果有极显著的影响。

交互项AC、BC的P值均小于0.05，所以交互项AC、BC对电子束抛光效果均有显著性影响，而AB的P值$=0.9529>0.05$，说明AB之间的交互对抛光效果没有明显效果。

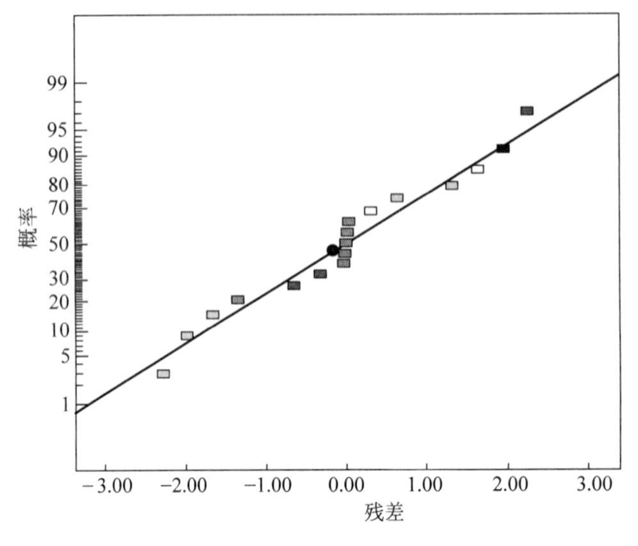

图 6.4 残差正态图

模型的 $R^2=94.98\%$，说明该模型拟合程度较高仅有 5.02%的突变概率，结果可信度较高。

根据式(6-12)的回归方程得到束流与扫描速度(AB)、束流与含碳量(AC)以及扫描速度与含碳量(BC)交互作用的等高曲线和响应面，如图 6.5～图 6.7 所示。

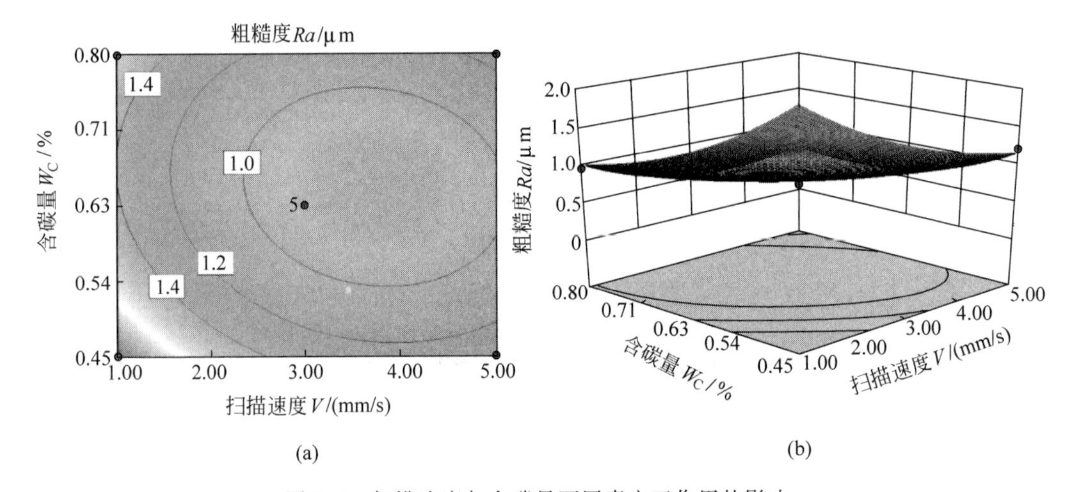

图 6.5 扫描速度与含碳量两因素交互作用的影响

(a) 等高线；(b) 响应面

图 6.5 所示为电子束束流 5 mA 时，扫描速度和碳素钢含碳量对表面粗糙度的影响。从图中看出含碳量和扫描速度对表面粗糙度的影响较为明显。含碳量为 0.63%～0.80%时，粗糙度缓慢降低；含碳量降至 0.45%～0.63%时，粗糙度显著升高。这是因为含碳量越高，铁液的流动性越好，但在温度突升过程中，含碳量过高容易引起碳杂质颗粒飞溅，从而形成熔坑缺陷，影响试样表面抛光效果。

将实验与仿真结合分析可知，含碳量为 0.80%的碳素钢试样抛光后，表面出现不同程度的熔坑缺陷，而含碳量为 0.45%的碳素钢试样抛光后，表面出现较为明显的褶皱缺陷，均对粗糙度产生显著影响。

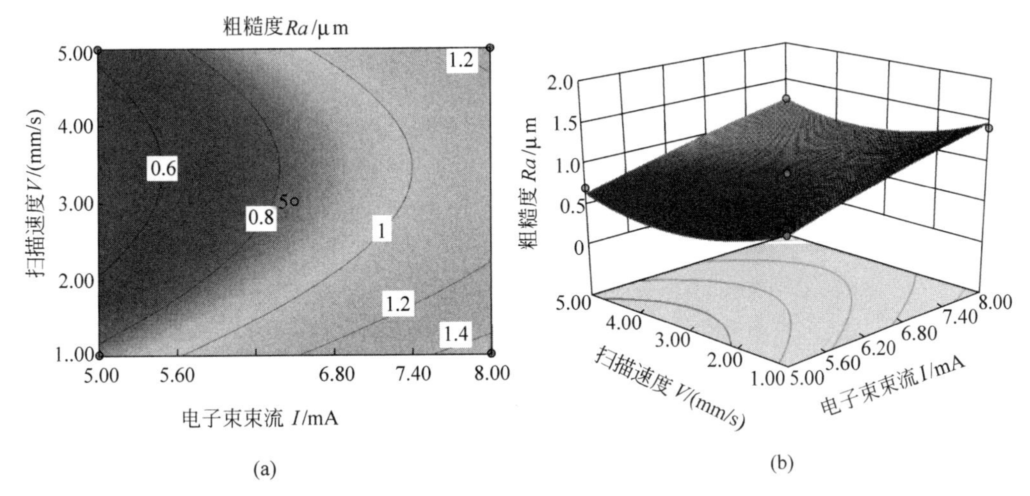

图 6.6 电子束束流与扫描速度两因素交互作用的影响

(a) 等高线；(b) 响应面

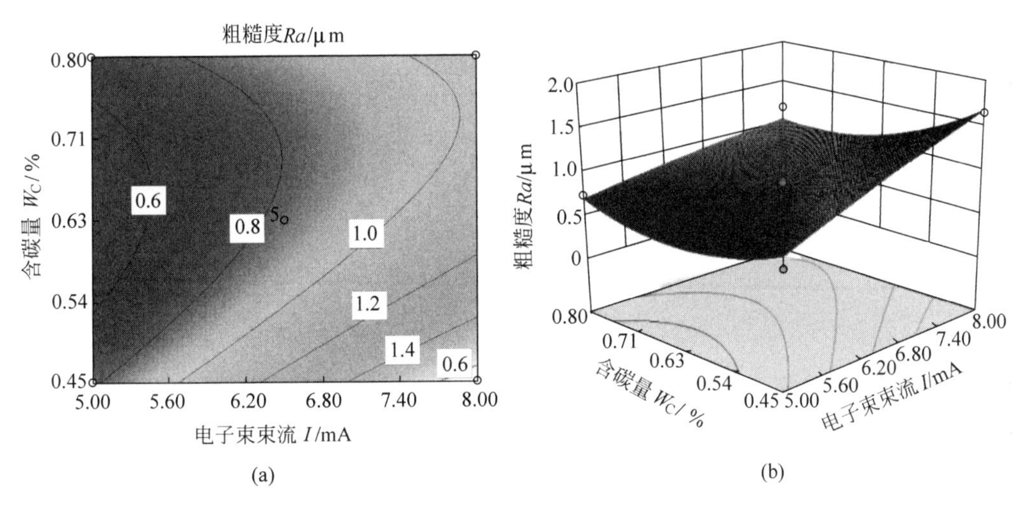

图 6.7 电子束束流与含碳量两因素交互作用的影响

(a) 等高线；(b) 响应面

图 6.6 所示是含碳量为 0.65%时，电子束束流和扫描速度对表面粗糙度的影响。扫描速度从 1 mm/s 提升至 3 mm/s，影响非常显著，粗糙度降低至 0.60 μm 左右；当扫描速度增加至 5 mm/s 时，粗糙度呈缓慢上升趋势。结合抛光实验可知，当扫描速度较小时，试样表面能量沉积过多，造成表面过度熔凝，出现少量褶皱；当扫描速度适中时，液态金属会流向曲率较低的方向，其过程中会填充原始表面的机械划痕及凹坑，经电子束扫射后的金属表面呈亮白色镜面状；当工件移速变大时，工件表面微熔后快速凝固，可观察到鱼鳞状的熔痕，表面粗糙度也随之增加。

图 6.7 所示是扫描速度为 3 mm/s 时，电子束束流和含碳量对表面粗糙度的影响。可以看出，电子束束流对抛光效果影响显著，随着电子束束流的增加，表面粗糙度呈增长趋势，其中对含碳量为 0.45%的碳素钢表面粗糙度影响更为显著。结合抛光实验可知，当电子束束流较大时，工件表面熔化严重，试样内杂质的蹦出与气体的排出导致坑状形貌，并且熔坑

的数量较多,单个熔坑面积很小,分布较为密集,表面粗糙度有所增大。

根据显著性分析及抛光实验可以看出,含碳量约为 0.65%的碳素钢抛光效果明显好于其他含碳量的试样。

3. 工艺参数优化

基于前述,采用电子束束流、扫描速度以及含碳量作为三参量进行拟合,以获得表面粗糙度最低为设计原则,得到二次交互显著模型如图 6.8 所示。由图 6.8(a)可知,当电子束束流为 5.08 mA、扫描速度为 2.76 mm/s、含碳量为 0.62%时,粗糙度最小,达到 0.612 μm。由图 6.8(b)可知三维曲面曲率较高,说明三因素拟合情况良好,有较高的可信度。

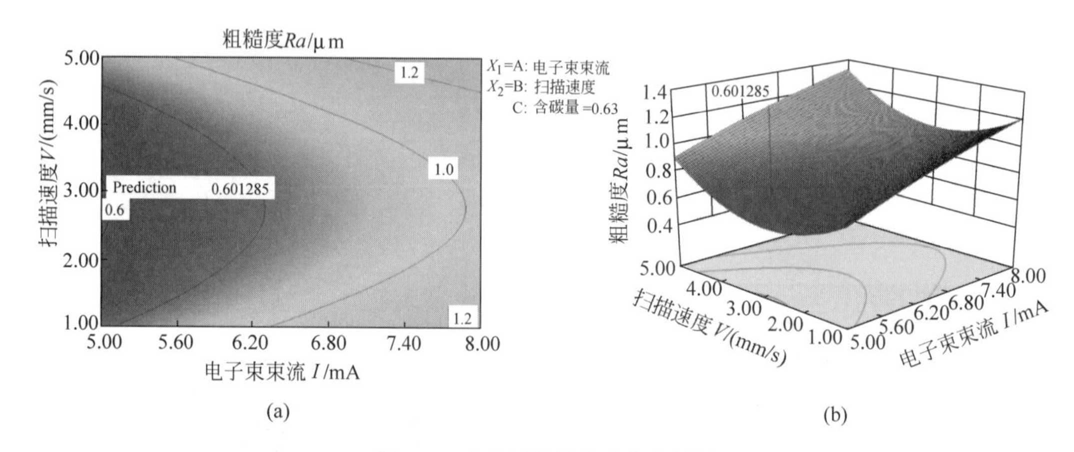

图 6.8 响应面设计方法优化结果

(a) 等高线;(b) 三维曲面

4. 实验验证及分析

为验证响应面法预测粗糙度的有效性,选用电子束束流为 5 mA,扫描速度为 3 mm/s 的扫描参数对 65 钢进行抛光实验。利用 NT9100 光学轮廓仪对抛光前后试样表面进行测量,结果如图 6.9 所示。抛光前表面粗糙度为 1.754 μm,抛光后表面粗糙度值降至 0.612 μm,降低幅度约为 66%,抛光后的表面无明显机械划纹和气孔、熔坑等表面缺陷,有明显熔融凝固痕迹,表面呈光滑平整的优质形貌,抛光效果明显改善。

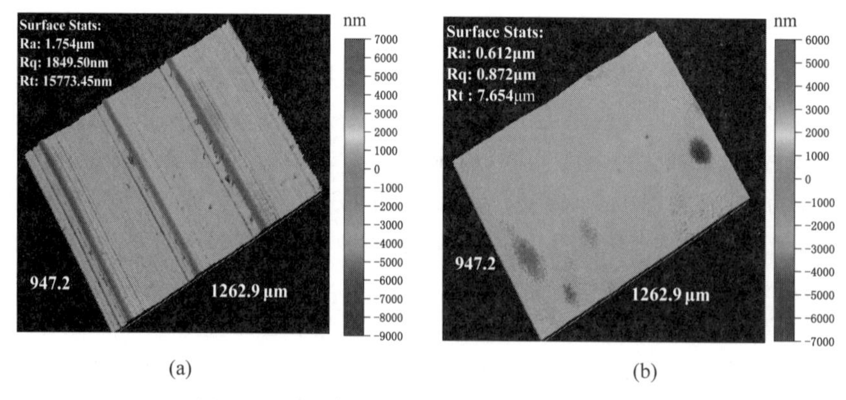

图 6.9 电子束微熔抛光处理前后三维形貌图

(a) 原始表面形貌;(b) 抛光处理后表面形貌

综合所测表面粗糙度及表面形貌，此组参数下的抛光效果好于其余17组实验。

6.4　扫描电子束工艺参数对表面抛光质量的影响

为进一步探究电子束抛光对表面显微组织和机械性能的影响规律，选择65钢作为实验基材，进行单因素变量实验，以期获得工艺参数对微熔抛光质量的影响规律。

6.4.1　参数选择

结合响应面法所得较适合用于电子束微熔抛光的工艺参数，采用单因素变量的方法分析抛光层的组织和性能，参数选择见表6.7。

表6.7　65钢扫描电子束表面抛光处理工艺参数

试样编号	加速电压 /kV	束流 /mA	扫描速度 /(mm/s)	扫描频率 /Hz	束斑直径 /mm
1-1	60	3.5	3.0	300	4
1-2	60	5.0	3.0	300	4
1-3	60	6.5	3.0	300	4
1-4	60	8.0	3.0	300	4
2-1	60	5.0	1.0	300	4
2-2	60	5.0	3.0	300	4
2-3	60	5.0	5.0	300	4
2-4	60	5.0	7.0	300	4
3-1	60	5.0	3.0	200	4
3-2	60	5.0	3.0	300	4
3-3	60	5.0	3.0	400	4
3-4	60	5.0	3.0	500	4

6.4.2　电子束工艺参数对表面质量的影响

1. 电子束束流大小对表面质量的影响

1）电子束束流对表面形貌的影响

在扫描速度为3 mm/s、电子束加速电压为60 kV、扫描频率为300 Hz状态下，电子束束流 I 对65钢表面抛光形貌的影响如图6.10所示。当电子束束流为3.5 mA时，电子束功率密度偏小，低于试样熔融所需的热流密度，试样表面机械加工痕迹明显未被完全消融，抛光效果较差，经测量表面粗糙度为0.914 μm；当电子束束流为5.0 mA时，电子束能量密度充足且分布均匀，试样表面形貌平整光滑，铣削加工痕迹完全消融，达到表面镜像效果，表面质量远优于原始基体，经测量表面粗糙度降至较低值0.612 μm；当电子束束流升至6.5 mA时，电子束能量密度较大，表面出现少量黑色熔坑，但总体形貌较为平整，仍满足抛光需求，经测量表面粗糙度为0.724 μm；当电子束束流增大至8.0 mA时，单位时间内在试样表面沉积能量大，出现明显的褶皱熔坑等缺陷，试样表面出现一定起伏状形貌，分析其中原因，

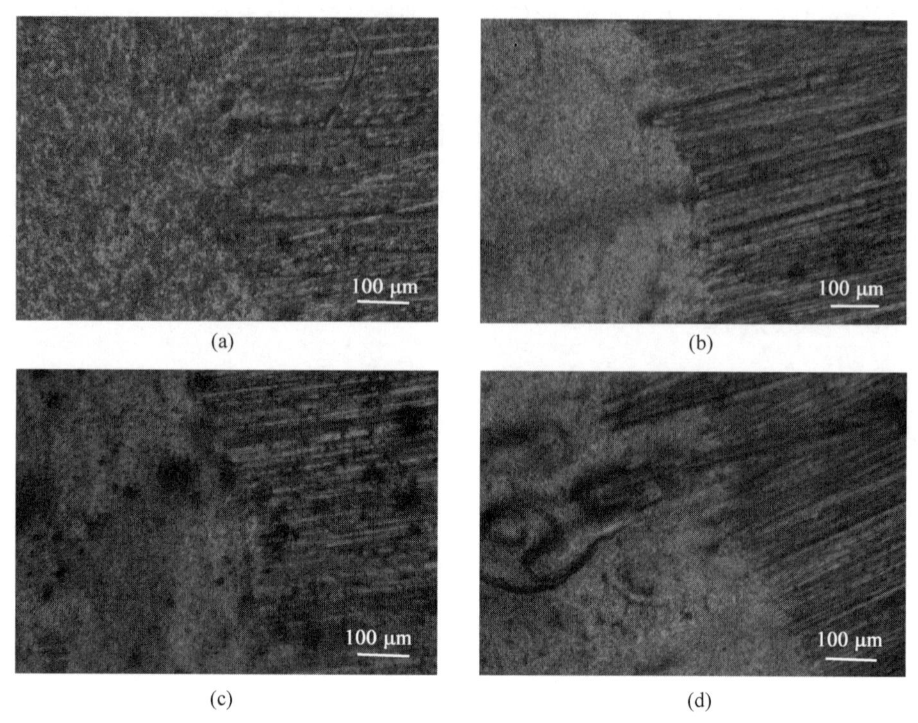

(a) (b) (c) (d)

图 6.10 电子束束流对表面形貌的影响

(a) I=3.5 mA；(b) I=5.0 mA；(c) I=6.5 mA；(d) I=8.0 mA

65 钢含大量碳化物颗粒，这为熔坑和褶皱的形成提供了有利条件，当电子束入射能密较大，试样表面骤升至较高温度时，碳化物颗粒和杂质会发生气化形成喷发状熔坑，不利于实现抛光要求，经测量表面粗糙度为 1.047 μm。

2）电子束束流对显微组织的影响

图 6.11 所示为电子束束流对抛光硬化层显微组织的影响。由图可知，随着电子束束流的增加，抛光硬化区内的显微组织由粗大的马氏体和细针状马氏体组成，并且随着束流的增大组织更加均匀。当电子束束流为 3.5 mA 时，该参数下的电子束能量密度较小低于表面熔融所需的热流密度，抛光硬化区的组织主要由较多的马氏体、残余奥氏体以及部分未熔铁素体组成；电子束束流增大至 5.0 mA 时，随着能量密度的增加，硬化层受热更均匀，奥氏体化相对完全，铁素体含量显著减小，主要由板状马氏体和少量残余奥氏体组成；当电子束束流为 6.5 mA 时，硬化区铁素体基本消失且晶粒细化，主要由针状马氏体和残余奥氏体组成；当电子束束流增大到 8.0 mA 时，自淬火温度较高，硬化区的组织较为单一，由针状和少量板条状马氏体组成。

出现上述现象的原因主要是束流大小改变引起电子束功率密度的改变，影响了试样能量吸收量进而改变表面温度，由相变理论可知奥氏体化程度受温度影响，温度越高奥氏体化越完全，铁素体量也随之减少，自淬火后形成的马氏体组织也越均匀且细化。由传热学理论可知，在加速电压为 60 kV，扫描速度为 3 mm/s 条件下，当束流超过 5.0 mA 时，电子束能量密度高于碳素钢表面熔融所需的热流密度。当电子束功率密度持续增加，试样表面温度也会随之升高，奥氏体转变量增大，在骤冷情况下可形成均匀细化的马氏体组织。

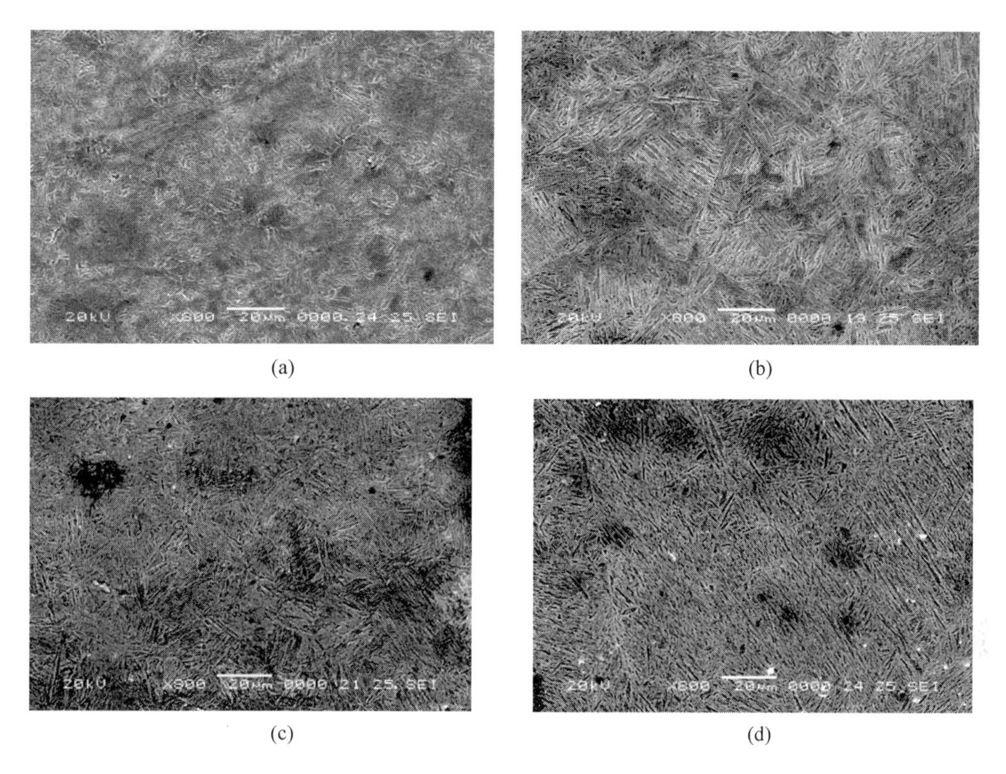

图 6.11 电子束束流对显微组织的影响

(a) I=3.5 mA; (b) I=5.0 mA; (c) I=6.5 mA; (d) I=8.0 mA

3）束流对显微硬度的影响

束流对显微硬度的影响如图 6.12 所示。电子束微熔抛光处理后试样表面显微硬度随着束流的增加呈非线性增加。当束流为 8.0 mA 时,试样表面显微硬度可达到 720 $HV_{0.2}$,而常规热处理后的 65 钢硬度为 600 $HV_{0.2}$。

由图 6.12(b)可知,硬度开始时下降较为缓慢,但距表面达到一定程度时,显微硬度发生突降,直至趋近于基体硬度；随着束流的增加,硬度曲线整体向右偏移,且表面显微硬度值随之增大。

当束流为 3.5 mA 时,硬化层厚度较小,仅为 50 μm 左右,最高硬度为 420 $HV_{0.2}$,硬度提升不明显；当束流增大至 5.0 mA 时,硬化层厚度可达 110 μm,表层最高硬度提升至 680 $HV_{0.2}$,优于常规热处理；束流增大至 6.5 mA 和 8.0 mA 时,硬化层厚度进一步增加至 220 μm,可较好满足实际生产需求,硬化层最大硬度基本维持在 700 $HV_{0.2}$ 左右,是基体硬度的 2.4 倍。

由图 6.11 可知,电子束微熔抛光处理有"自淬火"效果,强化层组织晶粒细化为马氏体,硬度得以极大提升。而过渡区奥氏体化不完全且厚度较低,形成硬度突降区域；随着束流的增加,硬化区晶粒度较小且均匀,主要由马氏体组成,热影响区厚度随着电子束束流的增加而增加。

4）束流对耐磨性的影响

束流对耐磨性的影响如图 6.13 所示。

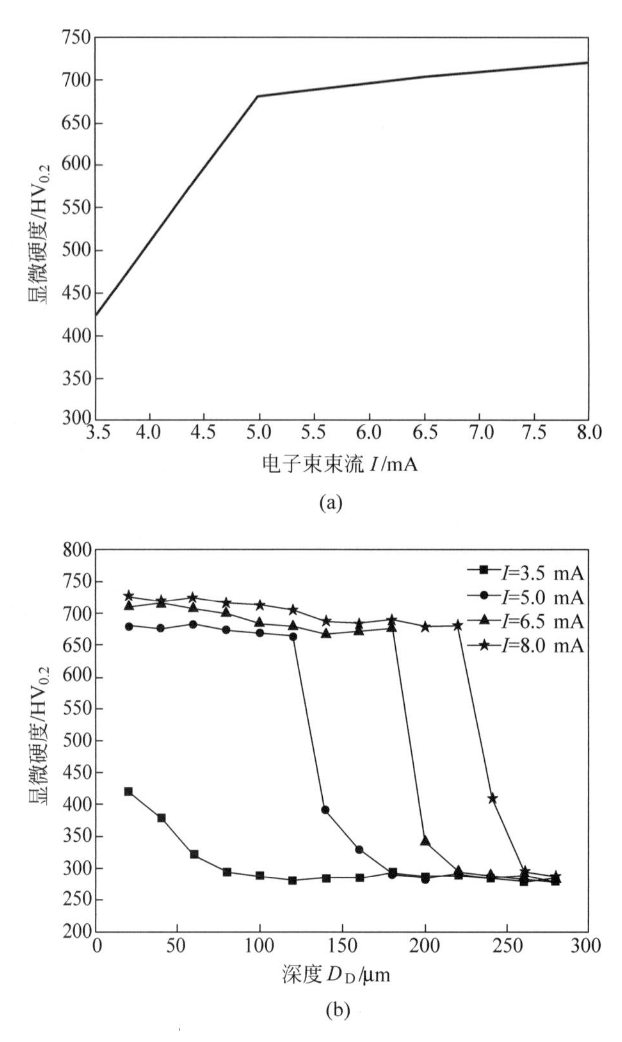

图 6.12 电子束束流对硬化层显微硬度的影响

(a) 表层硬度分布；(b) 硬度沿深度方向的分布

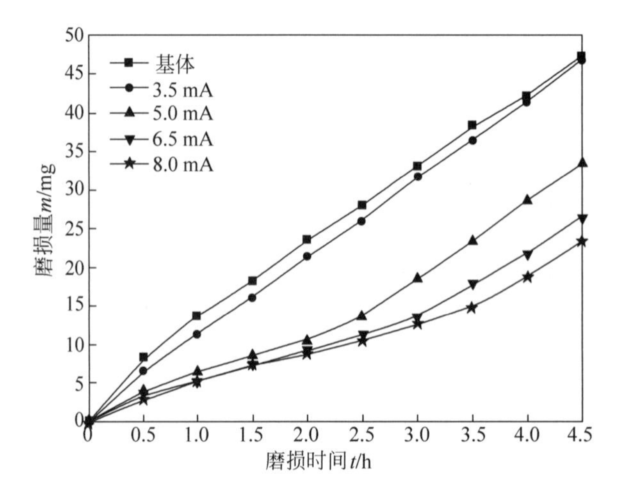

图 6.13 束流对耐磨性的影响

由图6.13可知，基体试样磨损开始时，磨损量增长较快，随着时间的增长，磨损量逐渐稳定，约为每30 min磨损5 mg；当电子束束流为3.5 mA时，由于电子束功率密度较小，试样表面机械划痕未完全消融，磨损量在起始阶段增长较快，但随着磨损时间的增加，磨损量很快接近基体水平，耐磨性提升不明显；当电子束束流持续增加至5.0～8.0 mA时，磨损量同样在开始时增长较快，随着磨损时间的持续增加，硬化区磨损量增长缓慢，当达到一定时间时，磨损量又快速增加，最终与基体增长幅度趋于一致，电子束束流为8.0 mA时，相对基体耐磨性提升幅度最大，约为2.1倍。

2. 扫描速度对表面质量的影响

1）扫描速度对表面形貌的影响

电子束束流为5.0 mA、加速电压为60 kV、扫描频率为300 mA时，扫描速度v对微熔抛光处理后65钢表面形貌的影响，如图6.14所示。扫描速度为1 mm/s时，碳素钢表面功率密度沉积量较大，试样原始铣削加工刀痕已被熔融完全，并且试样表面出现少量重熔后形成的“山脊状”模块，粗糙度相对原始试样降幅较小，经测量表面粗糙度为0.864 μm；当扫描速度为3 mm/s时，表面形貌较为平整光滑，表面粗糙度大幅下降，较好实现抛光效果，经测量表面粗糙度为0.612 μm；当扫描速度为5 mm/s时，扫描速度较快，能量快速向基体传导，表面出现熔融间隙，未能完全消融加工痕迹，但表面粗糙度较原始试样有所降低，经测量表面粗糙度为0.712 μm；当扫描速度为7 mm/s时，扫描带观察不明显，铣削加工痕迹仍清晰可见，抛光效果较差，不能满足改善要求，经测量表面粗糙度为0.924 μm。

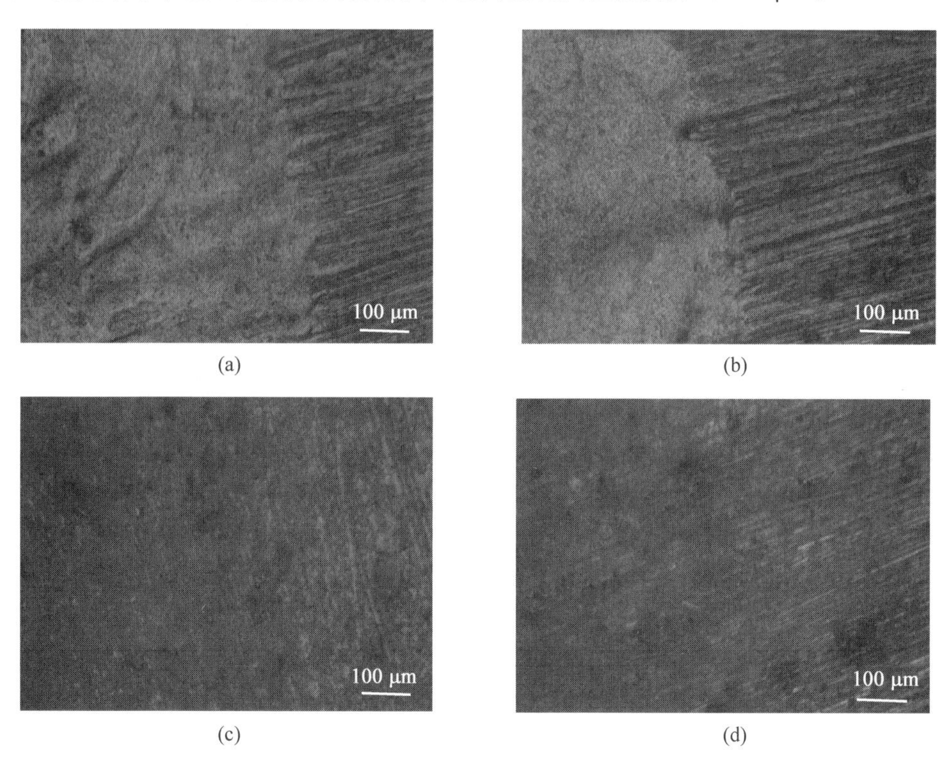

(a)　(b)　(c)　(d)

图6.14　电子束扫描速度对表面形貌的影响

(a) v=1 mm/s；(b) v=3 mm/s；(c) v=5 mm/s；(d) v=7 mm/s

2）扫描速度对显微组织的影响

扫描速度对显微组织的影响如图 6.15 所示。随着扫描速度的增加，抛光硬化区的显微组织由均匀单一状向粗大混合状转变。扫描速度为 1 mm/s 时，硬化区内组织由细小针状马氏体组成；扫描速度增大至 3 mm/s 时，硬化区内马氏体晶粒度增加且出现少量残余奥氏体；扫描速度增大至 5 mm/s 时，硬化区内马氏体针相对粗大，且残余奥氏体含量进一步增加并出现少量未熔铁素体；当扫描速度增大到 7 mm/s 时，硬化区内含有较多的未熔铁素体。

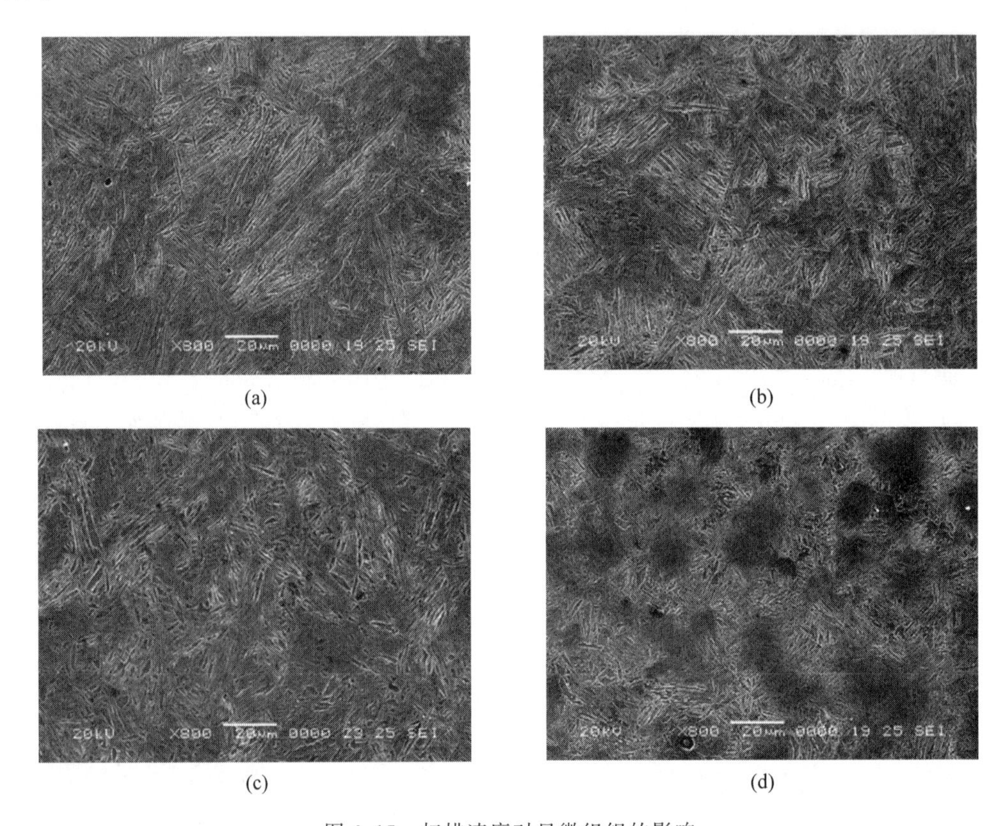

图 6.15 扫描速度对显微组织的影响

(a) $v=1$ mm/s；(b) $v=3$ mm/s；(c) $v=5$ mm/s；(d) $v=7$ mm/s

这是因为随着扫描速度的增加，相同功率密度的电子束束流作用在碳素钢表面的时间减小，表面所沉积的能量随之减小，热影响区深度也随着能量的减小而减小，并且热影响区温度处于相变温度之上的时间较短，导致试样奥氏体化不完全，组织中出现铁素体，马氏体大小不均匀。

3）扫描速度对显微硬度的影响

扫描速度对抛光硬化层表面和沿深度方向硬度分布的影响如图 6.16 所示。电子束微熔抛光处理后试样表面的显微硬度随着速度的增加呈非线性减小。当扫描速度为 1 mm/s 时，硬化层厚度约 180 μm，最高显微硬度为 750 $HV_{0.2}$，是基体硬度的 2.5 倍；扫描速度为 5 mm/s 和 7 mm/s 时，硬化层厚度较小且硬度提升较少，扫描速度较大的试样，马氏体晶粒度较大，其硬度有所降低，且硬化层深度随着能量密度的增加而增加。

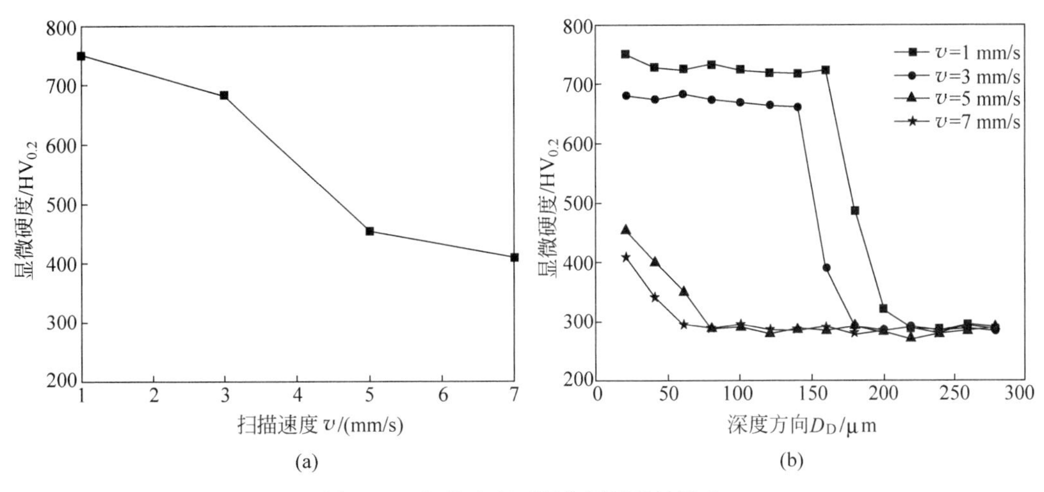

图 6.16 扫描速度对硬化层硬度的影响

(a) 表面硬度分布；(b) 硬度沿深度方向的分布

4）扫描速度对耐磨性的影响

扫描速度对耐磨性的影响如图 6.17 所示。扫描速度为 5 mm/s 和 7 mm/s 时，试样磨损量略低于基体，耐磨性提升不显著。出现这种现象的原因是扫描速度过快，试样表面硬化层较薄，温度突降较快，晶粒仍较为粗大；当扫描速度为 1 mm/s 和 3 mm/s 时，磨损量同样在起始阶段增长较快，但随着磨损时间的持续增加，硬化区磨损量缓慢增长，当磨损时间达到 3 h 时，磨损量快速增加，直至与基体增长幅度趋于一致，耐磨性相对基体最大提升 3 倍。

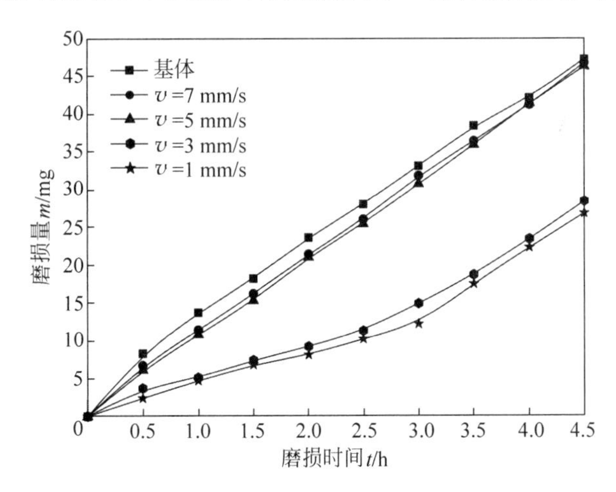

图 6.17 扫描速度对耐磨性的影响

3. 扫描频率对表面质量的影响

1）扫描频率对表面形貌的影响

电子束束流为 5 mA，扫描速度为 3 mm/s、电压为 60 kV 时，扫描频率对微熔抛光处理后 65 钢表面形貌的影响如图 6.18 所示。当扫描频率为 200 Hz 时，此时电子束功率密度偏小，低于试样熔融所需的热流密度，仍有少量机械加工痕迹，但抛光效果较好，经测量表面粗糙度为 0.914 μm；当扫描频率为 300 Hz 时，电子束能量密度充足且分布均匀，由图 6.18(b)可知试样表面形貌平整光滑，铣削加工痕迹完全消融，达到表面镜像效果，表面质量远优于原始基体，经测量表面粗糙度降至 0.612 μm；当扫描频率升至 400 Hz 时，电子束能量堆积，表面出现少量黑色熔坑，但总体形貌较为平整，仍满足抛光需求，经测量表面粗糙度为 0.724 μm；当扫描频率增至 500 Hz 时，单位时间内试样表面沉积很大能量，出现褶皱熔坑等缺陷，试样表面出现一定起伏状形貌。

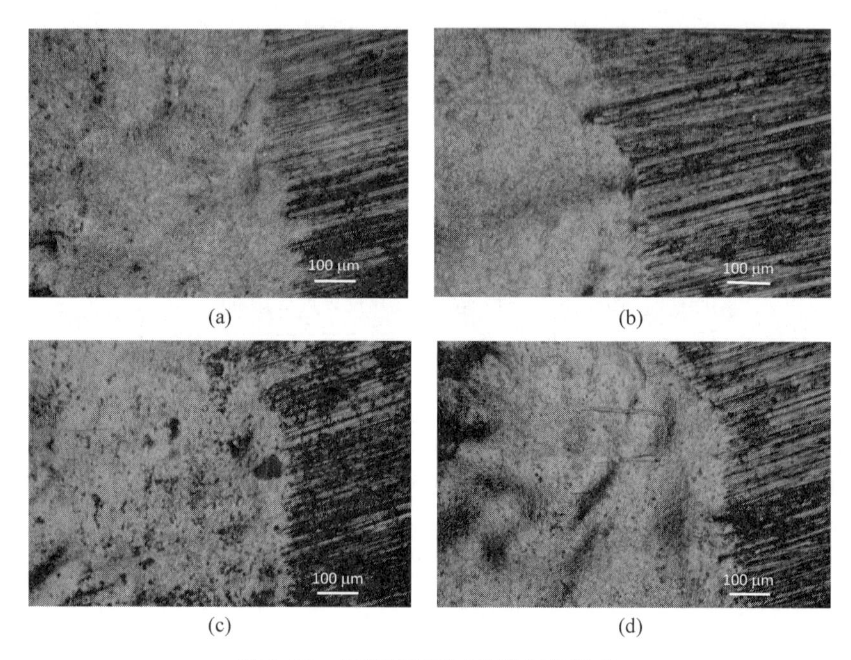

图 6.18 扫描频率对表面形貌的影响

(a) f=200 Hz；(b) f=300 Hz；(c) f=400 Hz；(d) f=500 Hz

2）扫描频率对显微组织的影响

图 6.19 所示是不同扫描频率状态下，硬化层的显微组织。由图可知，随着扫描频率的增加，硬化区内的马氏体转变量随之增大。当扫描频率为 200 Hz 时，能量密度较低，组织由马氏体、残余奥氏体以及铁素体组成；扫描频率增大到 300 Hz 时，电子束能量密度随之增大，且达到熔融所需临界密度，硬化层受热完全，组织为较多的针状马氏体和少量残余奥氏体；当扫描频率为 400 Hz 时，马氏体针叶细小均匀，有良好的机械性能，组织为细针状马氏体和少量残余奥氏体；当扫描频率增至 500 Hz 时，能量密度大，保温时间相对较长，晶粒在相变温度下有充足时间形核长大，后期的“自淬火”过程所形成分布粗大的马氏体成排分布，其金相组织与常规热处理中 950℃水淬相似。

这是因为随着扫描频率的增加，单位时间内平均功率密度增大，表层吸收的能量随之增多，奥氏体形核率和马氏体转变率增加，但当功率密度持续增加时，奥氏体晶粒度增大，在“自淬火”后所形成的马氏体晶粒度也较大。

3）扫描频率对显微硬度的影响

扫描电子束频率对显微硬度的影响如图 6.20 所示。电子束微熔抛光处理后试样表面的显微硬度随着扫描频率的增加先增大后减小，且均高于基体硬度的 290 $HV_{0.2}$。当扫描频率为 400 Hz 时，试样表面显微硬度最大可达到 725 $HV_{0.2}$，是基体硬度的 2.5 倍。

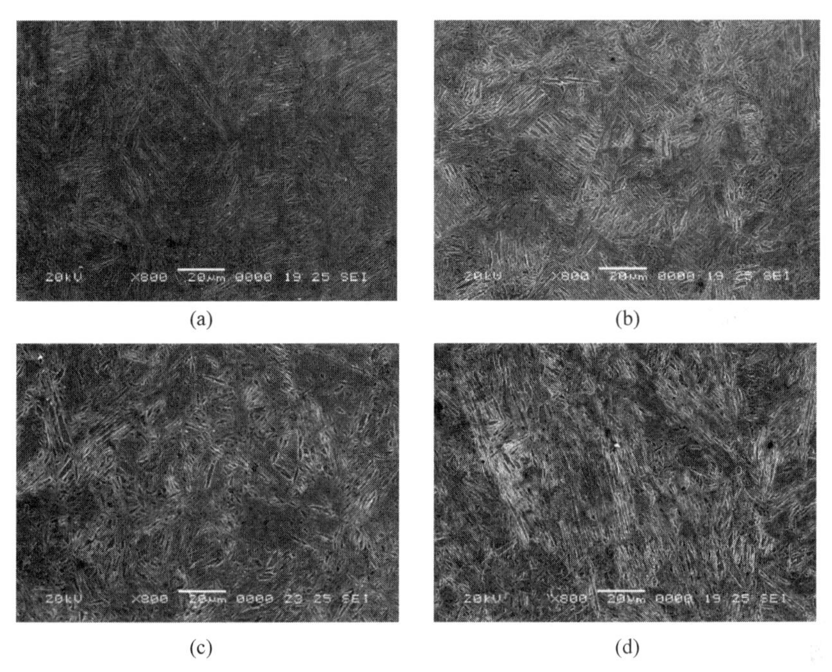

图 6.19 扫描频率对显微组织的影响

(a) $f=200$ Hz; (b) $f=300$ Hz; (c) $f=400$ Hz; (d) $f=500$ Hz

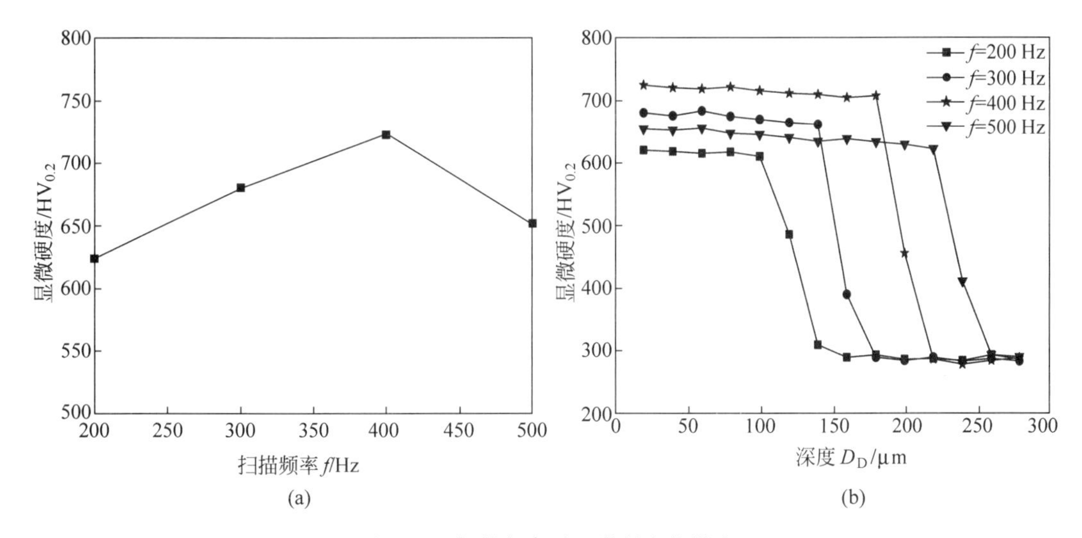

图 6.20 扫描频率对显微硬度的影响

(a) 表面硬度分布; (b) 硬度沿深度方向分布

硬度沿深度方向的变化如图 6.20(b)所示。试样表面硬化层厚度随着扫描频率的增加而增加,当扫描频率为 200 Hz 时,硬化层厚度达 130 μm,基本满足常规硬化处理要求;当扫描频率为 300 Hz 和 400 Hz 时,硬化层厚度持续增加,表层最大硬度同时增加;当扫描频率为 500 Hz 时,表层最大硬度降至 650 $HV_{0.2}$,但其硬化层深度显著增加至 250 μm。产生上述现象的原因是:随着扫描频率的增加,作用于单位面积的电子束能量加大,试样表面吸收较多的热量而温度增高,马氏体转变量更加充分,表层硬度随之增加。但温度持续升高时，奥氏体化形核和生长速率较快，奥氏体晶粒度增大，所形成的粗大马氏体，且残余奥氏体数量有所增加，硬度值相对较低。

4）扫描频率对耐磨性的影响

扫描频率对耐磨性的影响如图6.21所示。由图可知：当扫描频率为200 Hz时，磨损量在起始阶段失重较大为5.01 mg，磨损时间在0.5～1.5 h时，磨损量增长缓慢，但随着磨损时间的增加，磨损量增长变化规律与基体一致；扫描频率为300 Hz和400 Hz时，磨损量均经历快速增长期、缓慢增长期直至与基体保持一致，但扫描频率越大，磨损量缓慢增长期越长；当扫描频率为500 Hz时，起始阶段磨损量为5.87 mg，磨损时间为0.5～3.5 h时，磨损量处于缓慢增长期，平均每小时失重5 mg，磨损过程失重较大。此外，当扫描频率为500 Hz时，由于能量密度过大，造成表面温度过高粗糙度值较大，因而磨损起始阶段失重很大。其硬化层组织多为粗大的针状和板条状马氏体，硬度相对较低。

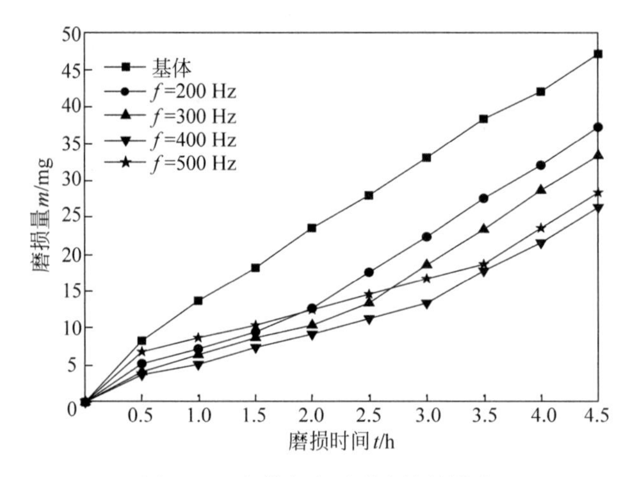

图6.21 扫描频率对耐磨性的影响

第7章

电子束多道扫描相变硬化温度场与组织场的研究

电子束多道扫描相变硬化的工艺特点是利用高能电子束与金属材料表面相互作用，使基体快速加热到相变点以上，熔点以下，随后依靠基体的快速冷却形成相变硬化层，从而达到实现面域相变强化的目的。高能电子束能在较短时间内将能量集中作用于较小的基体表面区域，瞬间使作用区域达到较高的温度，同时伴随着很多复杂的物理变化和化学变化，如传热、传质等现象，这些现象直接影响到相变硬化层形状、组织、化学成分以及其他物理化学性能，然而这些复杂的物理化学变化的动力主要来自相变硬化层内极高的温度和复杂的温度变化过程，因此对于电子束多道扫描相变硬化温度场的研究是研究电子束多道扫描相变硬化中一个不可或缺的方向，也是实现大面积表面改性的重要手段。

7.1 电子束多道扫描相变硬化温度场的仿真

7.1.1 电子束多道扫描相变硬化过程的物理描述

跟踪对电子束处理材料表面的工况环境以及连续移动的电子束热源，建立的电子束多道扫描相变硬化过程如图7.1所示。高能电子束以稳定的热流密度轰击到平行于 xy 平面的基体表面，固定电子束下束的位置方向，按照设定的恒定速度，通过移动工作台分别向 y 轴的正方向、x 轴的负方向以及 y 轴的负方向，实现对基体表面的往复扫描，从而达到大面积相变硬化的效果。

在建立有限元模型时，采用以下假设：试样表面吸收率恒定；试样置于真空环境，只考虑热辐射对工件的影响；试样的热物性参数各向同性，初始温度值为恒定；作用于试样表面的热流密度恒定；扫描速度为定值；不考虑相变潜热对试样的影响。

1. 热源的确定

在多道扫描电子束相变硬化中，由于电子束热源具有集中、移动的特点，容易在所限定的时间和空间条件下形成较大的温度梯度，因此电子束热源的选择至关重要。

在多道扫描电子束相变硬化过程中，在电子束的作用下，在金属表层厚度为 10^{-1}～

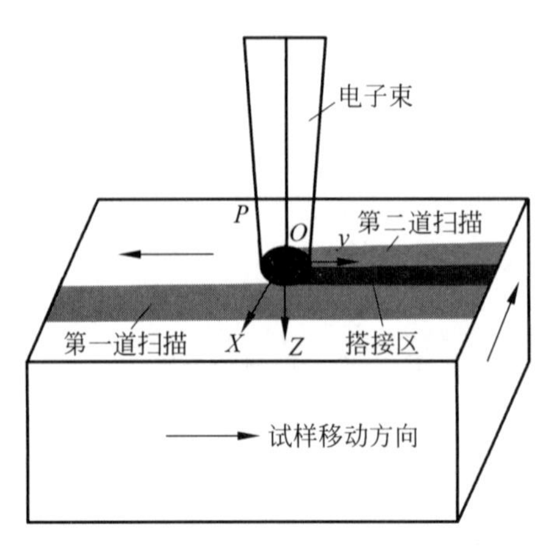

图 7.1 电子束多道扫描相变硬化示意图

10 μm 处将吸收的能量转化为晶格振荡热，使金属温度快速上升到相变强化的温度。电子束能量的分布呈正态分布，中心能量多而边缘少，具有高斯分布的特性，故采用高斯热源。

2. 热源模型参数的确定

为获得仿真结果，确定热源参数至关重要。依据式(5-12)，当电子束热源功率为恒定值时，则有效半径 r_0 和热源集中系数 a 成为重要的影响因子。

为确定参数，以某厂购买的 45 钢为基材，其化学成分见表 7.1。

表 7.1 45 钢的化学成分(质量分数/%)

元素	C	Si	Mn	S	P	Cr	Ni
含量	0.42～0.49	0.17～0.37	0.5～0.8	≤0.045	≤0.04	≤0.25	≤0.25

采用的电子束工艺参数分别为：电压 60 kV，束流 21 mA，束斑直径 8 mm。通过实验对 45 钢表面进行单道电子束表面相变硬化处理，测得抛物线状的马氏体相变区域的长轴为 2.5 mm，短轴为 0.8 mm。利用有限元分析软件进行单道电子束相变硬化温度场仿真，以相变温度线达到 1123 K 作为相变硬化层的界限，实验与仿真结果如图 7.2 所示，经过反复实验与仿真比较，可得电子束加热的有效半径为 4 mm，集中系数为 1.6。

3. 多道扫描热源的表达式

根据相对运动的原理，处理试样时，电子束焊枪和工件产生匀速相对运动，因此，在本研究中为解决移动载荷的相对移动问题时，把电子束热源以热流密度 $q(r)$ 施加到工件上，即电子束热源是随时间变化的函数。

设定静态坐标为 (x,y)，动态坐标为 (x',y')；电子束起始扫入端热源的中心位置为 (x_0,y_0) 和 (x_1,y_1)，根据运动学的相对原理，电子束热源移动的位置为

$$\begin{cases} y'_1 = y + y_0 - vt_1 \\ y'_2 = y - l - y_1 + vt_2 \end{cases} \tag{7-1}$$

处理区各单元中心 (x'_1,y'_1) 与电子束中心点的距离：

$$r_1 = \sqrt{-a[(x-x_0)^2 + (y+y_0-vt_1)^2]}$$

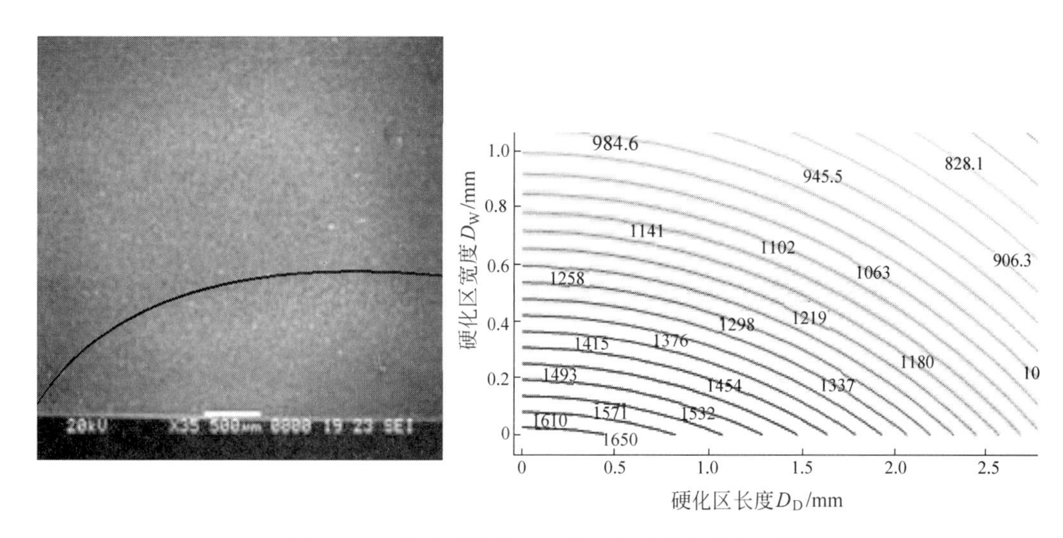

图 7.2　45 钢相变硬化区显微组织形貌与仿真比较

$$r_2=\sqrt{-a[(x-x_1)^2+(y-l-y_1+vt_2)^2]}$$

表面功率 q 与电子束电压和电流的关系为

$$q=\eta UI$$

将上式代入式(5-12)，得电子束作用于工件表面的热流密度为

$$q(r)=\begin{cases}\dfrac{a\eta UI}{\pi r_0^2}\exp\left\{\dfrac{-a[(x-x_0)^2+(y+y_0-vt_1)^2]}{r_0^2}\right\}, & t\leqslant t_1\\[2ex] \dfrac{a\eta UI}{\pi r_0^2}\exp\left\{\dfrac{-a[(x-x_1)^2+(y-l-y_1+vt_2)^2]}{r_0^2}\right\}, & t>t_1\end{cases}\tag{7-2}$$

式中，v 为电子束热源相对工件移动的速度，m/s；y_0 为第一道扫描电子束热源中心距工件扫入端的距离，m；y_1 为第二道扫描电子束热源中心距工件扫入端的距离，m；l 为工件的长度，m；t_1 为第一道扫描电子束热源移动的时间，s；t_2 为第二道扫描电子束热源移动的时间，s；U 为电子束加速电压，kV；I 为电子束束流，mA；η 为电子束有效功率，取 0.75。

7.1.2　温度场仿真模型的建立

1. 温度场几何模型的建立

将 45 钢制成 40 mm×40 mm×40 mm 的立方体试样。

2. 热源加载下温度场的控制方程和边界条件

1) 热源加载下温度场的控制方程

电子束多道扫描相变硬化是一个局部区域快速加热到高温，热源离开后快速冷却的过程。随着电子束热源的快速移动，整个工件的温度随时间和空间急剧变化，材料的热物性参数也随温度发生剧烈变化。对电子束多道相变硬化而言，加热时要求保证表面不发生熔化，整个温度变化过程都在固态下进行，所以电子束多道扫描温度场遵从固体导热微分方程，其表达式为式(5-14)。

2）边界条件

初始条件：设定 45 钢的初始温度为室温，$T|_{t=0}=300$ K。

边界条件：施加热流密度载荷作于 xy 面，$z=0$ 上。

由于 45 钢电子束加热表面处理是在真空室中进行，因此只考虑 45 钢所有的外表面通过热辐射的形式进行传热，其表达式为式(5-18)。

7.1.3 结果分析

仿真时采用的电子束工艺参数见表 7.2。

表 7.2 电子束工艺参数

加速电压 U/kV	电流 I/mA	扫描速度 v/(mm/min)	束斑直径 d/mm	扫描频率 f/Hz	搭接率/%	间隔时间 t/s
60	23	600	8	300	40	5

1. 电子束多道扫描相变硬化加热过程中温度场的分布

图 7.3 和图 7.4 所示分别为电子束第一道、第二道扫描加热过程中的温度场分布。由图 7.3 可知，电子束相变硬化过程中可以分为非稳态区(电子束束流扫入端)，中间稳态区和非稳态区(电子束束流扫出端)，电子束束流的扫入端过程如图 7.3(a)所示，当电子束束流下束 1/5 光斑的距离时，束斑覆盖的区域温度迅速上升，中心温度升至 455 K，随着扫描作用时间的增加，试样表面的温度逐渐升高，当电子束整个束斑扫描至试样时，试样表面的温度升至 1614.5 K，即电子束进入中间稳态区，如图 7.3(d)、(e)所示。随着电子束扫入时间的推移，试样表面的峰值温度几乎保持在 1615.5 K 左右。图 7.3(f)所示为电子束束流的扫出端，由图可知，试样的温度不在处于稳态区，表面的峰值温度迅速升至 1780.6 K，表面的热影响区域再次扩大。

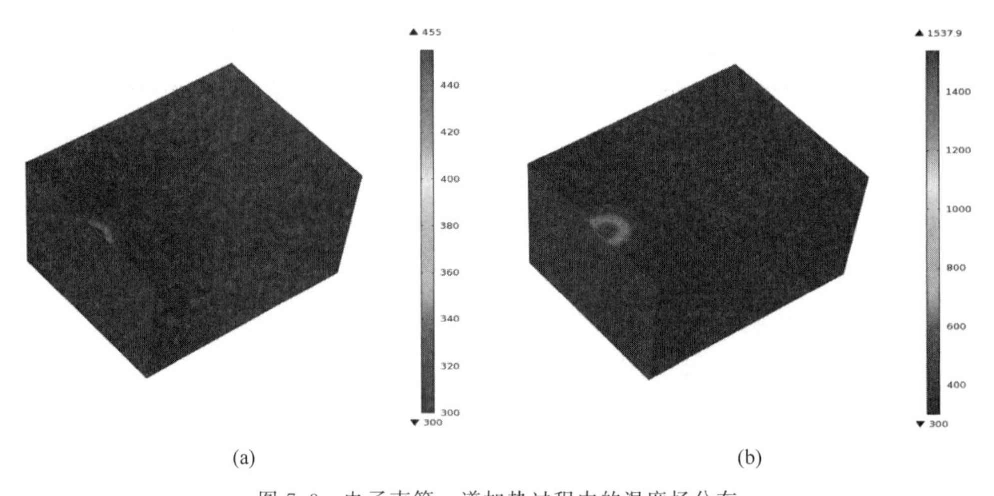

(a)　　(b)

图 7.3 电子束第一道加热过程中的温度场分布

(a) $t=0.065$ s; (b) $t=0.65$ s; (c) $t=1.05$ s; (d) $t=1.935$ s; (e) $t=3.82$ s; (f) $t=5.47$ s

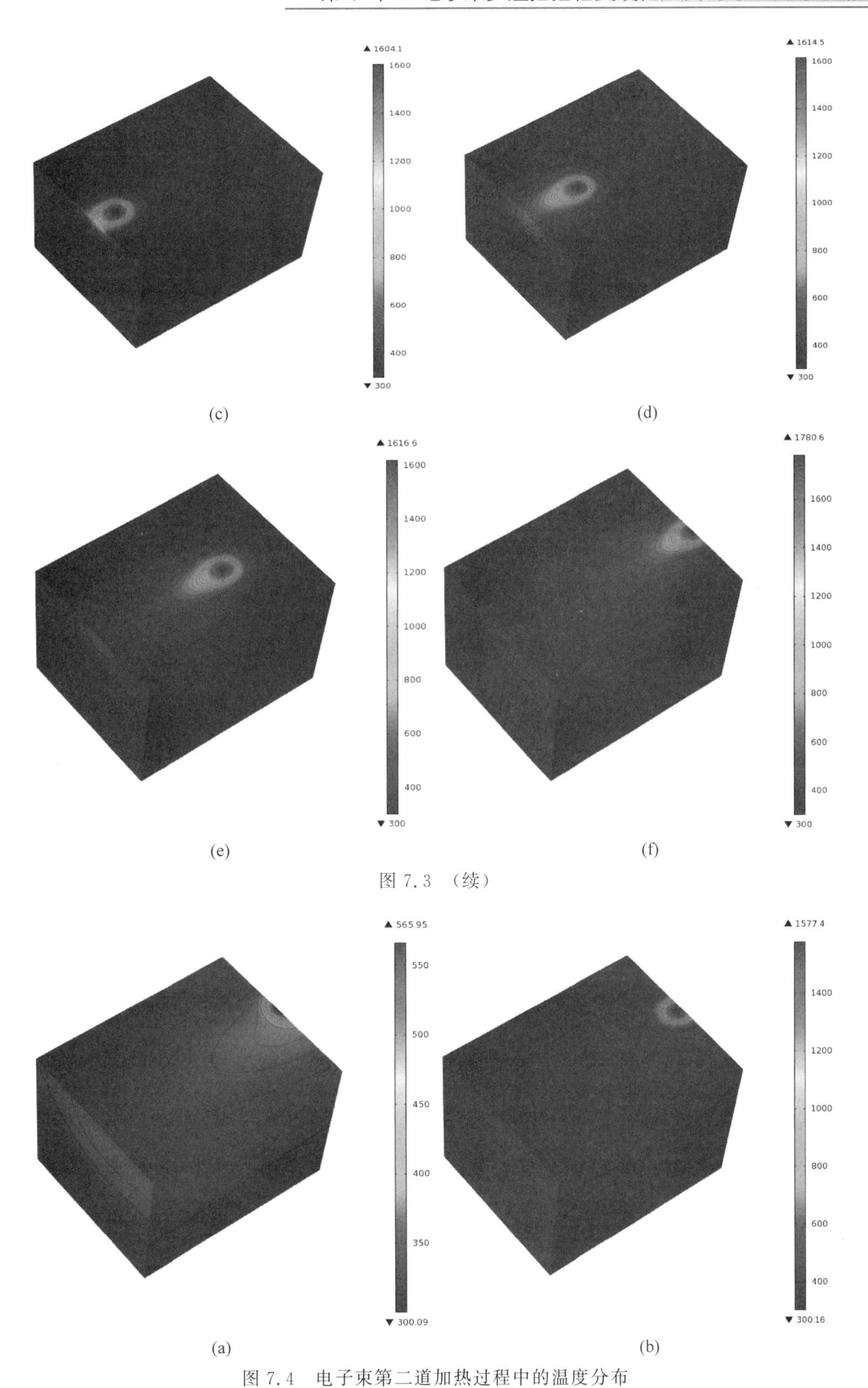

图 7.3 （续）

图 7.4　电子束第二道加热过程中的温度分布

(a) t=10.065 s；(b) t=10.635 s；(c) t=11.05 s；(d) t=11.935 s；(e) t=13.82 s；(f) t=15.47 s

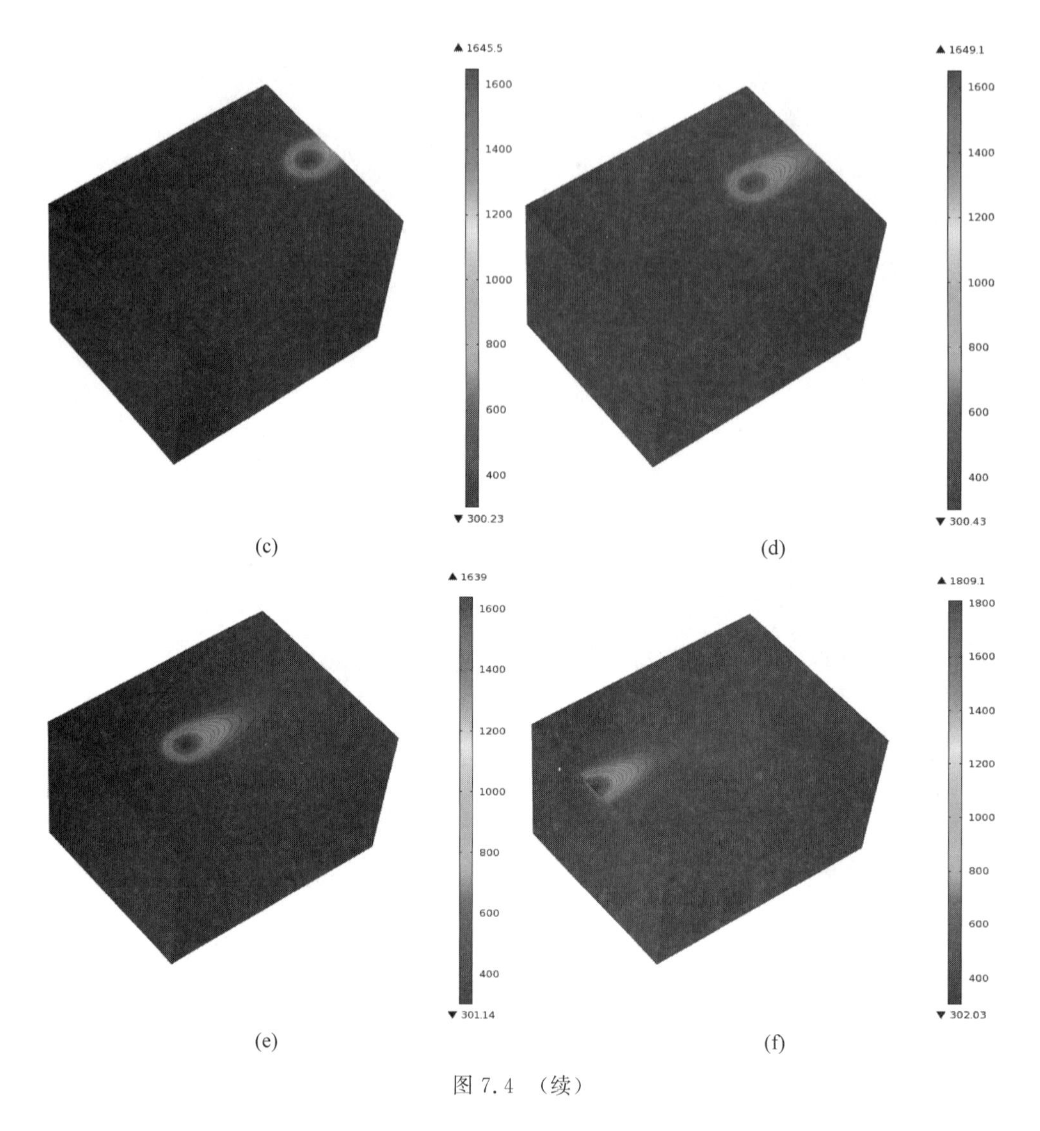

(c) (d) (e) (f)

图 7.4 （续）

由图 7.3 温度场分布还可知，高斯热源在加热区域的温度存在明显的不均匀性，附近的加热区域温度梯度较大，远离加热区的梯度较小，并且当电子束以恒定的速度扫描时，表面的最高温度值不是在高斯热源的中心位置，而是偏离中心的一定距离，因此束斑中心前侧和后侧的温度梯度存在着差异，从云图的等温线可知，热源中心前方的等温线较为密集、后方的较为稀疏，即前方温度梯度相对较低，而后方的温度梯度较为陡峭，因此后方的冷却速度要快于前方，随着后方温度的逐渐降低，高斯热源成拖尾分布，形成椭圆形，并且沿着扫描区域的中心位置左右对称，这是因为高斯热源在移动过程中，热源中心的位置处于之前的加热区，且能量在传递过程中具有一定的滞后性，因此热源偏离于中心位置。

由图 7.4 可知，第二道扫描的扫入端温度不同于第一道扫描，扫描电子束第一道扫描扫入端的温度为室温(300 K)，而电子束第二道扫描时，试件的起始温度变为 360 K 左右，这是因为在进行电子束多道扫描过程中，第二道扫描区受到第一道扫描区余热的影响，且试件加热过程是在真空室中进行，其散热的主要形式为依靠基体的热传导和热辐射，以致扫描电子束完第一道时，没有充分的时间使试件的温度降为室温，因此试样的起始点的温度值高于第一道扫描扫入端的起始温度。

在电子束进行第一道扫描加热过程中,试样表面的等温线分布呈"椭圆状",并且试样表面的等温线是以第一道扫描区的中心位置对称分布,试样的第一道扫描相变硬化过程,依然保持原有单道电子束相变硬化过程中温度场分布特点,但从第二道扫描电子束相变硬化过程开始,试件表面的温度场分布不再具有单道温度场分布的特点,而是呈现"偏椭圆状",即试件表面的温度场分布不以第二道扫描区的中心位置对称分布,而是偏向已形成相变硬化层的一侧,这是电子束多道扫描相变硬化温度场分布不同于电子单道扫描的地方,产生这种现象的原因在于高斯热源的呈正态分布,热源中心的温度值高于边缘的温度值,于是在第一道扫描加热过程中,扫描区表面的温度值分布由中心向外依次递减,因此在第二道扫描加热过程中温度场分布偏向于第一道扫描区域。

由图 7.3 和图 7.4 可知,无论是单道还是多道扫描,在加热过程中温度场的分布均是从非稳态到稳态,再到非稳态的过程。其原因是,当电子束开始扫描至试样表面时,由于试件中间没有热传导作用引起的余热、加热过程是在真空中进行的,散热主要是依靠热辐射和热传导进行,散热速度较为缓慢,起到一定的阻碍作用,因此在试样的扫入端的温度场分布为非稳态。当扫描电子束至试样中间部位时,此时作用于试件表面的热环境基本相同,故试件的中间的温度分布为稳态区,当扫描电子束出试件表面时,试件内部的热传导进一步减弱,因此在试件的温度来不及降低,于是热量在试样的末端进行聚集,致使扫出端的温度峰值逐渐升高。

2. 电子束多道扫描相变硬化冷却过程中温度场的分布

图 7.5 和图 7.6 所示分别为电子束第一道扫描和第二道扫描冷却过程中的温度场分布。由图 7.5 可知,当电子束热源离开试件表面,45 钢冷却至 6.005 s 时,45 钢表面的温度峰值迅速从熔化温度 1780.6 K 降至 1004.8 K,冷却速率达到 1450.1 K/s,当 45 钢冷却至 6.45 s 时,在 0.45 s 内其表面温度峰值进一步降低,降至 695.34 K,冷却速率进一步降低。依靠基体的快速冷却以及热辐射,冷却速率大于 45 钢马氏体转变的最低冷却速率,因此在冷却过程中可以发生马氏体转变。随着冷却时间的延长,冷却速率逐渐降低,冷却速率同比下降 39.2%,这主要是因为电子束热源开始作用于试件表面时,基体的初始温度相对较低,基体的温度梯度较大,此时 45 钢的冷却主要依靠基体的内部热传导进行传热,外部的热辐射为辅,基体上表层的能量迅速传递给温度较低的区域,随着冷却时间的延长,45 钢表面的温度梯度变小,依靠基体的热传导减弱,因此后续基体的冷却主要依靠热辐射进行,所以冷却速率减慢,基体的冷却速度下降变得更为缓慢。

图 7.6 所示的电子束第二道扫描冷却过程的温度变化趋势与电子束第一道冷却过程的温度变化趋势相同,在试件进入冷却阶段时,温度梯度开始减小,试件表面的温度峰值下降很快且温度场的等温线的分布范围逐步扩大,第二道扫描冷却过程的冷却速率同比与第一道扫描相比,其冷却速率的变化趋势也是由快变慢,试样的等温线也是由上至下逐渐变得更为稀疏,不同之处在于,第二道扫描冷却的等温线不是以第二道扫描区的中心位置对称,而是靠近第一道扫描区的等温线更为密集,这是因为第二道扫描冷却受第一道余热的影响,试件的温度分布由近及远逐渐降低,因此第二道扫描的冷却等温线左右不对称。

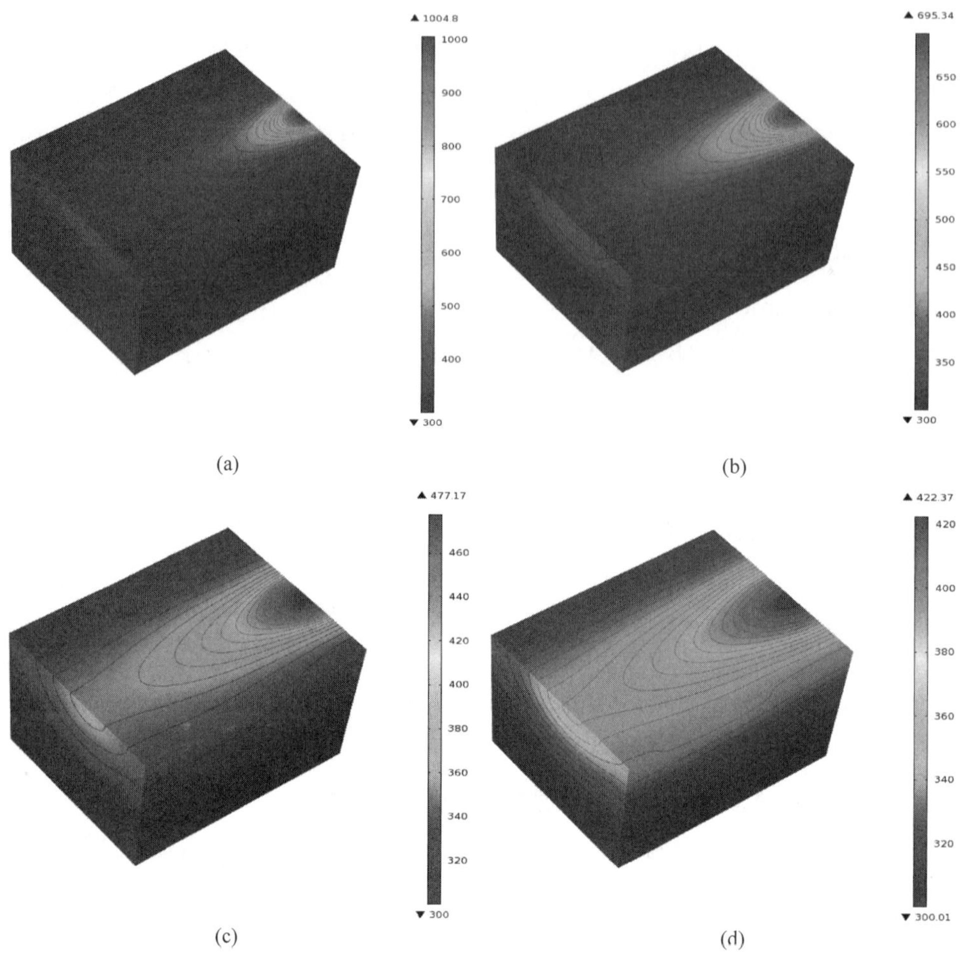

图 7.5　第一道扫描冷却过程中的温度场分布

(a) t=6.005 s；(b) t=6.45 s；(c) t=7.545 s；(d) t=8.42 s

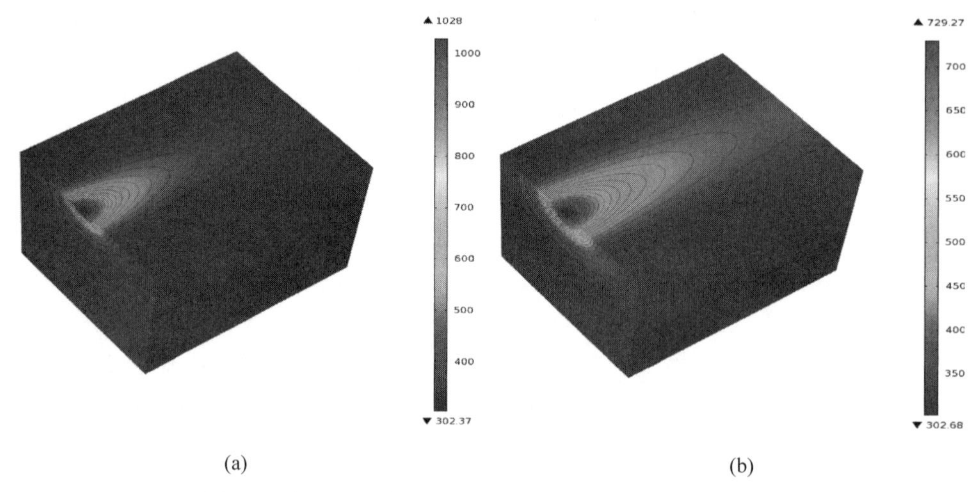

图 7.6　扫描电子束第二道扫描冷却过程中的温度场分布

(a) t=16.005 s；(b) t=16.45 s；(c) t=17.545 s；(d) t=18.43 s

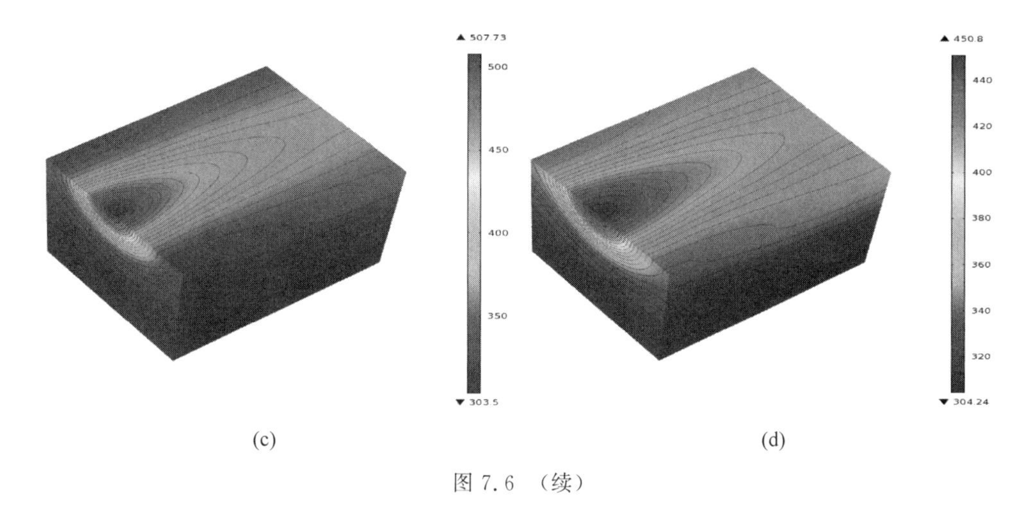

(c)　　　　(d)

图 7.6 （续）

3. 沿扫描电子束方向表面相变硬化层的热循环曲线

图 7.7 所示为各道扫描电子束方向各取样点的热循环曲线。通过对图 7.7 的分析可知：

(1) 各道相变硬化层的温度随时间变化的趋势基本相同。各取样点的温度随时间变化的曲线都经历两次波峰，且最大波峰值均在 1600～1700 K，达到相变点以上，保证 45 钢表面发生相变硬化的效果，当电子束直接作用于该点时，此时出现第一个波峰，此时的波峰值达到一个最大值，后一个波峰出现的原因在于电子束在进行第二道扫描电子束时，由于电子束与该取样点的 y 方向处于同一直线上，同时高斯热源具有一定的作用范围，使该点在此重新吸收能量，温度重新升高，再次出现温度峰值，且各道温度分布正好相反。

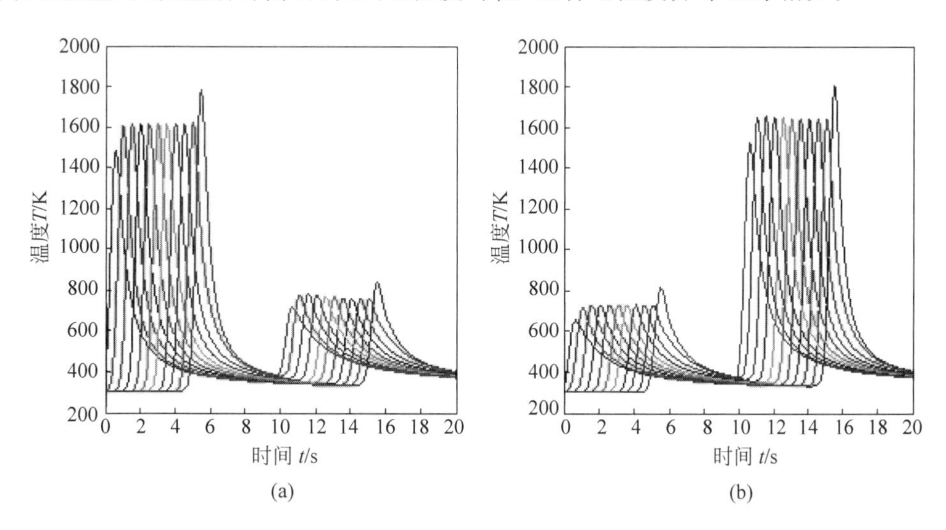

图 7.7　各道扫描电子束方向的热循环曲线图

(a) 第一道扫描电子束方向热循环曲线；(b) 第二道扫描电子束方向热循环曲线

(2) 各道加热过程中，温度的变化过程均是从非稳态到稳态再到非稳态的过程；各相变硬化层中间取样点的最高温度基本相同，从而保证相变硬化层在扫描电子束方向上各处的性能基本相同。

(3) 每道相变硬化层的扫出端的温度变化的波动性较大，扫出端的最高温度值比中间端各点的温度峰值高 200 K 左右，这是因为电子束作用于扫出端时，因试件端部的热量积累，内部的热传导减弱，热量难以散出，致使相变硬化层扫出端的最高温度值高于相变硬化层的各点，出现较为明显的“端部效应”，显而易见，在相变硬化层的扫出端容易出现边缘局部塌陷或者部分过烧的现象。在实际工程中可采用附加导热板的形式避免此种现象的产生。

(4) 各取样点在进行电子束第二次相变硬化时，其温度的初始值都存在较小的差异，其产生的原因是各取样点的位置不相同，导致其加热和冷却的时间不相同。

4. 表面相变硬化层不同区域的热循环曲线

因电子束多道扫描相变硬化区及热影响区具有较大的温度梯度，因此距离高斯热源中心的位置不同热循环特征必然具有很大的差异性。扫描电子束时间分别为 $t=3.02$ s 和 $t=13.02$ s 时，此时两点的温度均处于中间稳态区，且两时刻处于同一横截面，所取各点位置如图 7.8 所示。

图 7.9 所示为垂直于电子束多道扫描方向表面相变硬化过程中不同区域的热循环曲线图，由图可以看出电子束多道扫描相变硬化过程是一个快速加热、快速冷却的变化过程，为获得较高的表面性能提供了前提条件。点 A、点 B、点 C 和点 D 均有二次温度随时间突变的过程，且二次温度突变都超过 45 钢相变硬化点 1123 K。曲线的第一道最高温度按扫描电子束的顺序从点 A 至点 C 逐渐升高，第二道峰值温度从点 A 至点 D 逐渐降低；当电子束高斯热源扫描至各点时，各点温度迅速升高，热源移出后温度立即降低，该过程的升温速率明显高于降温速率，这是因为热源的前侧，试样的温度较低，与热源的中心温度相差较大，试样内部的热传导速率快，而电子束热源后侧被扫描电子束加热处理后，仍保留了较高的温度，试样整体的热传导影响程度正在减弱，随着热源的远离，各点的峰值温度均以较快的冷却速度降低至马氏体开始转变温度 597 K，第一道相变硬化已完成。在进行第二道扫描电子束加热时，当热源扫描至点 A、点 B 时，同点 A、点 B 平行的点 C、点 D 的温度再一次出现升高和下降的过程，随着时间的累积，点 A、点 B、点 C 和点 D 的温度值的分布趋于均匀，

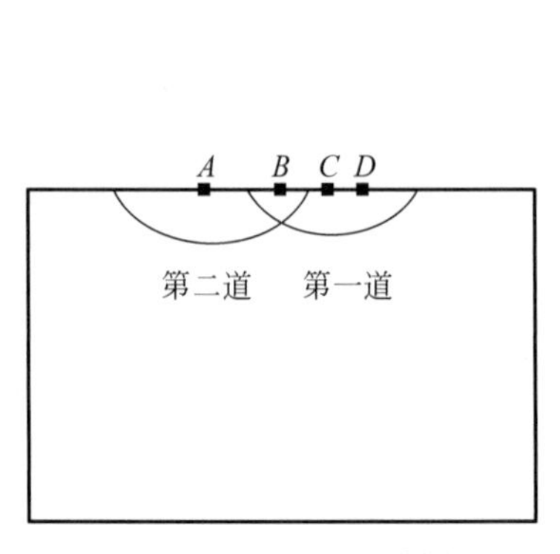

图 7.8 硬化层的取样点

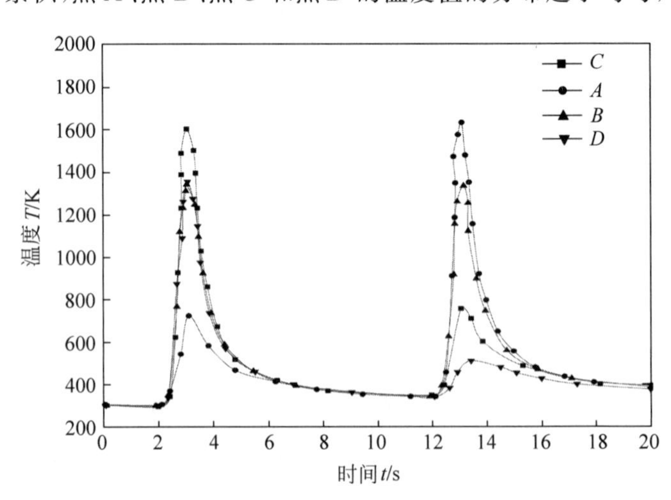

图 7.9 表面不同区域的热循环曲线

基体的温度稳定在 400 K 左右，此时试样的冷却方式主要依靠热辐射进行。不同点的二次温度值峰值存差异性，这是因为高斯热源呈正态分布，能量分布由热源中心向外依次衰减，点 C、点 D 相对于点 A、点 B，离热源中心较远，热源对于点 C、点 D 的影响较弱，因此点 A、点 B 和点 C、点 D 相比，其温度峰值相对较大。

将不同区域加热达到的温度峰值进行比较，点 A 经历了一次 750 K 的加热和一次相变硬化过程；点 B 经历了两次相变硬化过程，处于二次淬火区；点 C 经历了一次相变硬化和一次 750 K 的回火，处于热影响区边缘；点 D 经历了一次相变硬化过程和一次 550 K 的回火。

由以上分析可得，由于电子束作用的区域较窄，不同区域的加热峰值温度和冷却速率变化明显，温度随时间变化差异较大，因此在较窄的区域会出现不同形态的组织。

5. 沿硬化层深度方向的热循环曲线

为进一步分析沿硬化层深度方向的温度场的热循环曲线，沿着 Z 轴的方向依次选取 8 个测试点，测试点的间距为 0.2 mm，具体位置如图 7.10 所示。

硬化层深度方向的温度随时间的变化如图 7.11 所示，由图可知：

(1) 各道相变硬化层沿层深的温度经历了相同的热循环曲线，各取样点同样经历了两次温度峰值，该峰值沿硬化层的深度方向由表及里逐渐递减，这是因为电子束能量被作用试样表层吸收，表层的能量主要依靠热传导传递给基体，随着距离表层距离的增加，能量逐渐衰减，深度越深，作用于该层的能量越弱，故各点的温度峰值沿深度方向依次递减。

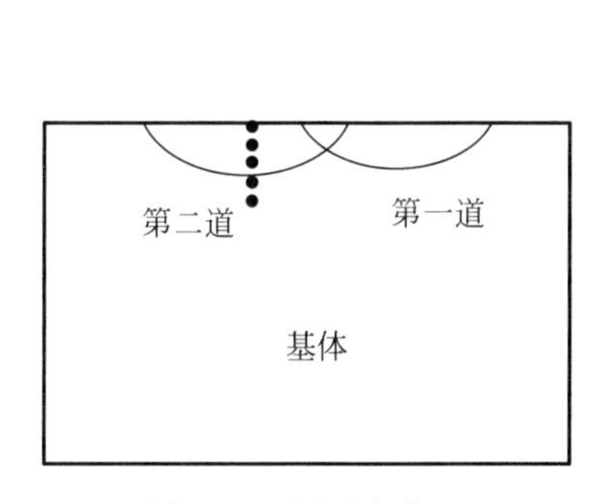

图 7.10　测试点位置

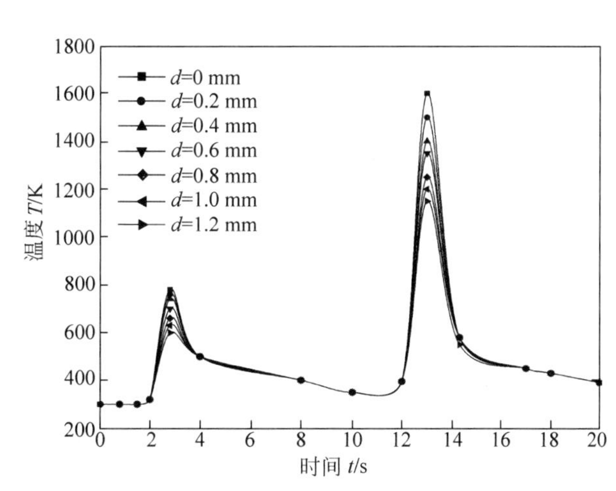

图 7.11　沿深度方向的热循环

(2) 各道测试点的温度分布均具有“η 分布”的曲线特征，越靠近表层，瞬时加热的温度值越高，热循环曲线更为陡峭，因此热源中心区在加热强度和冷却强度相比于边缘，其强度更高，这是因为高斯热源的能量分布由里及外，由上至下逐渐降低，于是相变硬化层的中心处的深度要高于其他位置的深度，因此垂直于扫描电子束方向的断面层会出现“波浪”形。

(3) 各道取样点的温度峰值不是沿着扫描电子束中心方向对称，这是因为高能电子束处理过程中热量由表及里进行热传导时，需要一定的时间，即表层取样点的温度值开始下降，其次，表层的取样点开始升温，因此各道的取样点温度都不是沿着扫描电子束的中心方向对称，并且随着取样点离表层越远，则峰值的滞后性就更为明显。

(4) 随着冷却时间的累积，沿硬化层深度方向的取样点温差逐渐减小，并且各取样点最终的温度值趋于均匀，这是因为随着冷却时间的累积，试样的温度梯度逐渐减小，直至试样各点的温度值达到均值。

7.2 电子束多道扫描相变硬化组织场分析

7.2.1 相变硬化组织转变的数学物理模型建立

根据求得的温度场，利用等温转变动力学原理，计算奥氏体冷却过程的组织转变量以及马氏体的回火转变量过程。初始条件为每一个单元节点的奥氏体孕育率达到1时，即奥氏体开始发生转变，随着温度降至 Ms(马氏体转变的起始温度)以下，奥氏体开始发生转变，奥氏体转变成马氏体，分别计算各个节点的马氏体转变量，以此时的马氏体的转变量为初始值，随着温度的升高，马氏体回火转变开始，分别计算各个节点的马氏体转变量，即计算出马氏体、残余奥氏体，回火马氏体、回火屈氏体和回火索氏体的转变量，然后对各组织的转变量及其分布规律进行整合即为组织场。

按等温转变动力学原理，对于奥氏体扩散性转变量计算，采用式(5-8)进行计算；对马氏体非扩散性转变量的计算，采用式(5-10)计算；根据相变动力学原理，马氏体回火转变生成量可以采用 Avrami 和 Ahhenius 方程计算：

$$\varepsilon = 1 - \exp\left[-4.8 \times \left(\frac{\lambda - \lambda_0}{\lambda_1 - \lambda_0}\right)^{2.5}\right] \tag{7-3}$$

式中，ε 为马氏体回火转变量的体积分数；λ 为具体各相组织转变类型有关的系数；λ_0 为各组织转变量体积分数为1%时的 λ 值；λ_1 为各组织转变量体积分数为99%时的 λ 值。

$$\lambda = \log\tau - \frac{Q}{2.3RT} + 50 \tag{7-4}$$

式中，τ 为时间，h；Q 为激活能常数，通常为 64.76 kJ/mol；R 为气体常数，通常为 1.98 J/(mol·K)；T 为热力学温度，K。

7.2.2 相变硬化组织场仿真结果分析

1. 硬化层表面不同区域组织转变过程的分析

仿真时采用的电子束工艺参数见表7.2，相变硬化层不同区域取样点如图7.8所示，得到的硬化层不同区域组织转变如图7.12和图7.13所示。

图7.12为电子束多道扫描相变硬化层点 A 各相组织体积分数变化的曲线图，点 A 位于第二道相变硬化层中心处，当电子束第一道扫描加热至平行点 A 的位置时，点 A 迅速被加热至780 K，这是因为点 A 位置离束流中心的位置较远，吸收的能量较少，未达到45钢奥氏体开始转变线的温度，因此点 A 在发生第一次温度随时间变化的波峰中未发生组织转变。随着高斯热源再次移动至点 A 时，点 A 再次被加热，温度立即升至1600 K左右，此时点 A 的温度峰值位于相变点以上，熔点以下，于是点 A 加热至1250 K左右时，奥氏体开始

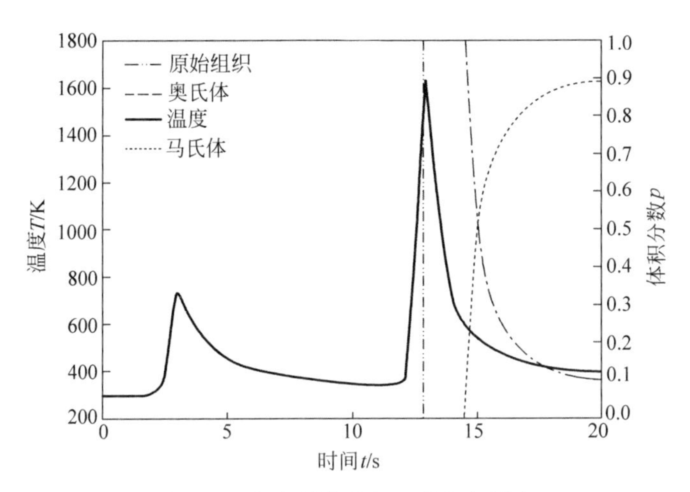

图 7.12　相变硬化层点 A 的组织转变

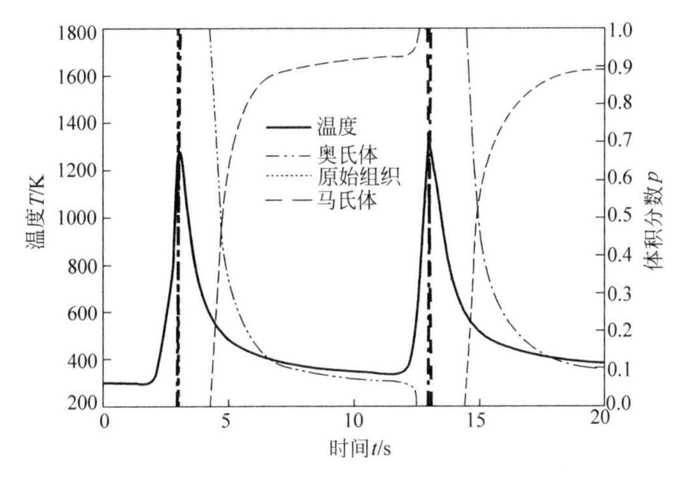

图 7.13　相变硬化层点 B 的组织转变

发生转变，在 0.2 s 内原始组织珠光体和铁素体完全奥氏体化，当电子束热源离开点 A 后，点 A 进入冷却阶段，此时点 A 以 1400 K/s 左右的冷却速度降至马氏体开始转变线 597 K，因为此时冷却速率大于 45 钢转变为马氏体的临界速度，于是在温度为 597 K 时，奥氏体开始转变成马氏体，奥氏体体积分数逐渐降低，马氏体转变量的体积分数逐渐增加，由于马氏体转变为非扩散型转变，马氏体的转变量仅与冷却的温度有关，因此马氏体转变的体积分数随着冷却温度的逐步降低而增大。由图 7.12 可知，马氏体的转变速率由快变慢，后趋于稳定，在 1 s 左右的时间内，马氏体的体积分数增加了 68%左右，随着时间的累积，冷却温度进一步降低，马氏体的体积分数增加变得较为缓慢，随后趋于稳定，这是因为随着冷却时间的延长，基体的温度趋于恒定，温差减小，基体的热传导减弱，于是冷却速率变慢，马氏体的转变速率逐渐变慢，后趋于稳定。

图 7.13 为电子束多道扫描表面硬化层点 B 各相组织体积分数的变化，与图 7.12 相比，点 B 位于两道搭接处，点 B 的两次温度升高均超过了 45 钢的相变点以上，即二次淬火，当高能束电子束流重新作用于点 B 时，点 B 的温度值再次升高，减轻了对残余奥氏体的压

力，在 $T=523$ K 左右，奥氏体的转变量出现转折，随着温度的升高，奥氏体的转变量逐渐降低，直至奥氏体的转变量降为 0，马氏体的体积分数逐渐升高，直至马氏体转变量的体积分数为 1，随着温度的进一步升高，马氏体的过饱和度降低，碳化物从马氏体中析出，马氏体在升温过程依次转变为回火马氏体、回火屈氏体、回火索氏体和珠光体，最后转变为奥氏体，由于加热速度极快，加热时间短暂，同时在 Fe-C 相图中难以观测到马氏体的逆转变，赵乃勤认为在极快的加热过程中，马氏体碳化物分解极快，即出现逆转变，转变成奥氏体，于是本文在计算马氏体的二次淬火转变的过程中，沿用赵乃勤的观点，将加热过程的中间变量省略，忽略了马氏体向回火产物的转变过程，直接考虑马氏体向奥氏体转变的过程，当温度重新加热到 $T=1270$ K 时，马氏体开始发生二次淬火转变，在 $t=0.1$ s 左右，马氏体组织完全奥氏体化，随着高能束流开始离开点 B，点 B 的冷却速率达到 850 K/s，当点 B 温度降到 573 K 时，奥氏体开始发生转变，转变为马氏体，随着冷却速率的降低，马氏体体积分数逐步提高，奥氏体转变量逐渐降低，当 $t=25$ s，马氏体转变量的体积分数达到 90%。随着时间的累积，残余奥氏体的体积分数在较小的恒定值，体现了马氏体的转变过程的不完全性，这是因为奥氏体的比容小于马氏体，当奥氏体转变成马氏体时，马氏体体积分数逐渐增加，体积会发生膨胀，因此在冷却过程中，总有较少的奥氏体量保留。

图 7.14 为电子束多道扫描相变表面硬化层点 C 各相组织体积分数变化的曲线图，点 C 为第二道相变硬化层的边缘区，当电子束热源加热至平行于点 C 的位置时，点 C 的温度值再次升高，此时点 C 的温度未达到奥氏体开始转变线温度，处于 A_{c1} 温度线以下，在 $T=753$ K 时，此时的峰值温度高于回火马氏体开始转变线的温度值，已处于第一道相变硬化后形成的过饱和度马氏体降低，随着温度的升高，过饱和度马氏体进一步降低，马氏体转变为回火马氏体，随着马氏体体积分数的降低，减轻了第一道相变硬化后残余奥氏体的压力，因此在此阶段残余奥氏体也开始发生转变形成马氏体组织。由于电子束热驱动力大，所以在 $t=13.2$ s 时马氏体迅速转变为回火马氏体。

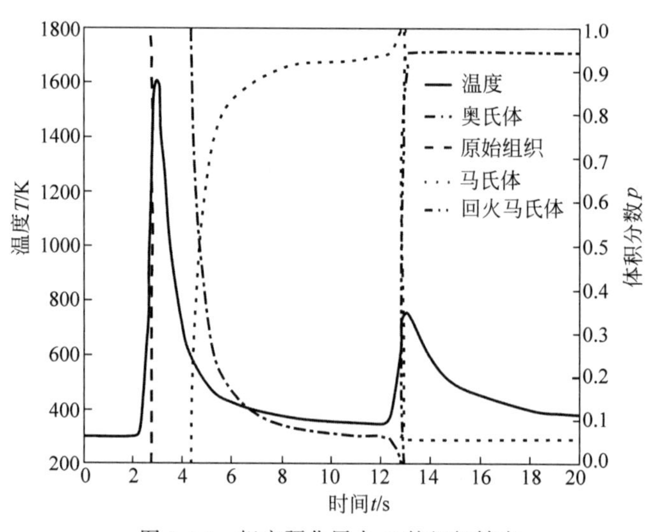

图 7.14 相变硬化层点 C 的组织转变

图 7.15 为电子束多道扫描相变表面硬化层点 D 处各相组织体积分数的变化，点 D 位于第一道相变硬化层中心处，当高斯热源靠近点 D 时，点 D 被迅速加热至 1600 K 左右，温

度峰值达到 45 钢相变点以上，发生奥氏体转变，当电子束热源离开点 D 后，进入冷却阶段，奥氏体随后转变为马氏体，即电子束在第一个温度随时间变化的波峰中发生马氏体相变，转变量达到 93.37%，当电子束第二道扫描加热至平行于点 D 的位置时，点 D 的温度再次升高，温度峰值达到 450 K 左右，未达到马氏体回火转变线，因此马氏体的转变量保持在 93.37%，这是因为马氏体转变为非扩散性转变，马氏体的转变量只与温度有关，因电子束第二道相变硬化时，其温度大于第一道扫描电子束的冷却时的最低温度，所以 $t=13.02$ s 后马氏体转变量保持恒定值。

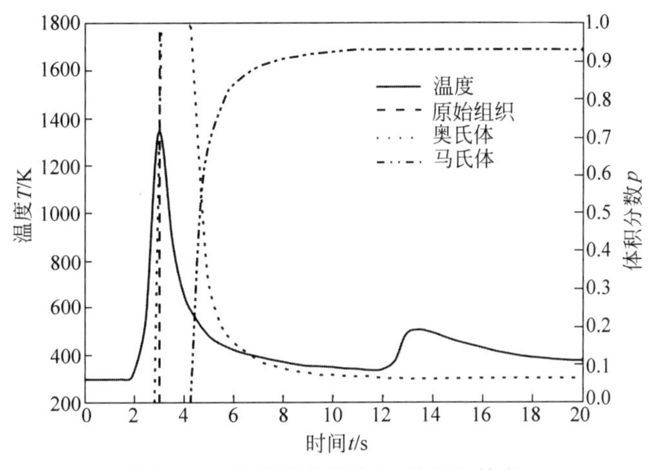

图 7.15　相变硬化层点 D 的组织转变

2. 硬化区各相组织空间的分布

研究电子束多道扫描相变硬化过程中各节点各相组织随硬化层深度的变化规律时，由于回火区域相比于相变硬化区域较小，所以只需分析第二道相变硬化区各相组织随深度的变化，结果如图 7.16 所示。

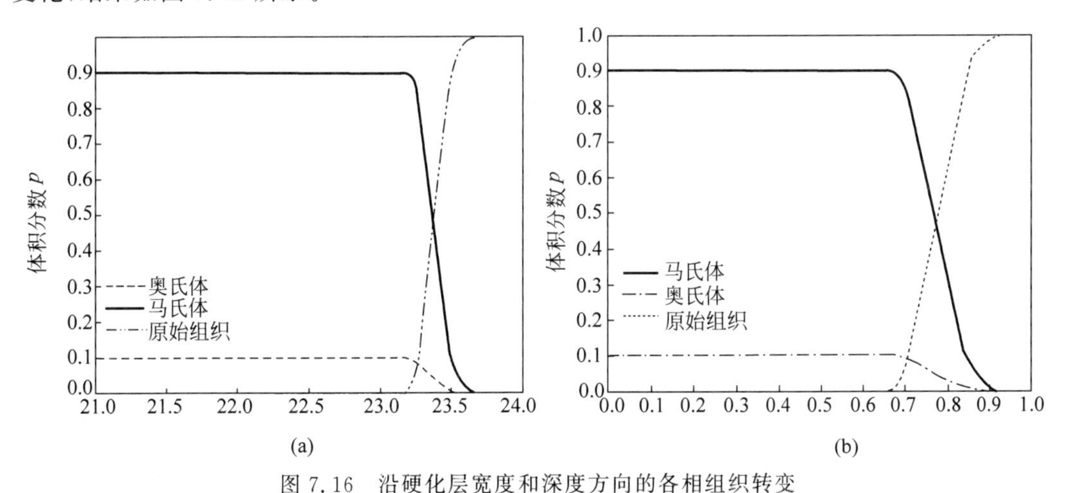

图 7.16　沿硬化层宽度和深度方向的各相组织转变

(a) 相变硬化层的宽度 D_W/mm；(b) 相变硬化层的深度 D_D/mm

相变硬化层的深度和宽度方向均有完全相变硬化区和不完全相变硬化区，完全相变硬化区明显大于非完全相变硬化区。由图 7.16(a)可知，完全相变硬化区的宽度为 21～

23.3 mm,其组织主要为马氏体和奥氏体。随着硬度层宽度的增加,硬化层深度在23.3～23.7 mm之间,马氏体和奥氏体体积分数都有不同程度的降低,该区域为不完全相变硬化区,其组织主要为马氏体、残余奥氏体和托氏体。当相变硬化层的宽度大于23.7 mm,马氏体和奥氏体体积分数为0,该区域的组织为未处理区,其原始组织为珠光体和铁素体。图7.16(b)所示为沿相变硬化层深度方向的组织变化,完全相变硬化区域为0～0.7 mm,不完全相变硬化区的区域为0.2～0.9 mm,完全相变硬化区的深度方向与图7.16(a)相比,明显小于相变硬化层宽度方向,这是因为高斯热源的能量分布呈正态分布,表面能量由近及远逐渐降低,在深度方向能量逐渐衰减,因此相变硬化层宽度方向的完全相变硬化区大于深度方向的完全相变硬化区。以有无马氏体作为相变硬化区的界限。

7.3 电子束多道扫描相变硬化实验研究

为了验证45钢经电子束相变硬化所采用工艺参数的合理性以及所建立的数学物理模型的可靠性,通过对45钢进行电子束多道扫描相变硬化实验,分析扫描电子束处理后试样的显微组织和表面性能,探讨工艺参数对45钢表面性能的影响,通过硬化层的抛物线形貌,与数值模拟结果进行比较,定性地对温度场的仿真模型和组织场的仿真模型进行验证。

7.3.1 实验材料

本研究的基体材料为热轧空冷下的45钢,组织为珠光体和铁素体。其化学成分见表7.1。

7.3.2 实验方法和工艺参数

1. 试样的加工方法

将直径为ϕ60 mm的45钢棒料加工成50 mm×40 mm×40 mm的长方体试样,然后用乙醇和丙酮酸去除油污和铁锈,吹干后作为多道电子束表面处理的试样。

2. 电子束多道扫描相变硬化工艺参数

采用的工艺参数见表7.3。

表7.3 45钢扫描处理的工艺参数

试样编号	加速电压/kV	束流/mA	扫描速度/(mm/min)	束斑直径/mm	搭接率/%	间隔时间/s
A-1	—	—	—	—	—	—
B-1	60	21	600	8	单道	—
C-1	60	21	600	8	10	5
C-2	60	21	600	8	20	5
C-3	60	21	600	8	30	5
C-4	60	21	600	8	40	5
D-1	60	21	600	8	40	6
D-2	60	21	600	8	40	4
D-3	60	21	600	8	40	3

7.3.3 结果分析

1. 电子束多道扫描各层的显微组织

45钢经电子束多道扫描相变硬化处理后各部分微观组织如图7.17所示。45钢扫描后整体形貌可分为相变硬化区、过渡区、回火区和基体等。相变硬化区的组织由针状马氏体和板条马氏体组成,这是因为45钢在高能电子束的作用下,45钢表层的组织快速升温到45钢相变点以上,熔点以下,组织完全转变为奥氏体,依靠基体的快速冷却形成针状马氏体和板条马氏体;过渡区的组织由马氏体、托氏体和铁素体组成,这是因为该区域为不完全相变硬化区,峰值温度处于A_{c1}~A_{c3}之间,组织不完全奥氏体化,经基体的快速冷却,由于该层深各处的峰值温度及冷却速度各不相同,导致冷却后的过渡区的显微组织存在马氏体、托氏体和铁素体;基体组织由铁素体和珠光体组成,这是因为电子束作用于基体表面时,基体能量由表及里逐渐衰退,致使基体的温度由表及里逐渐降低,且低于相变温度,因此该层为原始显微组织。

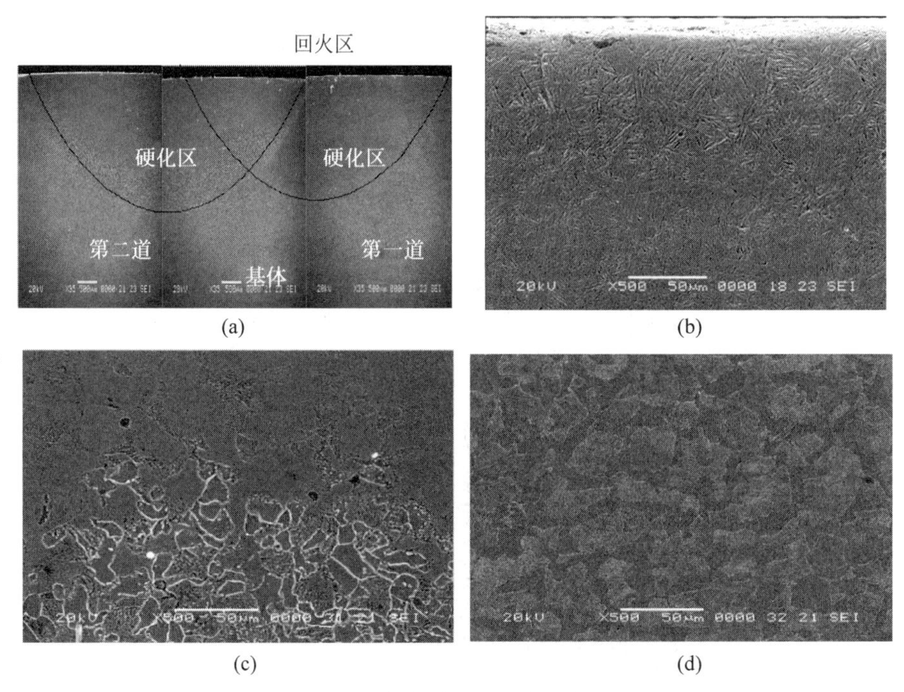

图7.17 45钢电子束多道扫描相变硬化区的显微组织

(a) 整体形貌;(b) 相变硬化区微观组织;(c) 过渡区微观组织;(d) 基体组织

图7.18所示是45钢经电子束多道扫描后回火区的显微组织。45钢经电子束多道扫描后回火区的组织交替分布,其显微组织由回火马氏体、回火屈氏体、回火索氏体和铁素体组成,这是因为第一道扫描相变硬化区域的部分马氏体,在电子束第二道扫描的作用下,产生一系列不同程度的回火转变,该区域的温度位于A_{c1}以下,部分马氏体发生高温快速回火分解,导致回火产物的生成。回火产物的交替分布,这是因为电子束热源的能量分布呈正态分布,热源的能量分布由里及外逐渐降低,以致热源的中心温度明显高于边缘的温度,从

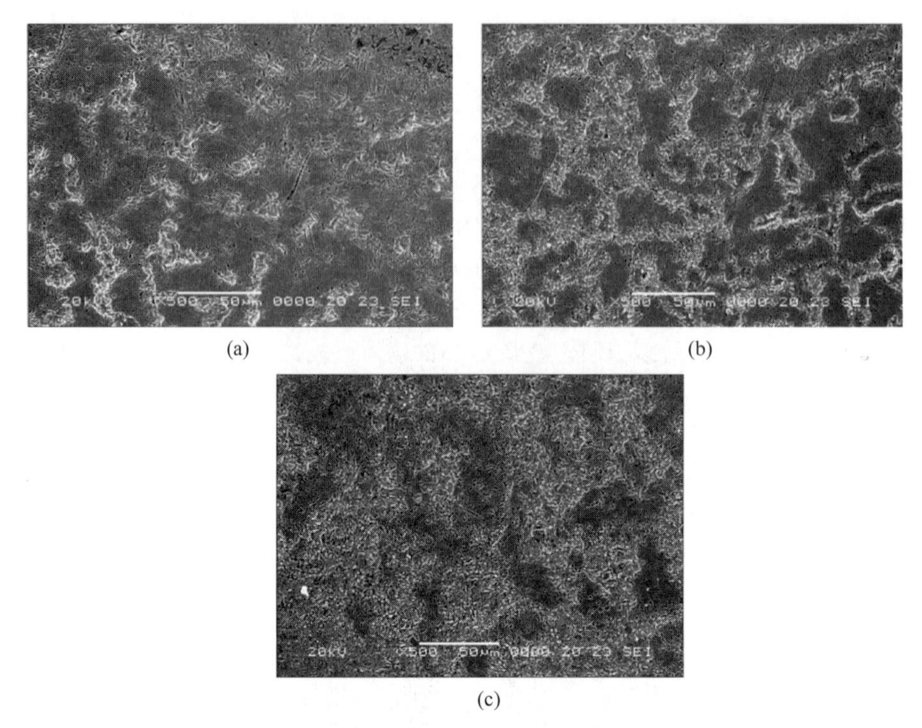

图 7.18　45 钢电子束多道扫描回火区的显微组织

(a) 回火马氏体和铁素体；(b) 回火屈氏体和铁素体；(c) 回火索氏体和铁素体

而在第一道相变硬化区产生低温回火区、中温回火区和高温回火区，致使不同区域的部分马氏体回火温度各不相同，导致不同回火产物的交替分布，该结论与组织场模拟结果相一致。

2. 电子束多道扫描后的硬度分布

电子束多道扫描相变硬化层沿深度方向的显微硬度分布如图 7.19 所示。无论是 45 钢表面的相变硬化区还是过渡区的硬度值，其硬度值均存在着波动性，这是因为电子束具有快速加热和快速冷却的特性，其含碳量存在差异，且随着硬化层深度的增加，其组织分布的不

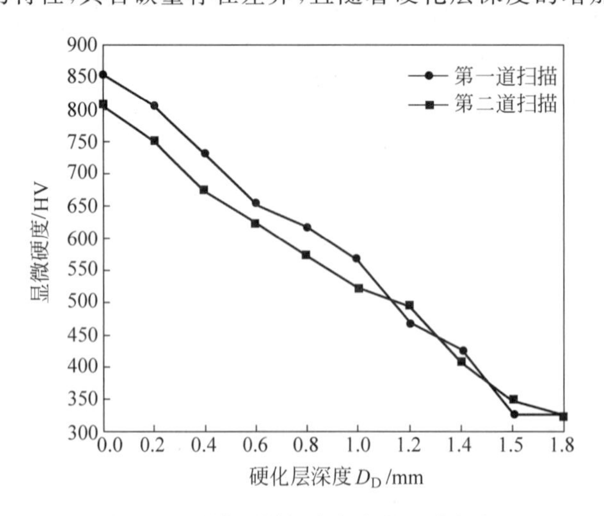

图 7.19　硬化层沿深度方向的显微硬度

均匀性更加明显，因此其显微硬度值存在着波动性。由于电子束能量随着硬化层深度的增加呈衰减趋势，基体受电子束的能量影响较小，基体组织依然保持原始组织形态，因此硬化层的显微硬度值由表及里逐渐降低，基体的组织硬度最低。与电子束第一道相变硬化层的显微硬度相比，第二道的最大显微硬度值稍有回落，这是因为间隔扫描时间较短，第一道电子束处理区的余热来不及降低，致使第二道的加热峰值温度升高，奥氏体组织变得更为粗大，所以其最大硬度值相比于第一道，其硬度值更小。从电子束多道扫描相变硬化层深度的显微组织的硬度分布可以发现，第一道相变硬化区的硬度值为 750～845 HV，是基体硬度的 2～3 倍；过渡区平均的硬度值为 600 HV。第二道相变硬化的硬度值为 600～800 HV，过渡区的平均硬度值为 550 HV。第一道相变硬化层的深度约为 0.84 mm，第二道相变硬化层的深度约为 0.98 mm，该结论与仿真结果相一致。

硬度沿宽度方向的显微硬度分布如图 7.20 所示，由图可知，相变硬化层表面的硬度分布参差不齐，硬度值分布极不均匀，靠近相变硬化区的过渡区，其硬度值减小了 200 HV 左右，这是因为过渡区为不完全相变硬化区，组织奥氏体化不完全，因此其硬度值小于相变硬化区。搭接区的硬度值高于相变硬化区的硬度，这是因为第一道相变硬化区的马氏体组织重新被加热到 A_{c1} 线以上，马氏体发生二次淬火，重新转变为奥氏体组织，使奥氏体晶粒更加细小，因此二次淬火可以使搭接区的硬度值进一步提高。在搭接区附近 0.2 mm 左右，该区域的硬度值出现回落现象，这是因为该区域的部分马氏体组织在第二道扫描电子束作用下发生一系列的回火转变，沿着热源的径向方向形成不同类型的回火转变产物，因此在搭接区附近其硬度值会出现明显的回落。由于电子束极快的加热速度，作用于 A_{c1} 线以下的温度梯度较小，即回火温度的区域较小，所以在 0.2 mm 左右发生马氏体回火分解。依据表面显微硬度随硬化层宽度方向分布的曲线图，可以得到电子束多道扫描相变硬化层的宽度约为 8 mm，结论与仿真结果相一致。

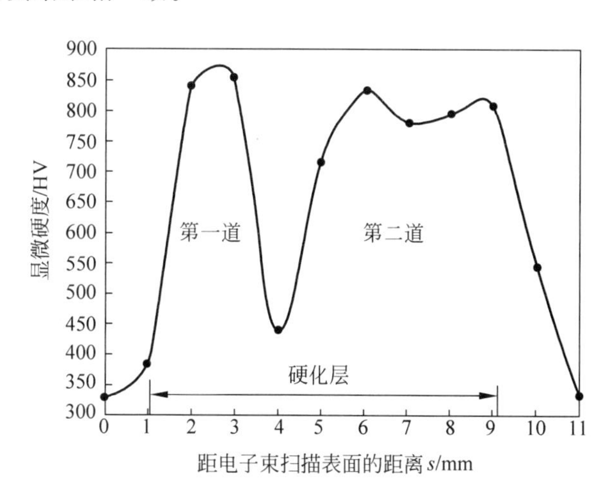

图 7.20　硬度沿宽度方向的分布

7.3.4　扫描电子束方式与搭接率对 45 钢表面性能的影响

为了研究扫描电子束方式和搭接率对硬化层组织和性能的影响，采用的电子束工艺参数为：电压为 60 kV，电子束束流为 21 mA，扫描速度为 600 mm/min，束斑直径为 8 mm，扫描方式分别为未处理、单道扫描、多道扫描。搭接率 η 分别为 10%、20%、30%和 40%。

1. 扫描电子束方式和搭接率对 45 钢表面显微硬度的影响

1）扫描电子束方式对表面显微硬度的影响

扫描电子束方式对 45 钢表面显微硬度的影响如图 7.21 所示。未经处理的试样 1 表面平均硬度为 329 HV；经过单道扫描的试样 2 的表面平均硬度为 844.8 HV，硬度是基体硬度的 2.57 倍；经多道扫描的试样 3 表面硬度分布不均，试样 3c 为第一道相变硬化区的平均硬度，其值为 848.1 HV，试样 3b 为回火区表面的平均硬度，其值为 424.5 HV，试样 3a 为第二道相变硬化区表面的平均硬度，其值为 806.5 HV。试样 3 表面的平均硬度存在明显的不均匀性，这是因为电子束第一道扫描相变区的部分马氏体发生高温回火分解，因此在搭接处附近的硬度值出现明显的回落，其表面显微硬度值降低了 50%，试样 3 经电子束多道扫描处理，第二道相变处理区的硬度值相比第一道，其显微硬度值降低了 4.9%，这是因为第二道处理与第一道的间隔时间短暂，第一道扫描的余热来不及降低，第二道处理区受到第一道余热的影响，第二道扫描处理区域的热流密度增大，加热的峰值温度更高，奥氏体化晶粒变得更为粗大，形成马氏体的组织更加粗大，因此试样电子束多道扫描后，第二道相变区的硬度值略低于第一道的表面的平均硬度值。

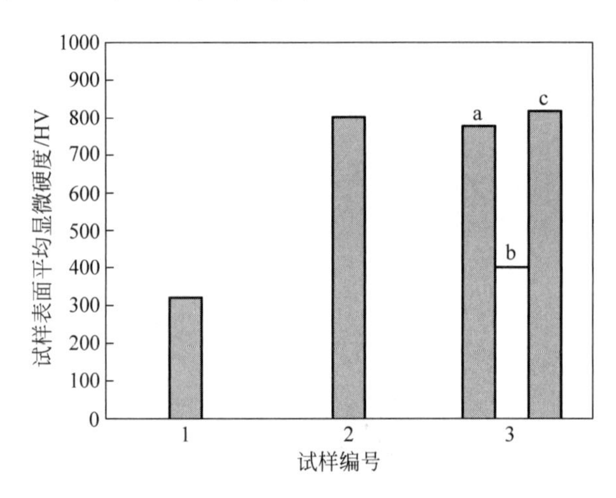

图 7.21 扫描方式对表面显微硬度的影响

2）搭接率对 45 钢表面显微硬度与微观组织的影响

搭接率对表面显微硬度的影响如图 7.22 所示。对显微组织的影响如图 7.23 所示。由图可知，距离表面距离相同的地方，在第一道扫描过程中，搭接率越大，显微硬度越高，且硬度值回落的区域增大；而在第二道扫描过程中，搭接率越大，显微硬度越低。这是因为随着搭接率的增大，第一道相变硬化区形成的马氏体组织受到第二道扫描电子束的影响增大，处于 A_{c1} 线以下的热作用区域增大，因此随着搭接率的增大，硬度值的回落区域增大。搭接处的相变硬化区和不完全相变的显微硬度值明显高于未搭接处的，这是因为随着搭接区的相变硬化区和不完全相变硬化区经历了二次淬火，第一道相变硬化形成的马氏体组织受到第二道扫描电子束的作用，马氏体组织重新转变为奥氏体组织，此时的奥氏体组织相比之前，奥氏体组织变得更为细小，因此该区域的显微硬度值要高于未搭接区域的。未搭接区域相比于第一道相变硬化区的显微硬度值略有降低，这是因为电子束第二道扫描时，受到第一

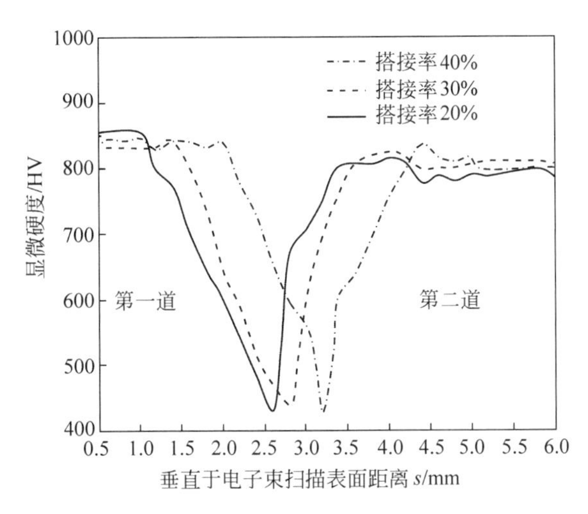

图 7.22　搭接率对表面显微硬度的影响

道余热的影响，致使第二道的峰值温度提高，奥氏体变得相对较粗大。

由图 7.23 可知，较粗大的奥氏体晶粒经基体的快速冷却后形成较大晶粒的马氏体组织，因此其硬度值略有降低。除此之外，45 钢经扫描电子束处理后，表面的显微硬度值均存在波动性，这是因为电子束较快的加热速度和冷却速度，致使 45 钢表面的碳化物分解后，碳来不及扩散，致使碳浓度分布不均匀，所以宏观上马氏体组织硬度不同，这是存在波动性的主要原因之一。

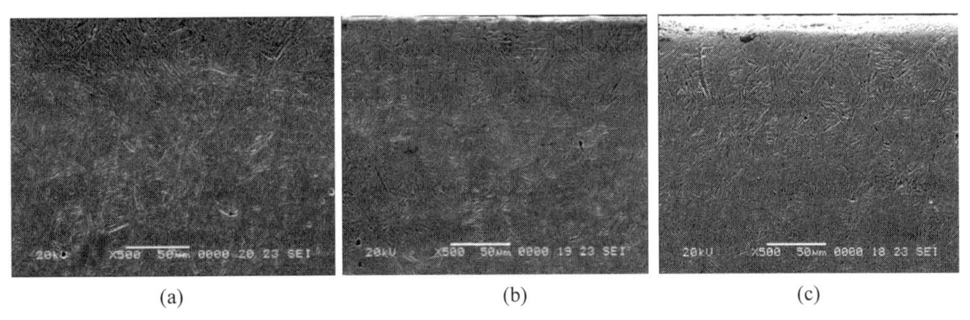

(a)　　(b)　　(c)

图 7.23　搭接率对 45 钢显微组织的影响

(a) 搭接率 $\eta=20\%$；(b) 搭接率 $\eta=30\%$；(c) 搭接率 $\eta=40\%$

2. 扫描电子束方式与搭接率对 45 钢表面粗糙度的影响

1) 扫描方式对 45 钢表面粗糙度的影响

扫描电子束对 45 钢表面粗糙度的影响如图 7.24 所示。未经加工的试样 1 的表面粗糙度为 6.34 μm；经单道扫描的试样 2 表面的平均粗糙度为 5.95 μm，与试样 1 相比，其表面粗糙度降低 6.15%；经多道扫描的试样 3 表面的粗糙度为 5.34 μm，与试样 1 相比，其表面粗糙度降低 15.74%。无论是单道扫描还是多道扫描耐磨性均有不同程度的提高，产生上述现象的原因在于电子束在表面改性过程中，高能电子束通过散焦电子束轰击金属表面，在金属表层瞬间形成厚度为 10^{-1}～10 μm 的表面热源，表层瞬间形成较高的温度梯度，在 45 钢试样表面形成很高的温度梯度，表面起伏很高的波峰先发生熔化，熔化物填充表面凹坑，

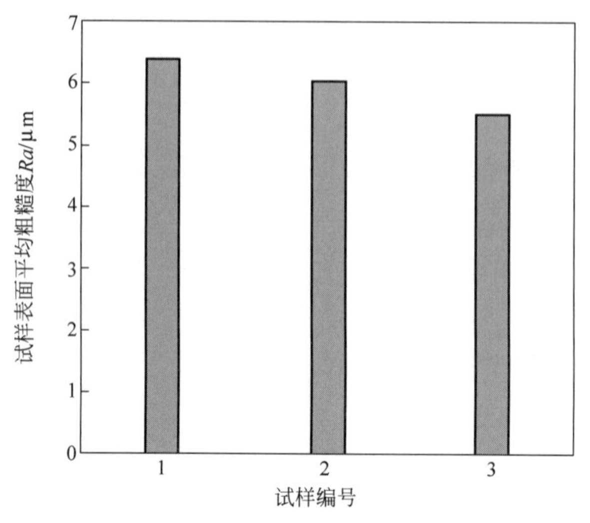

图 7.24 扫描方式对表面粗糙度的影响

但基体仍处于低温,依靠基体的快速冷却从而使表面变得更加平整和光滑,表面粗糙度有所降低。

2）搭接率对 45 钢表面粗糙度与表面形貌的影响

搭接率对 45 钢表面粗糙度的影响如图 7.25 所示,对表面形貌的影响如图 7.26 所示。由图可知,在其他工艺参数相同的情况下,45 钢表面的平均粗糙度随着搭接率的增大呈非线性减小。

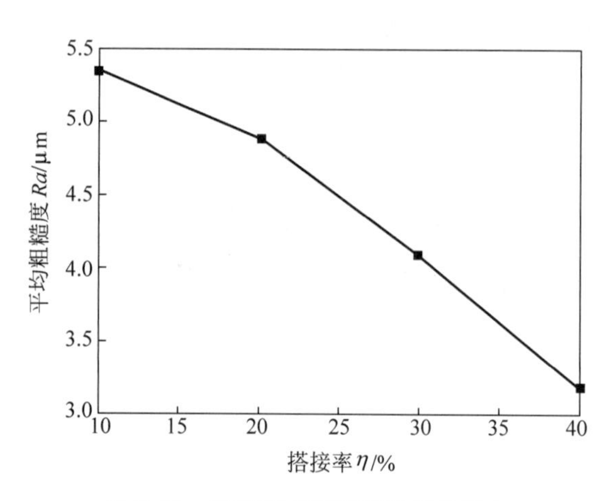

图 7.25 搭接率对表面粗糙度的影响

从图 7.26 可以看出,试样表面变得更加光亮和平整,产生这一现象的原因在于随着搭接率的增大,第一道扫描区对第二道扫描区余热的影响增大,同比作用于 45 钢表面的峰值温度加大,单位面积作用于 45 钢表面的热量增大,除此之外,高能电子束处理是在真空室中进行,45 钢表面不易被氧化,致使试样表面随着搭接率的增大变得更加平整和光滑,试样表面的粗糙度降低。非线性的主要原因可能在于试样加工的表面粗糙度相对较低,且电子束能量密度分布呈非线性增加,从而导致表面粗糙度呈非线性减小。

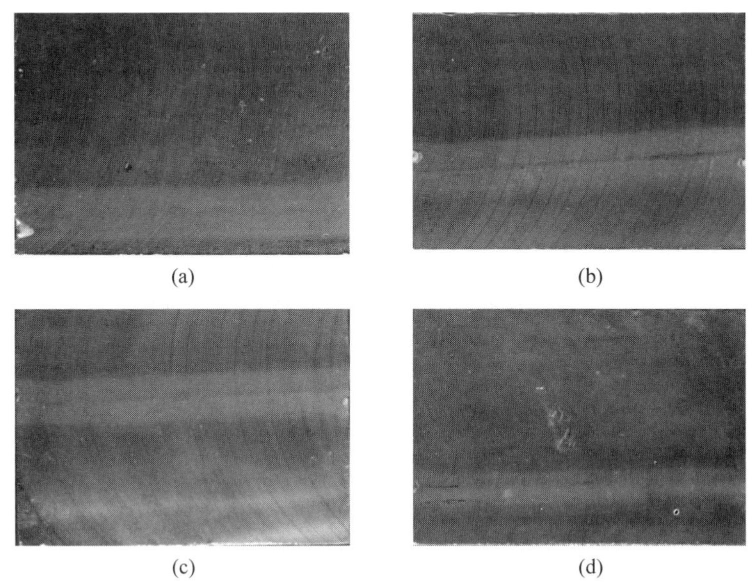

图 7.26　搭接率对 45 钢表面形貌的影响

(a) 搭接率 η=10%；(b) 搭接率 η=20%；(c) 搭接率 η=30%；(d) 搭接率 η=40%

7.3.5　搭接率和间隔时间对相变硬化区大小的影响

1. 搭接率的影响

搭接率对 45 钢硬化层深度和宽度的影响如图 7.27 所示，硬化区的深度和宽度随着搭接率的增大呈非线性增大，在其他工艺参数不变的情况下，搭接率由 10%增加到 40%时，硬化层的深度增加了 17.5%，硬化层的宽度增加了 12%，产生这一现象的原因在于随着搭接率的增大，在作用于 45 钢表面平均热源功率不变的情况下，第二道扫描区受到第一道扫描区的余热影响增大，金属表面的吸收能量增大，使表面的峰值温度进一步提高，依靠基体的快速冷却，45 钢表层下依次达到相变点以上的区域相应增大，从而导致相变硬化区域增大。该结果与仿真结果一致。

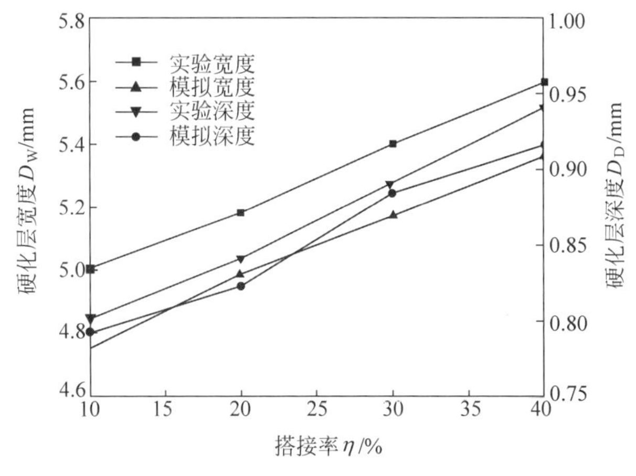

图 7.27　搭接率对硬化层大小的影响

2. 间隔时间的影响

讨论间隔时间分别为 3 s、4 s、5 s 和 6 s 时的影响。图 7.28 所示为不同间隔时间对相变硬化区尺寸的影响。在其他工艺参数不变的情况下，硬化区的深度和宽度呈非线性减小，且减小的趋势不明显，这是因为第一道相变硬化处理后，随着间隔时间的增大，冷却时间延长，余热温度进一步降低，所以在电子束第二道扫描过程中，45 钢表面获得能量依次减小，进而在 A_{c1} 以上的区域减小，所以其横截面硬化区的深度和宽度也相应减小。横截面硬化区的深度和宽度相比于搭接率，其减小的趋势不明显，这是因为随着冷却时间的累积，试件的温度梯度减小，因此试件的内部热传导减弱，随着冷却时间的推移，试件的降温速率减弱，所以其减小的趋势不明显。

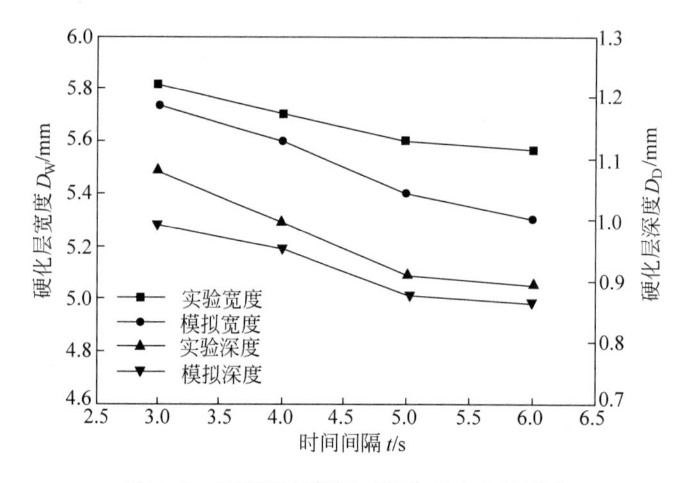

图 7.28　不同时间间隔对硬化层大小的影响

第8章

扫描电子束表面改性微观组织的研究

经扫描电子束表面改性后，金属材料的微观组织决定着材料表面的综合机械性能。在电子束表面改性过程中，材料表层经历了一个快速加热和快速凝固的过程，对于形成的熔池而言，存在着晶核形成至晶粒长大、晶粒间竞争生长等现象。经表面处理的材料通过热传递等方式形成的热影响区，在冷却过程中其组织和性能也会相应发生变化，影响着材料的综合机械性能。

8.1 金属结晶理论及相关数学物理模型

8.1.1 晶粒形核和生长机理

在电子束高速电流作用下，金属熔池的凝固过程并不是静态的，而是一个动态的凝固过程，图8.1所示是扫描电子束处理熔池动态凝固的示意图。在电子束流不断向前移动的过程中，在熔池中将会同时进行着两个过程即熔化和凝固。在电子束流与金属接触部分，基体材料不断熔化形成熔池，而当扫描电子束之后，熔池中的液相组织会转化成固相从熔体中脱离出来。熔池凝固和一般金属结晶一样，也是一个形核和长大的过程。

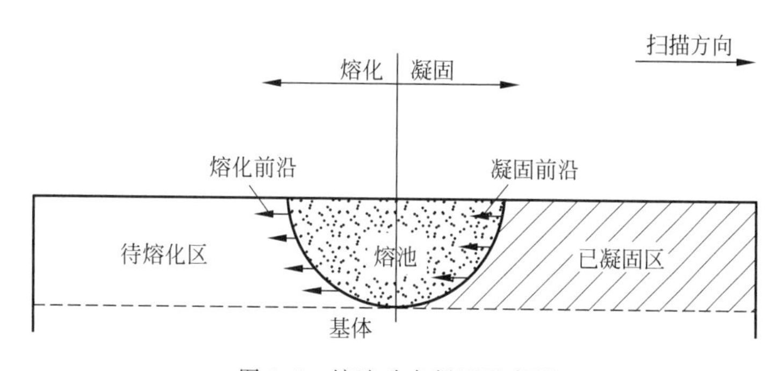

图8.1 熔池动态凝固示意图

1. 熔池中晶核的形成

金属结晶的先决条件是过冷，因为过冷可以造成自由能降低，这是形核的热力学条件，而自由能降低的程度是结晶的动力学条件。电子束作用下的动态凝固具备了这两个条件。

金属形核的方式主要有两种：均匀形核和非均匀形核。在电子束作用下，由于其能量高，会使熔池中的金属熔体处于过热状态，故在凝固开始时，过冷度一般较小，均匀形核的可能性很小。在熔池中心区域，过热度最大，所以不可能发生均匀形核。虽然熔池边缘区域由于与基体和空气接触，过热度相对较低，但也不会发生均匀形核。原因是非均匀形核是极易发生在熔池边缘处固相界面处的，同时，非均匀形核时所需能量比均匀形核低，所以熔池边缘也不会发生均匀形核。

在电子束作用下的熔池凝固主要是非均匀形核。在熔池中有两种一直存在的固相界面：一个是晶粒残骸或悬浮的杂质；另一个是在熔池边界处处于半熔化状态的基体材料的晶粒，非均匀形核就是从这两种固相界面上开始形核。图 8.2 是两种形核机制示意图。

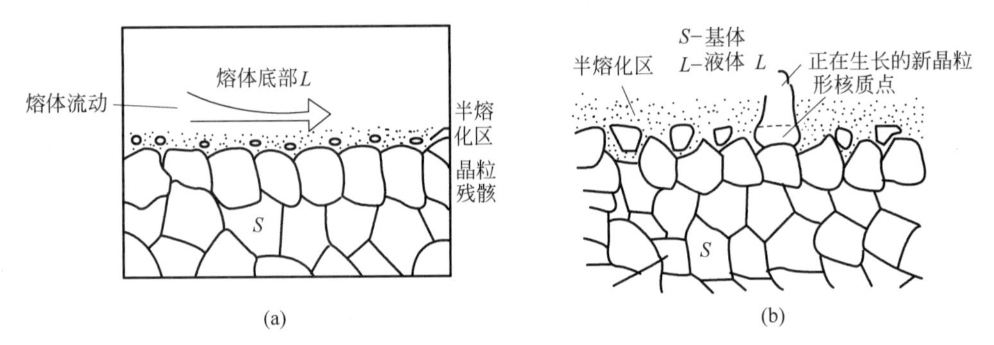

图 8.2　熔池边缘固-液界面上的形核机制

2. 熔池中晶核的生长

晶核长大过程实际上是金属原子不停地从液相中析出向晶核表层积聚，晶核就可以长大，并向熔池中延伸。熔池凝固主要是依靠非均匀形核，但是每个晶核的长大趋势不一样。

晶核的长大趋势取决于熔池的散热方向和基体材料优先生长方向间的关系。基体材料的优先生长方向是基材的固有属性，决定于金属的晶格类型。以立方晶格的金属为例，其优先生长的方向是< 100 >晶向族。原因是这个晶向的原子间隙大，并且原子排列最少，所以最易于晶核长大。

在电子束作用下的动态凝固中，熔池的散热主要依靠已结晶的晶粒固体。晶粒的散热环境越好，则越利于其生长。当晶粒的最大散热方向与优先生长方向一致时，是最利于晶粒的生长的，这种条件易于胞状晶的生长。对于有些晶粒来说，在凝固初期最大散热方向与优先生长方向一致，晶粒长大，但是随着晶粒的长大，两个方向间的夹角越来越大，最后相互垂直，晶粒无法生长。扫描电子束处理后金属熔池的边界为抛物线形的曲面，这个曲面也是结晶的等温面。熔池最大的散热方向必定与等温面垂直，即晶粒的生长方向与等温面垂直。但是，因为金属熔池是随着电子束的扫描移动而不断向前推进的，所以最大的散热方向在已经生长的晶粒前沿是不断改变方向的。如图 8.3 所示，Q 代表散热方向，下标是时间变化的顺序。因为散热方向的改变，则影响了凝固组织的特征。

3. 熔池结晶的形态

在不同的电子束作用条件下，熔池的结晶形状不同，如胞状晶、树枝晶、平面晶等。熔池凝固的不同结晶形态是因为熔池内液相成分的微观不均匀性。同时，熔池中最先凝固的部分对整体晶粒的生长形态具有很大的影响。而先凝固部分的组织形态跟很多因素有关，最主要的就是熔池内液相成分与结晶参数。结晶参数是指结晶方向上的温度梯度 G 与结晶前沿的晶粒生长速度 R 之比。结晶参数对结晶形态的影响如图 8.4 所示。如果熔池中的液相成分不变，则随着 G/R 比值的减小，凝固中较多以树枝晶方式生长，当 G/R 比值趋于无限大时，结晶以平面状生长。

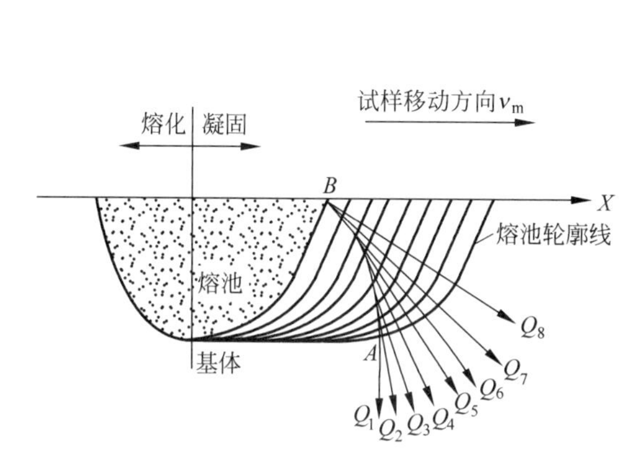

图 8.3　凝固过程中最大散热方向的变化过程

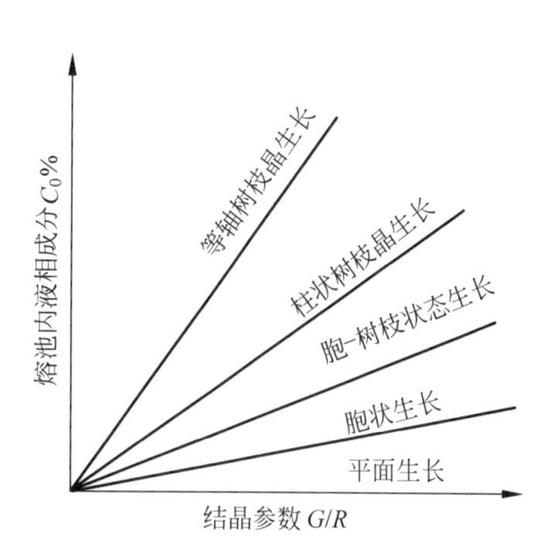

图 8.4　控制晶粒生长形态的因素

8.1.2　扫描电子束微观组织模拟方法的确定

微观组织数值方法主要有确定性方法、概率论方法以及相场模拟法。

1. 确定性方法

确定性方法是指在金属凝固过程中，液体的形核密度 n 与 ΔT 为确定的函数关系，晶核以固液界面速度生长。其局限是忽略了一些与结晶过程有关的因素，不能真实地反映等轴晶与柱状晶的转变情况以及晶体尺寸的变化情况。

2. 概率论方法

概率论方法主要分为蒙特卡罗法和元胞自动机法。

1）蒙特卡罗法

蒙特卡罗法简称 MC。其解决问题方法为：首先确定待解决问题是决定性还是概率性问题，然后构建合理的概率过程，建立相应概率模型，最后确定概率分布求解问题。

对于具备过冷条件的金属熔体，离散化后的形核概率为

$$P_n(x,y,t+\Delta t)=\Delta N\cdot V_C \tag{8-1}$$

式中，V_C 为单元网格的体积；ΔN 为单位体积熔体在时间 Δt 内形核数目的变化量。

由于金属熔体具有随机的能量与结构的变动，需一个随机数 $r(0<r<1)$ 对形核概率进行判定。以一个网格作为单元体，当 $P_n>r$ 时，满足形核条件，其状态由液相转变为固相，分配给形核晶粒一个随机晶向，晶向采用 Z 来表达，其中 Z 为整数值并且 $Z\in[0,F]$，F 为晶向数。基于自由能最小原理，实现蒙特卡罗法对晶粒生长进行模拟，对于熔体来说，自由

能组成分为两部分：一种是体积自由能降低，驱动晶粒生长；另一种是界面能升高，阻碍晶粒生长。

形核生长的前提为液相原子周围存在固相原子，其生长概率为

$$P(x,y,t)=\begin{cases}0, & \Delta T\leqslant 0\\ \exp\left(\dfrac{-\Delta E_{g}(x,y,t)}{k_{b}T}\right), & \Delta T>0\end{cases} \tag{8-2}$$

式中，k_b 为斯忒藩-玻耳兹曼常量，通常取 $5.67\times10^{-8}\ W/(m^2\cdot K^4)$；$\Delta E_g(x,y,t)$为自由能变化量，J/mol；$\Delta T(x,y,t)$为金属材料在某一时刻熔体的过冷度，K。

若 $P>r$，则此网格单元生长，状态发生改变。

2）元胞自动机法

元胞自动机法为概率论方法之一，简称 CA 方法。

元胞自动机法的主要特点为：时间和空间为离散的；状态确定为多个离散的值；作用规则具有局部性。

对于元胞自动机而言，元胞空间和邻居类型确定后，作用规则是微观组织模拟实现的关键，因为它决定着元胞作用关系以及状态的改变。元胞自动机是一个随时间变化而变化的动态系统，在时间和空间上离散，故 t 时刻元胞状态决定着 $t+1$ 时刻的元胞状态。

本研究采用 CA 法和 MC 法对晶粒微观组织进行研究。

3. 相场模拟法

相场模拟法也是计算机模拟方法的一种。以 Ginzburg-Landau 相变理论和统计学为基础，考虑扩散、热驱动力和有序化势共同作用在结晶过程中，建立相应的微分方程并求解。相场法主要针对树枝状晶体转变过程的模拟，适用于对复杂凝固过程的求解。该方法的基本思想：将相场与温度场视作未知函数，在求解的整体区域建立能量方程，对相场的分布进行求解。该方法的优势是避免了显示跟踪固/液相界面，可采用统一的计算方法。将相场与温度场、流场等物理场耦合计算，可较真实的反映金属液相结晶过程的微观组织形成，故相场法的应用范围较为广泛。

8.2 扫描电子束表面改性处理的热过程分析

H13 热作模具钢的综合机械性能良好，在模具领域得到了广泛应用。但其工作环境很差，表面易产生磨损、腐蚀等造成失效，导致模具寿命降低。为提高 H13 热作模具钢的机械性能，对其进行扫描电子束表面改性处理，该工艺下的微观组织的生长形貌及尺寸等决定着材料的机械性能，本研究采用仿真方法实现对 H13 热作模具钢扫描电子束表面改性处理下微观组织的研究，具有重要的实际意义。

8.2.1 扫描电子束表面处理热过程分析的物理描述

1. 设备、方法与热源确定

所使用的设备是桂林某研究所自主研发的 HDZ-6 型高压数控电子束加工设备，处理方式为圆环扫描方式，采用高斯热源。

2. 热分析物理数学模型的建立

1）基本假设与几何模型的建立

建立热分析物理数学模型时，进行以下基本假设：试样加工环境为真空，只考虑辐射散热；材料的热物性参数受温度影响；试样表层的相变潜热为常数，取值为1；假设室温为300 K，试样初始温度与室温相同；扫描电子束的熔池为自然冷却凝固；由于凝固速度快，忽略杂质和流场的影响。

将H13热作模具钢加工成30 mm×15 mm×30 mm的长方体。

2）热过程的控制方程和边界条件

由于扫描电子束在金属表面浅熔，熔池凝固速度极快，故在扫描电子束处理过程中，表面热源通过热传递的方式向基体传递热能，同时向未熔化的基体材料传递热能。因此，根据傅里叶定律，对扫描电子束加热H13热作模具钢表面进行热过程分析时，工件内部的控制方程采用式(2-2)。

初始条件为：$T=T_0$

热源为式(5-14)；工件所有面的散热方式为辐射散热，其和温度之间关系为式(5-18)。

3. 材料热物性参数的确定

H13热作模具钢在经扫描电子束过程中，物质状态发生改变，H13热作模具钢液相线为1573 K，固相线为1523 K。不同温度时H13热作模具钢的热物性参数如表8.1所示。

表8.1 H13热作模具钢的热物性参数

温度 T/K	密度 ρ/(kg/m^3)	导热系数 λ/(W/(m·K))	比热容 c/(J/(kg·K))
300	7850	12.36	479
400	7850	14.12	518
600	7844	17.32	590
800	7830	22.56	614
1000	7818	24.28	716
1300	7723	25.12	703
1500	7715	26.86	695
1600	7682	26.13	687
1700	7643	24.74	682
1800	7599	22.31	605
1900	7520	21.86	564
2000	7487	20.61	513

8.2.2 H13热作模具钢扫描电子束温度分布规律

仿真时采用的电子束工艺参数分别为加速电压U=60 kV、束流I=15 mA、扫描速度v=450 mm/min、束斑直径d=3 mm。

1. 加热过程中温度场的分布

图8.5所示为扫描电子束加热过程的温度分布。在扫描开始时(0～0.5 s)束流作用区的温度从300 K快速上升至1040 K，并随扫描时间的增加而逐渐上升；在扫描中期(0.5～

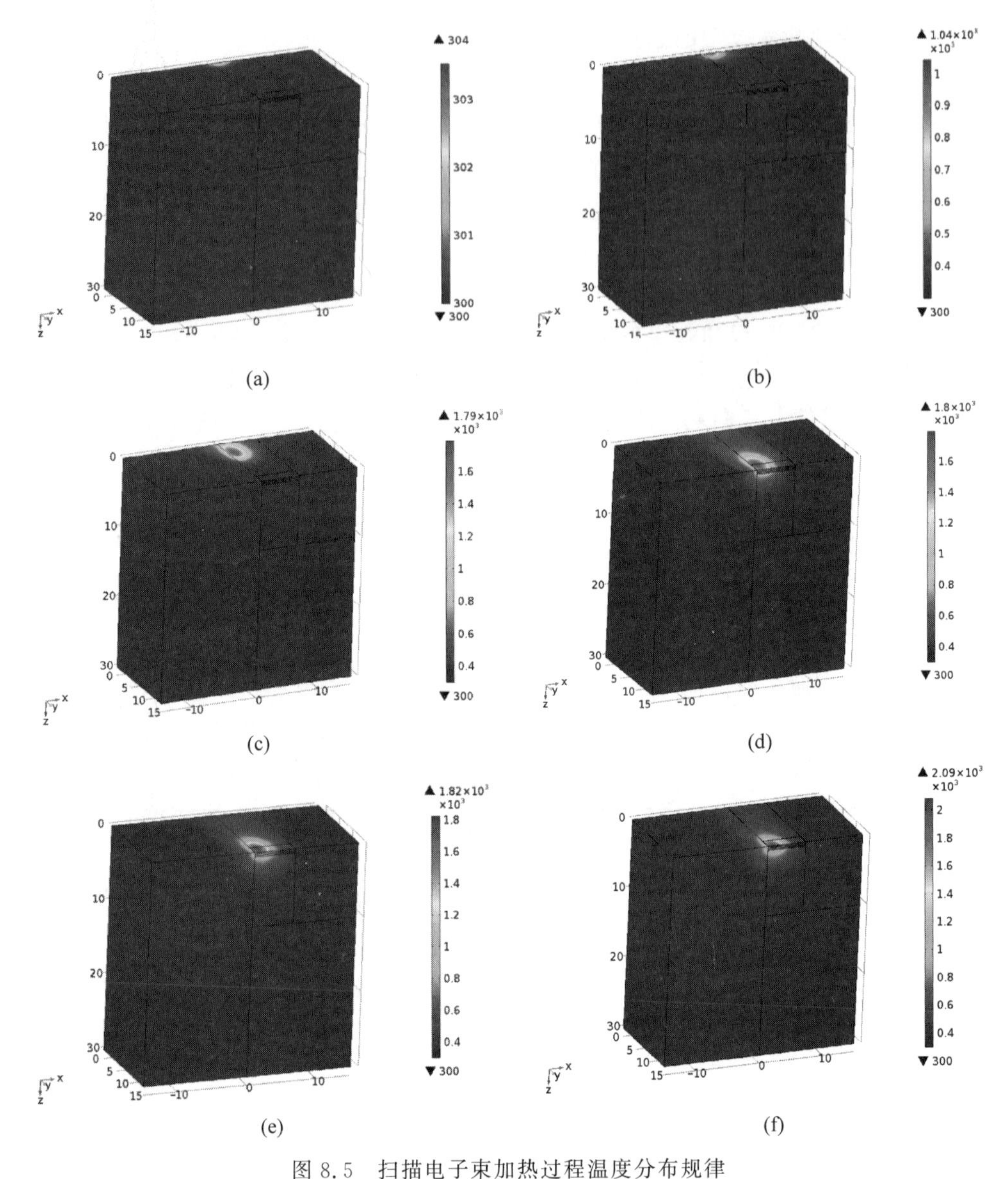

(a) (b) (c) (d) (e) (f)

图 8.5　扫描电子束加热过程温度分布规律

(a) t=0.1 s; (b) t=0.5 s; (c) t=1.0 s; (d) t=1.95 s; (e) t=2.0 s; (f) t=2.14 s

1.95 s)束流作用区的温度相对升高缓慢；而在扫描后期(2.0～2.14 s)时束流作用区的温度继续上升，最高表层温度上升至 2090 K。对扫描前期的热影响区而言，其范围较小。对扫描中期和扫描后期的热影响区而言，其范围随作用时间的增加而逐渐变大，且束流作用区域的前端温度梯度大于后端温度梯度。由图 8.5 可知，在对 H13 热作模具钢表层进行扫描时，表面温度在 0.5 s 内上升了 740 K，这是由于电子束束流能量密度大，作用在常温下的基材上使其快速升温。而在扫描中期，温度升高相对缓慢，这是由于加热过程中，熔池区域所获热量的一部分以热量的流动和传导形式传递给周边，使邻近基材温度上升，又单位时间单位面积生成一定热量，束流作用区热量积累减慢，故其温度相对缓慢上升。在扫描后期，电子束束流未完全脱离基材表面，束流继续作用，故温度持续上升至束流停止扫描。对于整个扫描加热过程，束流作用区所获热能持续传递给未被加工的基材，故热影响区范围随时间的增加而逐渐变大。束流作用区前后端温度梯度不一致，这是热源能量分布特征、扫描速度、冷却速度和光斑的快速移动等综合作用的结果，基于热传导理论，束流作用区后端是扫描过的区域，表层温度已升高，但束流作用区前端是未经扫描区域，故前端温度梯度大于后端温度梯度。

2. 冷却凝固过程中温度场的分布

图 8.6 所示为冷却凝固过程中的温度分布。在冷却过程中，工件由最高温度 2090 K 降至 365 K，接近室温 300 K，冷却速率可达 927 K/s。由图 8.6(a)～(f)可知，冷却速率随着冷却时间的增加逐渐降低，且下降速率减小，逐渐趋缓。这是因为经扫描电子束后的工件在

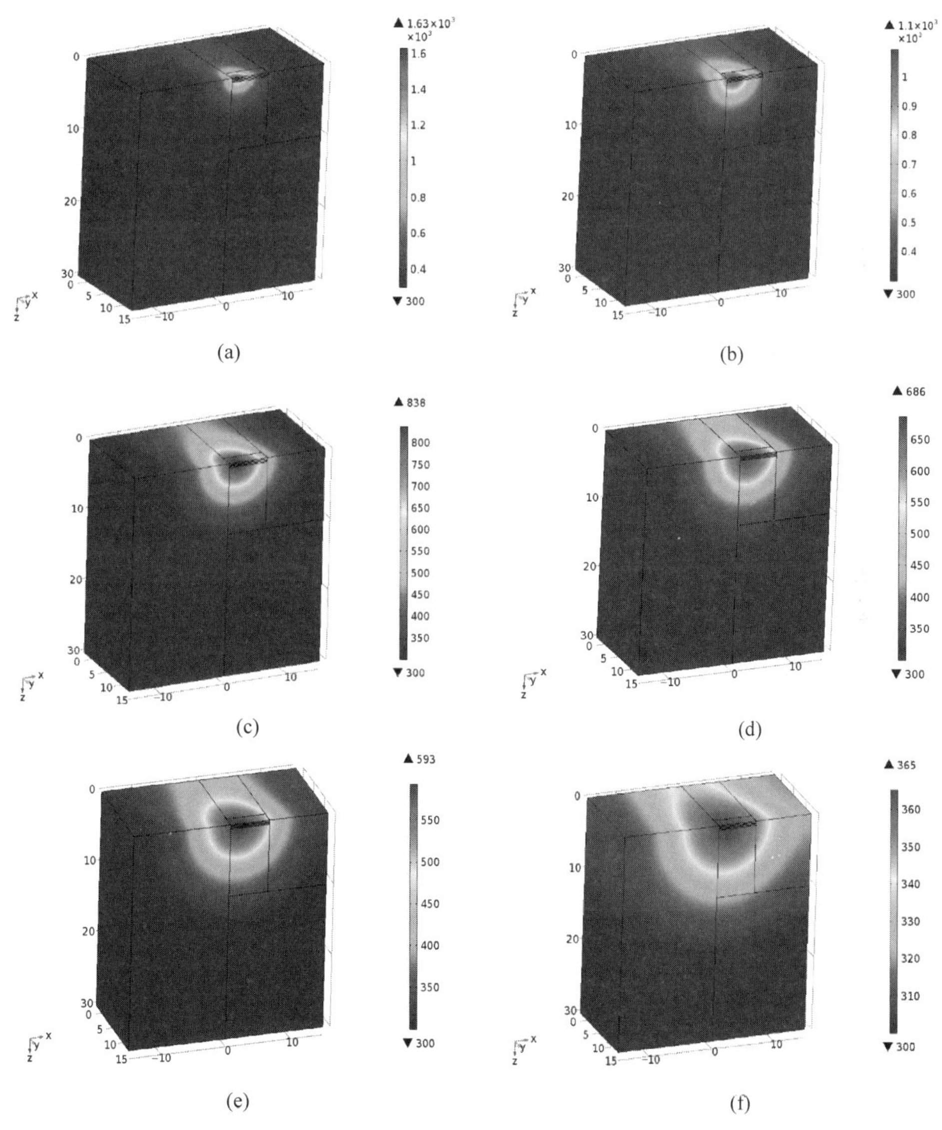

图 8.6　电子束冷却过程温度分布规律

(a) $t=2.3$ s; (b) $t=2.5$ s; (c) $t=2.7$ s; (d) $t=2.9$ s; (e) $t=3.1$ s; (f) $t=4.0$ s

真空中冷却，主要的散热方式为热传导和热辐射。在冷却的前期，热传导方式起主导作用，由式(5-14)可知冷却速率与温度梯度成正比，工件扫描区与基材形成的温度梯度大，故冷却速率大，但会随温度梯度的减小而降低；在冷却的后期，热辐射方式起主导作用，温度梯度与辐射效率成正比，真空室较小，散热过程会促使真空环境的温度上升，辐射效率降低，通过辐射散热的冷却速率也随之降低，故在冷却过程中，冷却速率随时间增加而降低，且降幅趋缓。在图 8.6(a)中，$t=2.3$ s 时试样最高温度与最低温度的差值为 1330 K，而在图 8.6(f)中，$t=4.0$ s 时试样最高温度与最低温度的差值为 65 K。这是因为冷却过程中工件通过热传导的方式向基材传递热量，故工件整体的温度趋向一致。

8.3 扫描电子束 H13 热作模具钢表面熔池结晶 CA 模拟

本节基于 CA 法建立熔池熔凝微观组织模型，对 H13 热作模具钢表面扫描电子束熔凝过程中的结晶过程进行模拟计算。

8.3.1 元胞形核模型的建立

1. 形核数学模型的建立

首先，晶核的形成是一个渐进过程，本研究采用的形核模型为基于正态分布的连续形核模型，该模型中，形核的发生由过冷度变化而决定，形核密度 n 和过冷度 ΔT 之间的关系为

$$n(\Delta T)=\int_0^{\Delta T}\frac{\mathrm{d}_n}{\mathrm{d}(\Delta T)}\mathrm{d}(\Delta T) \tag{8-3}$$

式中，$\mathrm{d}_n/\mathrm{d}(\Delta T)$为 n 随 ΔT 变化的变化率；ΔT 为过冷度，K。

$\mathrm{d}_n/\mathrm{d}(\Delta T)$满足基于 $\Delta T_{\max}$、ΔT_σ、$n_{\max}$ 的高斯分布：

$$\frac{\mathrm{d}_n}{\mathrm{d}(\Delta T)}=\frac{n_{\max}}{\sqrt{2\pi}\cdot\Delta T_\sigma}\exp\left[-\frac{(\Delta T-\Delta T_{\max})^2}{2\Delta T_\sigma^2}\right]$$

式中，$\Delta T_{\max}$ 为最大形核过冷度，K；ΔT_σ 为标准方差过冷度，K；$n_{\max}$ 为最大形核密度，$1/\mathrm{m}^3\mathrm{s}$。

对于元胞自动机模型来说，形核是一个随机过程，考虑到熔池内部的杂质较少，故形核形成困难，而基体上存在微状固态颗粒，故能产生异质形核，且形核密度较大，应具有较小的 $\Delta T_{\max}$ 与较大的 $n_{\max}$，仿真时参数取值如表 8.2 所示。

表 8.2 形核参数

参数	$n_{\max}/(1/(\mathrm{m}^3\cdot\mathrm{s}))$	$\Delta T_{\max}$/K	ΔT_σ/K
基体	5×10^{11}	0.5	0.1
熔体	1.5×10^{10}	10	0.1

2. 形核计算模型的建立

为保证形核的随机性，需通过形核概率的计算决定元胞的形核。元胞的形核条件为其

结晶温度 T_m 高于实际结晶温度，即 $\Delta T>0$。在单位时间步长 dt 内，随温度的变化，晶粒密度变化量为

$$\delta_n = n[\Delta T+\delta(\Delta T)] - n(\Delta T) = \int_{\Delta T}^{\Delta T+\delta(\Delta T)} \frac{d_n}{d(\Delta T)} d(\Delta T) \tag{8-4}$$

式中，$\delta(\Delta T)$ 为过冷度变化量，K；δ_n 为晶粒密度变化量，kg/m^3。

此液态元胞的形核概率为

$$P_n = \delta_n S_c \tag{8-5}$$

式中，S_c 为元胞单元的面积，m^2。

形核具有随机性，在一个时间步长中，赋予具有形核概率的元胞一个随机数 r，其范围为 0 到 1，如果 $P_n>r$，则元胞形核。

研究所建模型为二维模型，晶核出现后，按照择优生长方向生长，如图 8.7 所示，晶向< 10 >与< 01 >为择优取向。为保证晶向< 10 >、< 01 >的随机性，在一个元胞形核后，需选取一个择优生长角 θ，$\theta\in(-45°,45°)$ 且具有随机性。

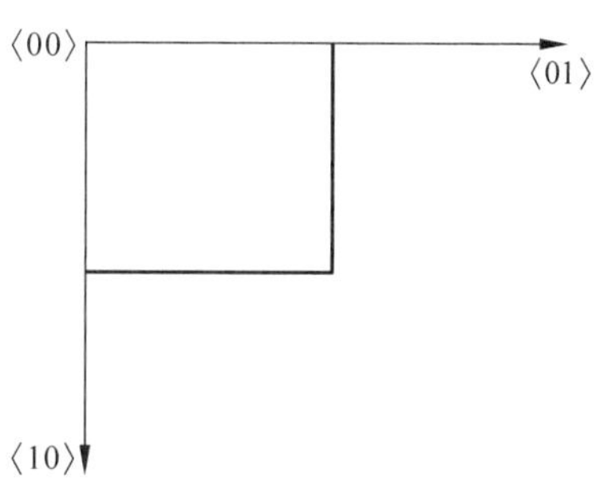

图 8.7　二维晶向示意图

形核后的元胞需对其进行固相分数计算，初始时固相分数为

$$f_{s0} = \frac{2R}{d_x} \tag{8-6}$$

式中，f_{s0} 为初始固相分数；R 为晶核半径，nm；d_x 为元胞半径，μm。

建立的元胞自动机邻居类型为 Moore 型，对于形核后的元胞，其周边液相元胞依附其生长至被其他晶粒阻断，生长的晶粒间形成的界面称为晶界。仿真时用不同的颜色表示晶粒形貌，从而对不同晶粒加以区分。

由于元胞单元尺寸为 μm 级，R 为 nm 级，由于数量级的差距，故此时的 $f_{s0}=0$。

8.3.2　元胞生长模型的建立

1. 元胞生长数学模型的建立

在结晶过程中，晶粒的生长可理解为固液界面的移动，即固液界面的过冷度影响着晶粒前端的生长速度，故其计算表达式为

$$\Delta T = \Delta T_c + \Delta T_t + \Delta T_k + \Delta T_r \tag{8-7}$$

式中，ΔT_c 为熔质扩散引起的过冷度，K；ΔT_t 为热力学过冷度，K；ΔT_k 为动力学过冷度，K；ΔT_r 为曲率过冷度，K。

对于金属材料表面的扫描电子束过程而言，经历快速升温和快速冷却凝固的过程，杂质和流场的影响忽略不计，相应地，$\Delta T_c=0$、$\Delta T_k=0$，则 ΔT 的计算公式变为

$$\Delta T = \Delta T_t + \Delta T_r$$

热力学过冷度为

$$\Delta T_t = T_m - T$$

式中，T 为熔池的实际温度，K；T_m 为理论结晶温度，K。

曲率过冷度为

$$\Delta T_{r} = -f(\theta,\delta)\Gamma K$$

式中，K 为平均曲率；$f(\theta,\delta)$为界面各向异性；Γ 为 Gibbs-Thompson 系数，取值为 2.4×10^{-7}，其中 Γ 无单位。

平均曲率为

$$K = \frac{1}{a}\left(1 - 2\,\frac{f_{s} + \sum_{k=1}^{N} f_{s}(k)}{N+1}\right)$$

式中，N 为单位元胞的邻居元胞数目，取值为 8；$f_{s}(k)$为第 k 个邻近元胞的固相分数；f_{s} 为当前元胞的固相分数；a 为元胞的单元尺寸。

界面各向异性为

$$f(\theta,\delta) = 1 + \varepsilon\cos(4(\delta - \theta))$$

式中，ε 为界面张力的挠度；δ 为固液界面法线方向与水平方向的夹角；θ 为晶粒的择优生长角度。

所研究合金晶体结构为体心立方晶格，故 ε 取值为 0.4，δ 在几何关系中的取值可理解为 x 轴正方向与所研究元胞的邻居元胞的重心和与元胞中心的连线的夹角，综合考虑，重心受固相分数影响，其计算公式为

$$\begin{cases} x = \dfrac{\sum\limits_{k=1}^{n} x(k) f_{s}(k)}{\sum f_{s}(k)} \\ y = \dfrac{\sum\limits_{k=1}^{n} y(k) f_{s}(k)}{\sum f_{s}(k)} \\ \delta = \arctan\left(\dfrac{y}{x}\right) \end{cases} \tag{8-8}$$

综上所述，可得结晶过程中固液界面前沿的过冷度，进而对晶体的生长速度 v 进行求解。

H13 热作模具钢扫描电子束熔池凝固结晶的 v 采用 LKG 模型计算，晶粒的 v 与 ΔT 关系为

$$v = \frac{2\lambda c_{\rho}\sigma^{*}}{\tau\Delta H}\Delta T^{2} \tag{8-9}$$

式中，σ^{*} 为常数，值约为 0.025；ΔH 为相变潜热，值取 1；λ 为导热系数，W/(m·K)；τ 为 Gibbs-Thompson 系数；c_{ρ} 为比热容，J/(kg·K)；ΔT 为固液界面过冷度，K。

2. 生长计算模型的建立

当形核的界面元胞存在正过冷度时，晶粒开始生长，假设元胞呈方形生长，对角线为其择优生长方向，如图 8.8 中的<10>和<01>方向。

上述所求 v 为在<10>向的择优生长速度，采用该速度对图 8.8 其他方向的生长速度计算：

$$v' = \frac{v}{\sqrt{2}} \tag{8-10}$$

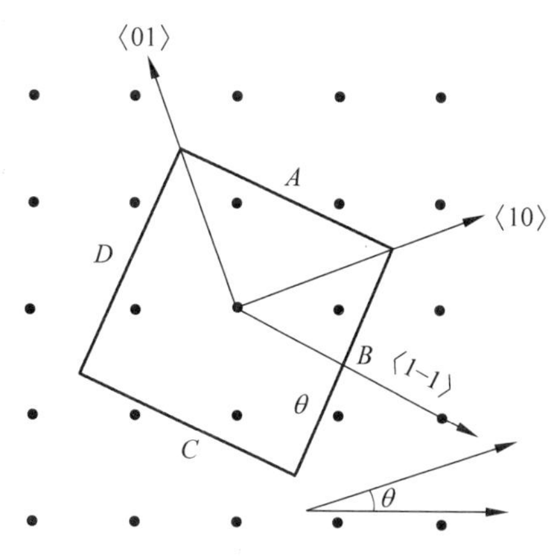

图 8.8　二维元胞的择优方向

式中，v'为<1－1>向的元胞生长速度。

8.3.3　择优方向的固相分数计算

1. 择优方向的确定

本文采用偏心正方形算法实现元胞的择优生长。该算法的核心思想是捕捉界面胞的元胞，生成该界面胞的偏心正方形，并且两个方形的顶点重合，对角线方向保持为<10>晶向。正方形的偏心使得其对各个邻居元胞的影响各异，而晶粒生长相当于正方形边长的逐渐增加，且其生长方向始终保持为<10>晶向。

2. 元胞位置的计算

1）元胞 q 及其偏心正方形的计算

假设以具备生长能力的元胞 p 作为研究对象，建立以该元胞中心为坐标原点的局部坐标系 X-Y，以<1－1>、<11>方向分别为其 X 轴、Y 轴正向，此元胞偏心正方形的中心坐标为(p_x, p_y)，其边长的一半为 L_p，如图 8.9 所示。

在元胞 p 形核时，其正方形的中心与正方形的初始半边长为

$$p_x = p_y = L_p = 0$$

在元胞 p 的生长过程中，其正方形随之变大，半边长为

$$L_p = L_p + v'\mathrm{d}t$$

式中，v'为元胞在<1－1>方向的生长速度。

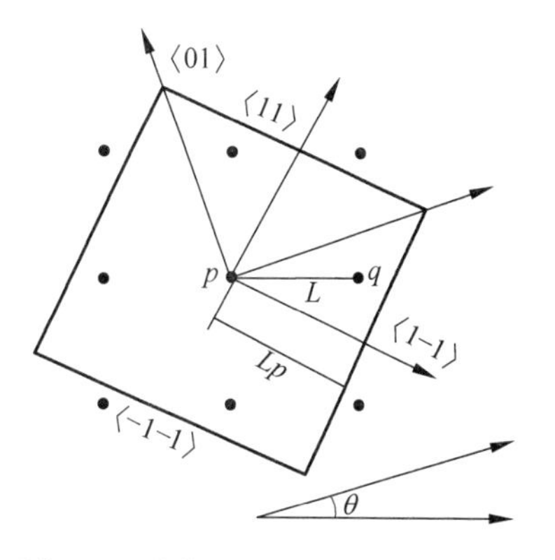

图 8.9　形核元胞的偏心正方形算法

在一个时间步内，当元胞 q 在元胞 p 的正方形内时，元胞 p 就会对邻居元胞 q 进行捕捉。根据算法规定，元胞 q 生成初始正方形，其中心为元胞 p 的中心，初始半边长与元胞 p 的半边长相等，表示为：

$$q_x = -L\cos(45° - \theta);\quad q_y = -L\sin(45° - \theta);\quad L_{q_0} = L_p \tag{8-11}$$

式中，L 为相邻两个元胞的间距；(q_x, q_y)为元胞 q 的偏心正方形中心。

上述情况生成的偏心正方形始终以晶核的中心为中心，即元胞的中心，但此时的正方形边长随着晶粒的生长而增大，无边界限制其生长，导致对应由其他元胞捕捉到的元胞进行捕捉的问题。因为均匀温度场的晶体可始终保持< 10 >晶向生长，故上述计算适用于均匀温度场。而对于本研究的金属表面扫描电子束熔池凝固过程来说，其为非均匀温度场，需要修正偏心正方形的初始边长。经修正后的元胞 q 的正方形初始半边长为

$$L_q = \frac{1}{2}\left[\min(L_{q<11>}, \sqrt{2}L) + \min(L_{q<-1-1>}, \sqrt{2}L)\right] \tag{8-12}$$

式中，$L_{q<11>}$ 为元胞 q 与正方形 p 的< 11 >边之间的距离；$L_{q<-1-1>}$ 为元胞 q 与正方形 p 的<－1－1 >边之间的距离。

2）计算任意位置的元胞 q 和边长

计算任意位置的元胞 q 的固相分数时，需确定：与元胞 q 距离最近的点；捕捉到元胞 q 的边。依据所建元胞自动机模型采用的邻居类型，单位元胞周边有 8 个邻近元胞，即具有 8 种位置关系，需对其进行研究。

首先，建立直角坐标系 XOY，将图 8.10 中正方形 $ABCD$ 分为四个面积相等的区域，Q 是正方形在第一象限中的一点，N 是 Q 在 X 轴上的投影，设 $\angle QNA = \theta$ 则有：

$$\angle QNB = 180^\circ - \theta$$

$$QA = \sqrt{QN^2 + NA^2 - 2QN \times NA\cos\theta}$$

$$QB = \sqrt{QN^2 + NB^2 + 2QN \times NB\cos\theta}$$

式中，$0 < \theta < \frac{\pi}{4}$ 且 $NA = NB$，由图可得 $QA < QB$，同理 $QB < QC$，$QA < QD$。故 Q 与 A 点距离最近。

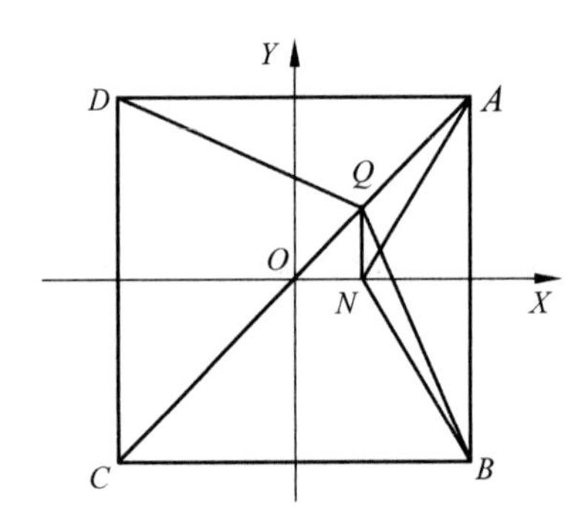

图 8.10　正方形内点 Q 距方形顶点的距离

由上述推导过程可知，当元胞 q 位于正方形 p 的某一象限时，距离其最近的点为该象限的顶点，相应的偏心正方形的中心为该象限对角线上一点。元胞 q 中心坐标与正方形 q 的中心坐标正负号一致，不受元胞 p、q 之间的距离大小的影响。

根据本研究的元胞自动机模型的邻居类型，元胞 p 有 8 个邻居，对应的生长计算结果也不同，相应地需对其计算 8 个不同的固相分数，在计算时，只需对正方形 p 的坐标进行变换即可。

3. 固相分数的计算

在单位时间步长中，一个界面胞需分别计算其 8 个方向的固相分数。固相(凝固)过程，

采用元胞的平均固相分数代表整体的固相分数，即：

$$f_s = \frac{\sum_{i=1}^{8} f_{si}}{8} \tag{8-13}$$

8.3.4 元胞捕捉模型的建立

对生长过程中的界面胞而言，其对每个邻居元胞的固相分数会随界面胞生长而增加，随着时间步长的累积，计算的某些方向固相分数会等于1，即对每个界面胞生长计算完成后，需要进行一次判断。当某个方向的 $f_s=1$，并且其对应的元胞满足液态过冷，那么该方向的邻居元胞就会被捕捉，此后，被捕捉的元胞与母胞成为同一晶粒，具有相同的属性，包括相同的择优生长晶向以及颜色等。

8.3.5 元胞转变模型的建立

由于扫描电子束金属表面凝固过程中的温度场为非均匀温度场，故可能出现不满足捕捉条件的情况，即某一元胞固相分数为1，但邻居元胞不满足液态过冷的条件，也就不会发生捕捉，这种情况下，界面元胞存在捕捉能力，但状态不发生改变。为解决该问题，界面胞转变为固态的条件为：界面胞平均固相分数为1；母胞的所有邻居元胞为非液态。

总之，满足形核条件的元胞随机产生形核，转变为具备生长能力的界面胞，而后进行生长，并对邻居元胞进行捕捉，最终转变为固相元胞。单位元胞会随时间递进完成形核、生长、捕捉及转变过程，模拟区域中所有元胞的上述过程随时间交错进行，形成完整的晶体组织，凝固过程结束。

8.3.6 基于扫描电子束温度场的FE-CA单向计算

基于8.2节得到的温度场分布规律，采用所建元胞自动机模型对H13热作模具钢扫描电子束凝固过程微观组织进行模拟。前者属于宏观计算，以热传递和散热为表现形式；后者属于微观计算，以晶粒的形核与生长为表现形式，温度场的计算决定着凝固结晶过程。若要实现对扫描电子束微观组织的研究，需完成温度场与元胞自动机模型的耦合计算(FE-CA)，实现将获取的温度对应到元胞实时温度。

1. 前处理

仿真时取几何模型的1/2进行计算。网格划分时令单元尺寸与元胞单元尺寸保持一致，单元尺寸为20 μm，即为元胞单元尺寸。采用该划分方式既能实现宏观温度值对应到单位元胞上，又能减小几何误差对求解精度的影响。具体如图8.11所示。

2. 数据处理

基于8.2节所建温度场模型，以相同的电子束工艺参数进行计算后，得到图8.11中热源中心即点4的温度随时间变化曲线，变化规律如图8.12所示。图8.11所示左上角长方形框区域为模拟区域，尺寸为4 mm× 2 mm的一个二维区间。

扫描电子束后的熔池凝固属于快速凝固过程，根据图8.12可知熔体最高温度出现在

$t=2.14$ s 时，此时该区域温度全部高于熔点，即形成了熔池，将该时间作为模拟的初始时刻；$t=3.1$ s 时该区域温度值低于熔点且温度曲线趋于平稳，并接近室温值，即结晶结束，故将该时刻作为模拟的终止时刻，凝固过程在这个时间段内完成。图 8.13 分别为 $t=2.14$ s、$t=3.1$ s 时横截面的温度分布。

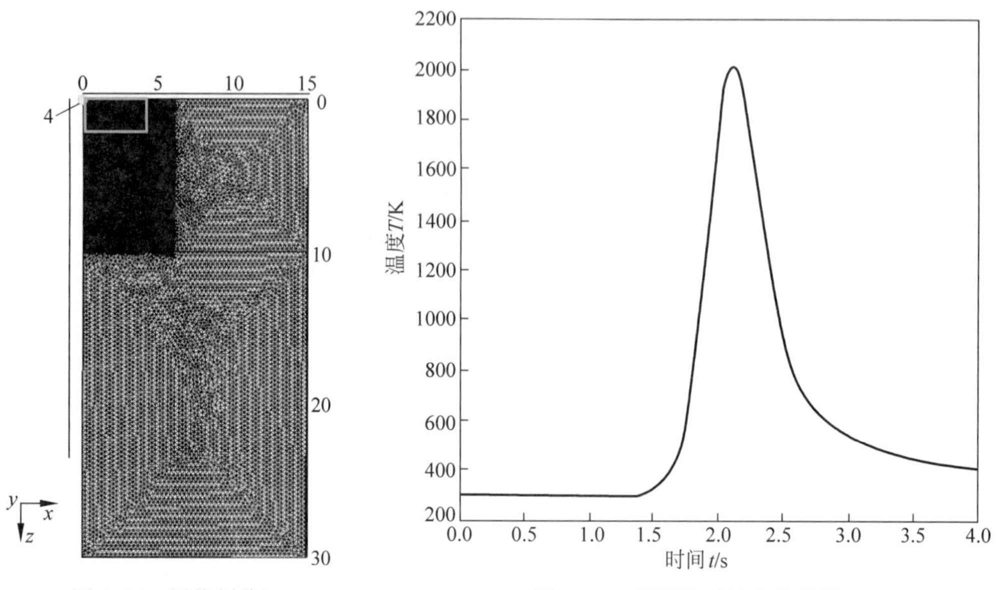

图 8.11 网格划分

图 8.12 温度随时间变化曲线

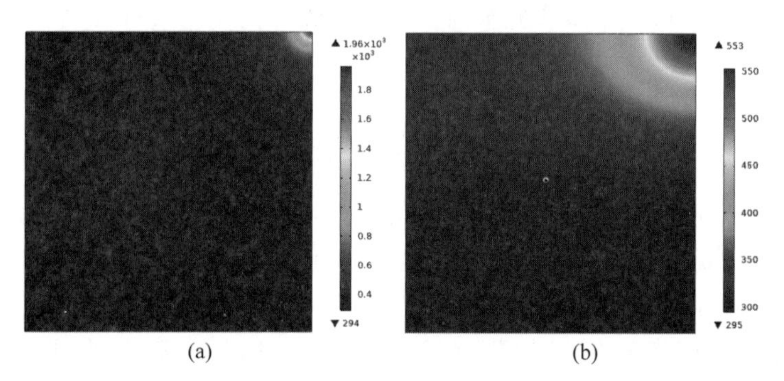

图 8.13 不同时刻横截面温度场

(a) $t=2.14$ s；(b) $t=3.1$ s

将温度场计算所得 $t=2.14\sim3.1$ s 的节点温度数据提取出来。提取模拟起始至终止时间之间 96 个时刻的温度数据。建立一个大小为 96×20 000 的矩阵。

因为模拟区域的网格单元尺寸和元胞单元尺寸相同，故不需在进行温度插值。但微观时间步与宏观时间步的量度不同，故采用线性插值对时间进行插值。界面胞生长所需的 $\Delta T \leqslant 10$ K，故微观时间步长满足：

$$\delta t \leqslant \frac{L}{2v_{\max}} = \frac{2\times10^{-5}}{2\times1.77\times10^{-3}\times10^{2}} = 5.65\times10^{-5}$$

相邻两列温度矩阵的时间步数最小值为

$$s=\frac{\Delta t}{\delta t}=\frac{0.01}{5.65\times10^{-5}}\approx177$$

故取 $s=200$，则微观时间步长为

$$\delta t=\frac{\Delta t}{s}=\frac{0.01}{200}=5\times10^{-5}$$

任意时刻 t 的温度阵为

$$T=T_j+i\times\frac{T_{j+1}-T}{s}\tag{8-14}$$

式中，j 为宏观时间步；i 为微观时间步。通过上述变换完成了微观时间步长和任意时刻的元胞温度阵，结合所建立的元胞自动机模型即可对该局部区域进行微观组织模拟。

3. 扫描电子束 H13 热作模具钢表面熔池结晶规律

扫描电子束 H13 热作模具钢的凝固过程是一个动态过程，对温度场计算时采用的工艺参数为加速电压 60 kV，束流为 15 mA，扫描速度 450 mm/min，束斑直径 3 mm。通过所建立的元胞自动机微观组织模型和温度场计算的有限元宏观模型，将宏微观模型结合，得到凝固过程中不同时刻形核生长演变过程，具体微观组织如图 8.14 所示。

由图 8.14(a)可知，在凝固区底部最先发生非均质形核，晶核数目较多，且主要以细枝晶呈竖直方向生长，这是由于在扫描电子束熔池凝固组织中，液体与固体中存在很大的温度梯度，凝固区底部由于过冷度大，形核率大，依托熔合区未熔化的晶粒非均匀形核并生长，故形成细小晶粒层。图 8.14(b)～(d)为凝固区中部柱状晶的生长，这是由于随着表面细晶粒区的形成，散热具有明显的方向性，晶粒形核后会沿着散热方向的生长，此时过冷度下降，形核率下降，以细晶粒层的晶粒为核心沿温度梯度方向呈柱状生长形成柱状晶粒层，柱状晶粒形成后，散热方向不明显，形成非自发形核。在上部会形成等轴晶如图 8.14(e)、(f)所示，这是由于在熔池凝固过程中，在凝固区上部低熔点合金元素聚集形成的过冷度导致等轴晶粒的形成。晶粒生长方向与热流方向有重要关系，凝固区底部热流方向与温度梯度方向平行，故满足生长条件的形核晶粒最先沿与热流方向平行的垂直方向生长，随着热流逐渐向周边扩散，晶体的生长也随着正温度梯度方向继续生长。在图 8.14(c)～(e)中晶粒的总生长趋势沿“抛物线形”向上生长。

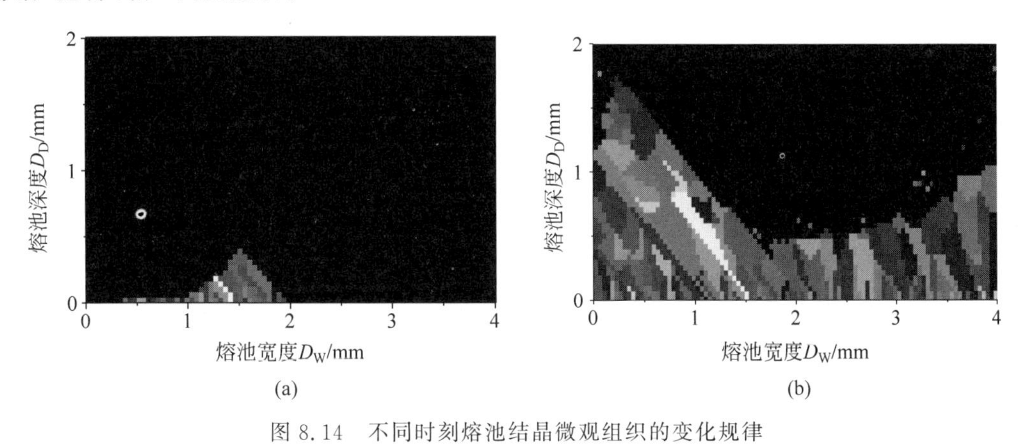

图 8.14　不同时刻熔池结晶微观组织的变化规律

(a) $t=3$ ms；(b) $t=12$ ms；(c) $t=16$ ms；(d) $t=18$ ms；(e) $t=21$ ms；(f) $t=25$ ms

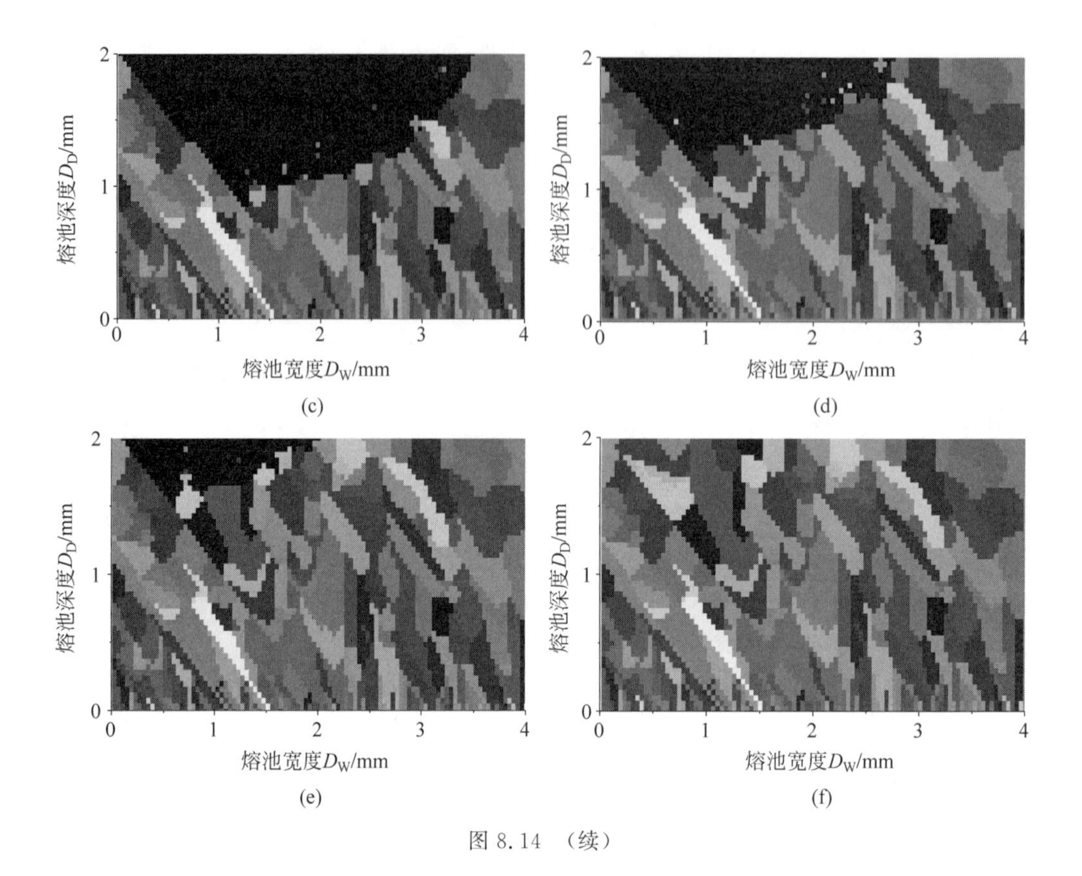

图 8.14 （续）

8.4 扫描电子束 H13 热作模具钢热影响区晶粒生长 MC 模拟

扫描电子束 H13 热作模具钢冷却过程中的热影响区微观组织对改性后的组织性能有很大影响，本研究采用蒙特卡罗法对热影响区的晶粒长大过程进行研究。

8.4.1 扫描电子束热影响区晶粒生长 MC 模拟的实现

1. MC 模型的建立

建立 MC 模型时，对模拟区域离散化采用正方形单元网格划分，如图 8.15 所示。

取向属性相同的相邻原子属于同一晶粒。假设模拟区域存在 M 个原子，F 个取向属性($F \geqslant 1$)，每个原子具有一种取向属性 Z，计算时需要初始化每个原子取向属性($1 \leqslant Z \leqslant F$)，进而计算原子间跃迁概率是否满足取向属性发生改变的条件，跃迁为取向属性相同的邻近原子成为同一晶粒，导致晶粒生长。

在模型中，原子之间的相互作用使界面能发生变化，采用哈密顿算子 H 进行定义为：

$$H = -J \sum_{i=1}^{n} (\delta_{S_i S_j} - 1) \tag{8-15}$$

式中，J 为不同格点间的相互作用能，$\mathrm{J/m^3}$；i，j 为所需计算的相邻格点标号；n 为所需计算的相邻格点总数；S_i、S_j 为模拟时所选格点 i、j 的取向属性，$S_i \geqslant 1$，$S_j \leqslant Q$，Q 为晶粒取向总数；δ 为 Kronecker 的 delta 函数：

$$\delta = \begin{cases} 0, & I = J \\ 1, & I \neq J \end{cases}$$

计算后的晶界某邻近原子的取向属性从 3 变为 2 后，相应地，晶粒边界则向原子 2 的方向移动一个格点边长的距离，如图 8.16 所示。

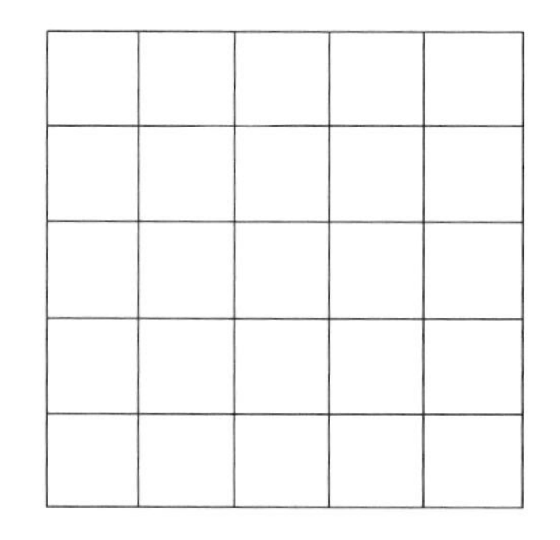

图 8.15　区域离散化

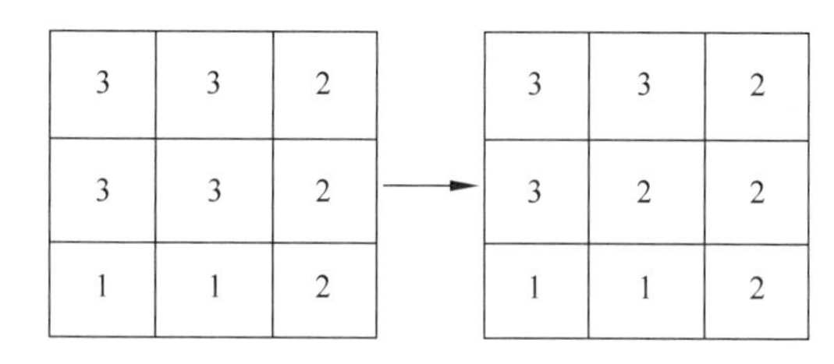

图 8.16　MC 程序计算过程中晶格取向的转变

假设模拟时间为 t，一个格点晶向发生转变的概率为 P，即跃迁几率，由转变前后的能量差值 ΔE 决定，为

$$P = \begin{cases} v\exp\left(\dfrac{\Delta E}{k_{\mathrm{b}} T}\right), & \Delta E > 0 \\ v, & \Delta E \leqslant 0 \end{cases} \tag{8-16}$$

式中，$v = 1/t$，模拟时 v 取值为 1；k_{b} 为斯忒藩-玻耳兹曼常量，通常取 $5.67 \times 10^{-8}\,\mathrm{W/(m^2 \cdot K^4)}$；$\Delta E$ 为单元格点与最邻近格点取向改变前后相互作用能的差和：

$$\Delta E = J \sum_{i=1}^{4} (\delta_{S_i S_0} - \delta_{S_i S_n}) \tag{8-17}$$

式中，S_0 为所选单元格点的初始取向；S_i 为各邻近单元格点取向；S_n 为初始格点转变后的取向；δ 为 Kroneck-er 函数。

2. 取向属性的确定

晶粒取向数目越大，模拟得到晶粒生长与实际情况越贴近，取向数 F 越大，取向属性所代表界面能的计算量也随之增加。一般晶格取向属性数目为 32 或者 64，本研究取 $F = 64$。

8.4.2　基于扫描电子束温度场的 FE-MC 单向计算

1. 数据处理

基于 8.2 节对扫描电子束 H13 热作模具钢表面热过程的分析，以 8.3 节同样的几何模型的 1/2 进行研究，取其在冷却凝固过程（$t = 2.14 \sim 3.1$ s）中热影响区（未达到熔点的临界区域）的 1 mm×1 mm 作为模拟区域，如图 8.17 所示。

提取该区域冷却过程的单元温度数据，将数据点与 MC 模型单元网格划分一一对应，为扫描电子束 H13 热作模具钢热影响区晶粒生长模拟提供温度数据。模拟时设置单元边

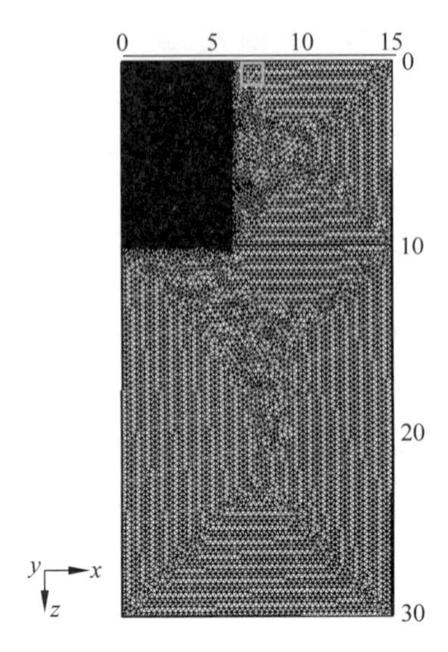

图 8.17　模拟区域

长为 10，单元个数为 100×100，模拟时间步数为 200 MCS。

2. 扫描电子束 H13 热作模具钢热影响区晶粒生长规律

扫描电子束 H13 热作模具钢冷却过程中热影响区晶粒生长是一个动态过程，利用宏观模型与微观模型相结合，对扫描电子束 H13 热作模具钢热影响区晶粒生长演变过程的微观组织计算，得到的晶粒生长过程如图 8.18 所示。

在程序中，设定模拟区域右边为扫描电子束 H13 热作模具钢热影响区靠近凝固区的部分，左边为热影响区邻近基材的部分。由图 8.18(a)～(j)可知，在对晶粒生长的动态模拟过程中，各晶粒经取向属性的判断计算后，靠近凝固区的晶粒相较于靠近基材的晶粒生长的更大，相同时间，生长速率更快。这是因为热影响区的晶粒在冷却过程中的生长受温度梯度的影响，热影响区靠近凝固区域处的温度梯度较大，故该区域晶粒生长明显。当模拟时间

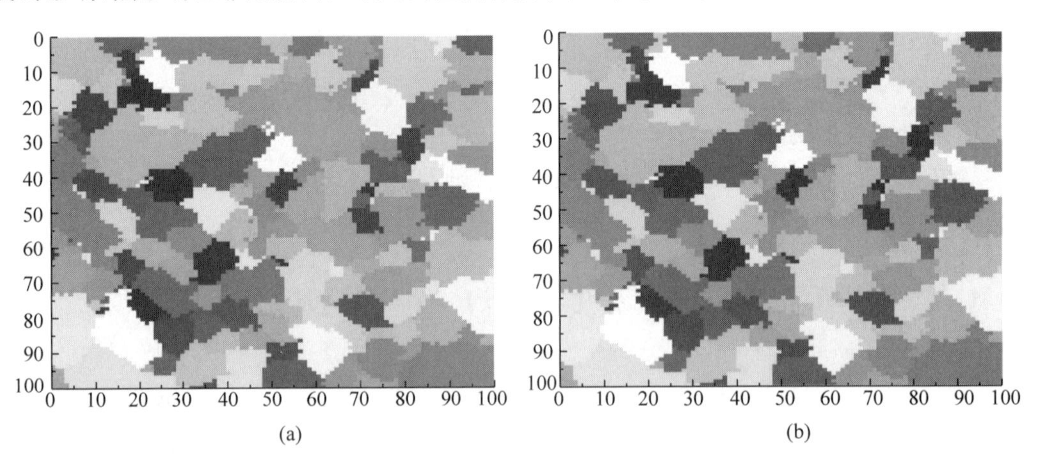

图 8.18　扫描电子束 H13 热作模具钢热影响区晶粒生长规律

(a) t=20 MCS; (b) t=40 MCS; (c) t=60 MCS; (d) t=80 MCS; (e) t=100 MCS; (f) t=120 MCS; (g) t=140 MCS; (h) t=160 MCS; (i) t=180 MCS; (j) t=200 MCS

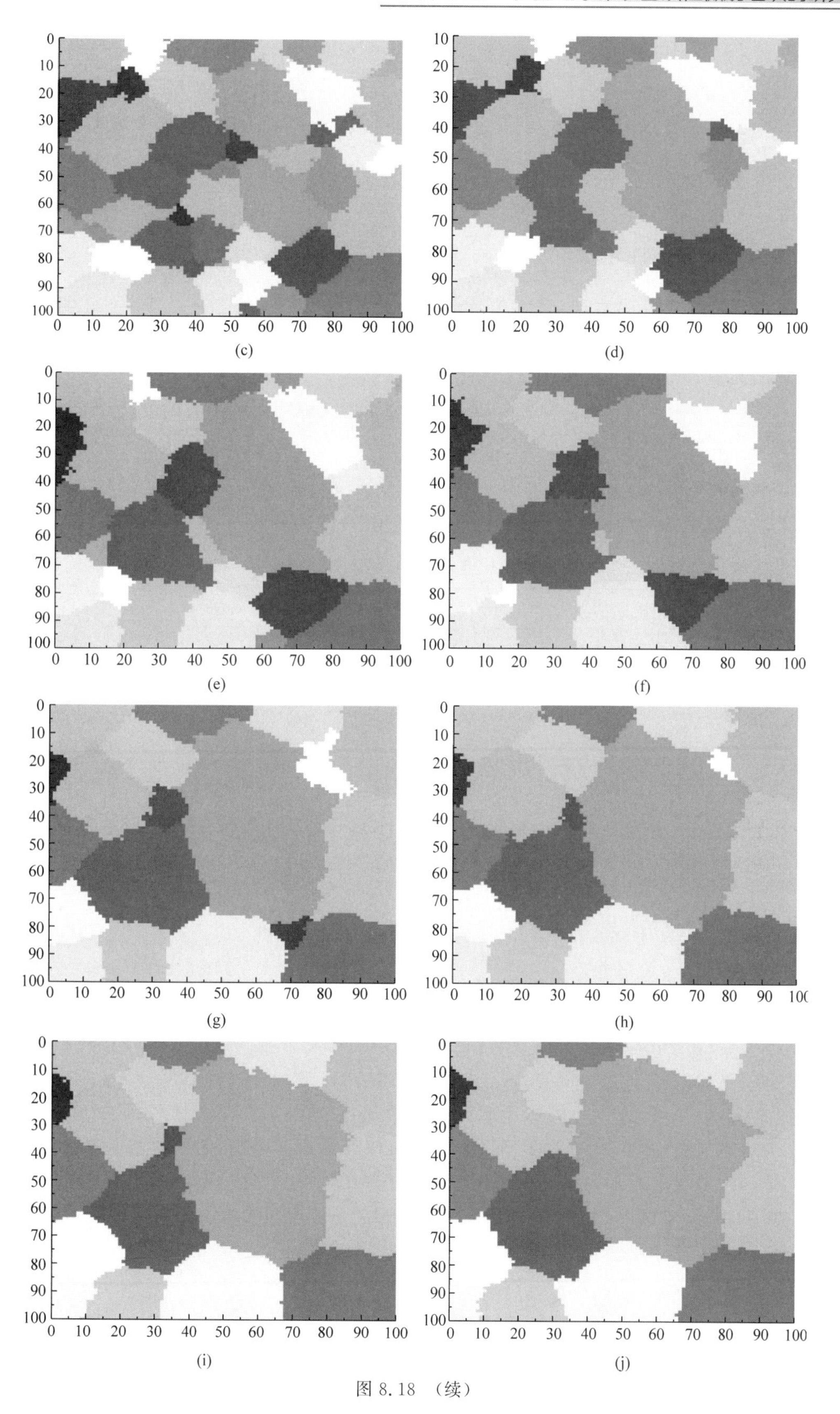

图 8.18 （续）

$t=40$ MCS时，如图8.18(b)所示，晶粒完成了一定程度的生长，晶粒平均尺寸随时间步的增加而逐渐增大。图8.18(a)～(e)长大明显，而图8.18(f)～(j)的晶粒生长速率减慢，这是由于冷却初期的温度梯度大，单位t_{MCS}下的冷却速率较大，使晶粒生长速率偏大，故热影响区的晶粒生长速率随时间步长的增加而逐渐减慢。

8.5 扫描电子束实验验证

对H13热作模具钢扫描电子束凝固过程微观组织的模拟研究，是以基本理论和其他学者的相关报道为基础，为了更好地指导实践，本节用实验验证仿真模型的可靠性，对不同扫描电流下熔池凝固的微观组织进行探索性研究。

8.5.1 材料与方法

1. 实验材料

以退火后的H13热作模具钢作为基材，其化学成分见表8.3。

表8.3 H13热作模具钢的化学成分(质量分数/%)

元素	C	Si	Mn	Cr	Mo	V	S	P	Fe
质量分数	0.32～0.45	0.82～1.2	0.22～0.5	4.75～5.5	1.12～1.75	0.8～1.2	<0.03	<0.03	Bal.

2. 实验方法

将直径为ϕ50 mm的H13热作模具钢棒料，加工为30 mm×15 mm×30 mm的试样，并保证试样表面的平整性。

所使用的设备是桂林某研究所自主研发的HDZ-6型高压数控真空电子束加工设备，处理方法为扫描加热方式。

8.5.2 实验结果与分析

1. 凝固区域组织分布规律

扫描电子束过程的电子束工艺参数分别为加速电压$U=60$ kV、束流$I=15$ mA、扫描速度$v=450$ mm/min、束斑直径$d=3$ mm。利用扫描电子显微镜(SEM)观察扫描电子束H13热作模具钢表面改性处理凝固区域横截面的组织如图8.19所示。

由图8.19(a)可知，凝固区边界形貌呈“抛物线形”，与模拟结果晶粒的总生长趋势沿“抛物线形”向上生长相吻合，图8.19(d)所示凝固区底部晶体组织主要呈细枝晶生长，在图8.19(c)中随着向上部靠近，晶体生长具有明显的方向性，且形成较粗大的柱状晶，在图8.19(b)中，凝固区上部组织晶粒主要生长等轴晶。实验与模拟获得的凝固区域底部、中部、上部晶粒位向和形态相吻合，故模型得到验证。

2. 电子束束流对熔池结晶组织的影响

讨论束流的影响时，采用的电子束工艺参数为加速电压60 kV，扫描速度350 mm/min，束斑直径3 mm，束流分别为28 mA、34 mA。仿真结果如图8.20所示。

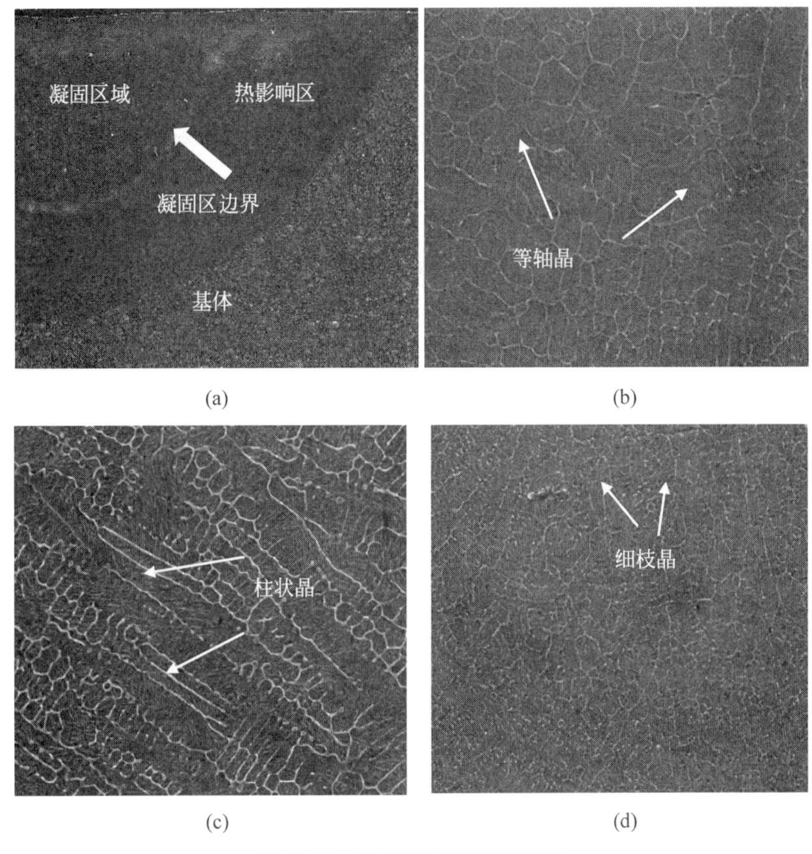

图 8.19 凝固区域横截面组织

(a) 凝固区域形貌；(b) 凝固区域横截面上部组织；(c) 凝固区域横截面中部组织；(d) 凝固区域横截面底部组织

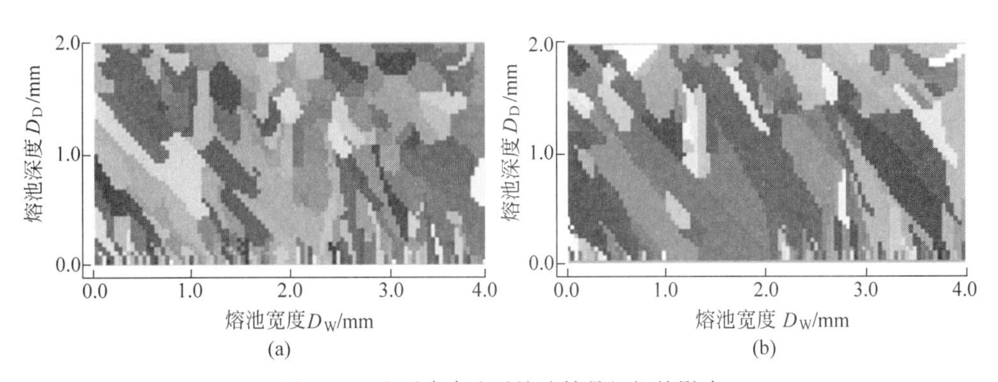

图 8.20 电子束束流对熔池结晶组织的影响

(a) $I=28$ mA；(b) $I=34$ mA

采用与模拟相同的工艺参数，实验得到的结果如图 8.21 所示。

由图 8.20 可知，晶粒度(Zs)随扫描电流的增加而减小，同时，柱状晶增多，等轴晶减少。在图 8.21 中，Zs 随扫描电流的增加而减小，柱状晶数目增加，等轴晶数目减少，模拟与实验所得结果的生长趋势相一致。这是由于随扫描电流的增加，扫描功率增加，金属表面单位面积吸收的热量增加，相同时间下的热量增多，被扫描区域传递给基体的热量增加，散热

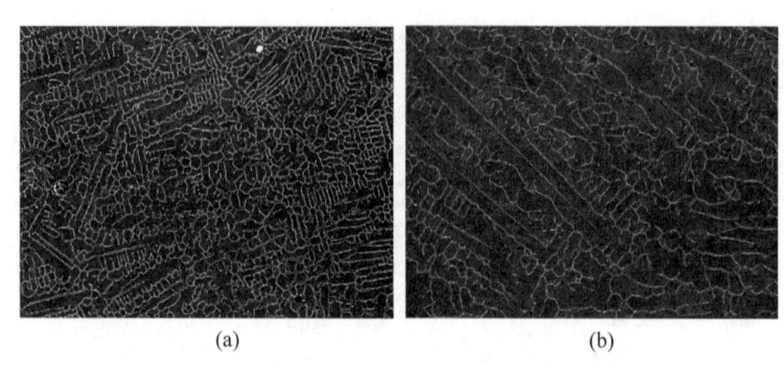

图 8.21 电子束束流对熔池结晶组织的影响

(a) $I=28$ mA；(b) $I=34$ mA

速度变慢，故冷却速度降低，而在金属结晶时，形核率越小，生长速率越大，晶粒越粗大，故形核率 N 和生长速率 G 之比决定着 Zs 的大小，比值 N/G 越小，晶粒越粗大。N/G 的比值随过冷度减小而减小，而液态金属的冷却速度越小，过冷度越小，所以在相同时间下，Zs 随扫描电流增加而减小。同时，由于液态金属冷却速度的降低，等同于熔池凝固组织的结晶时间变长，而一般情况下，晶粒在优先生长方向的数目较多，在定向热流方向持续生长，与热流方向偏差较大的晶粒逐渐消失，接近热流方向的晶粒逐渐形成较粗大的柱状晶，即柱状晶数目随扫描电流增加而增多，相同区域下的等轴晶减少。

在工业生产中，细化晶粒是提高金属力学性能的重要途径之一，过冷度细化晶粒是提高金属力学性能的重要途径之一，所以在扫描电子束金属表面改性过程中，合理地选取扫描电流值对金属的力学性能有着重要影响。

第 9 章

扫描电子束45钢W和Mo合金化组织与性能的研究

45 钢因其具有良好的切削性能以及低廉价格的特点，在工业中得到广泛使用。为改善其表面综合性能常采用物理气相沉积技术、常规电镀技术等提高表面机械性能。但物理气相沉积技术存在环境污染严重、强化层结合力弱、组织不致密的缺点，常规电镀技术会产生大量工业废水且污染环境的缺点，所以难以得到广泛的应用。

扫描电子束表面合金化是利用预涂覆技术(等离子热喷涂等技术)在试样表面制备具有一定厚度的合金粉末涂覆层，利用扫描电子束技术处理涂覆层，调节电子束入射能量以及与试样表面作用的时间，使涂覆层和基体表层同时熔化在一起，在试样表层形成新的合金强化层，从而提高材料表面的性能。W、Ti、Ta、Mo 等元素的合金粉末能够在提升试样表层硬度的同时，也可以改善试样表面的耐磨性。

9.1 材料与方法

9.1.1 材料

1. 基体材料

实验采用的基材是桂林市销售的热轧空冷状态下的 45 钢，化学成分如表 6.1 所示，其主要物理性能与力学性能如表 9.1 所示。

表 9.1 45 钢的物理性能和力学性能

密度 ρ/(kg/m^3)	熔点/℃	A_{c1}/℃	A_{c3}/℃	泊松比/μ	热扩散率 α/(10^{-5} m^2/s)(室温)
7.89×10^3	1433	721	778	0.269	11.7

2. 粉末涂覆层材料

目前，工业上提高钢材表面性能最广泛的方法是通过提高钢材表面的含碳量，比如渗碳处理和渗氮处理等，从而增加钢材中珠光体含量，提升钢材的机械强度，但试样的含碳量提升空间有限，含碳量过高，钢材表面容易出现裂纹。因此，在相同含碳量的情况下，提高钢材中少量合金元素的含量,可以有效提高钢的屈服强度、抗拉强度以及耐磨损性能。

钨是一种熔点很高的稀有金属,它的优点是其有良好的高温强度,对熔融金属和蒸气有良好的耐腐蚀性,同时钨还可以提高材料的硬度和耐磨损性能。在铸铁中加入钼,可以提高钢的淬透性,使钢的晶粒细化,从而提高钢的硬度和耐磨性能。

本实验选用粒度为300目的W和Mo粉末进行电子束表面合金化的研究。

9.1.2 方法

1. 等离子热喷涂涂层的制备

将纯度为99%的合金粉末(W粉和Mo粉)通过等离子喷涂制备表面涂层,而后采用扫描电子束方式对表面进行熔覆,在试样表面得到一层合金强化层。利用丙酮清洗试样表面的油污和杂质,再利用24目白钢玉砂对试样表面进行喷砂处理,从而提高涂层与基体表面的结合力。喷砂时的工艺参数为:压力0.6 MPa,喷砂距离约为100 mm。采用等离子热喷涂设备对喷砂后的试样进行喷涂。等离子热喷涂设备的工艺参数为:电流470 A、电压35 V、喷涂距离约为150 mm、Ar气压力1.1 MPa、H_2气压力0.7 MPa、送粉气压力0.6 MPa,扫描速度为50 mm/min。喷涂厚度为20 μm和50 μm。

2. 扫描电子束下束方法

本实验采用的扫描轨迹为圆环形,扫描直径为外径d_1=4 mm,内径d_2=3 mm,如图9.1所示。通过调节电子束加工设备的传动系统将电子枪按照设定的速度对试样进行直线扫描,从而实现整体的面域扫描。

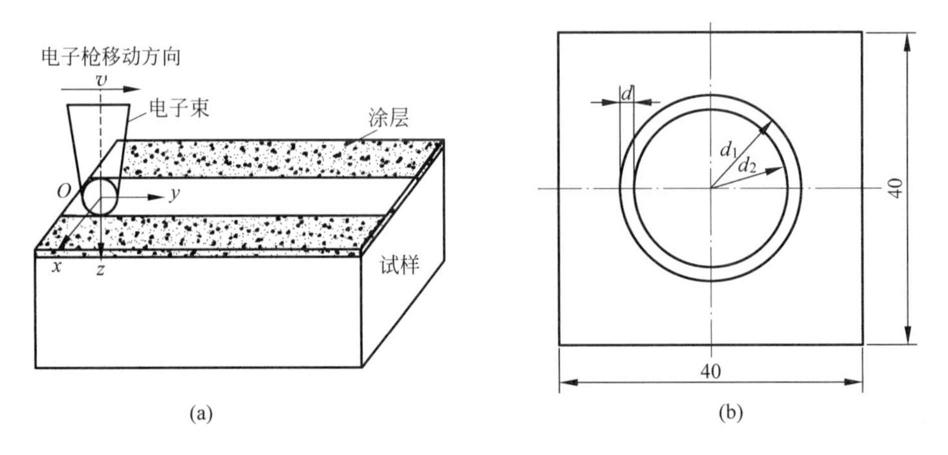

图9.1 扫描电子束下束方式示意图
(a) 扫描电子束示意图;(b) 扫描环示意图

9.2 45钢扫描电子束表面熔凝处理的研究

扫描电子束表面熔凝处理属于新型非接触式表面强化工艺,通过调节电子束工艺参数实现能量密度大小的控制,从而控制试样表面奥氏体化温度的大小。由于材料试样表层和基体存在着巨大的温度梯度,通过自激冷却实现对试样表层组织相变的控制。

9.2.1　实验方法与工艺参数的选择

1. 实验方法

实验基材选用为常用正火后的45钢棒料。实验时，将棒料用立式铣床加工成40 mm×40 mm×40 mm的试样。

将铣床处理过的试样进行分组和编号，利用某厂生产的型号为THDW型真空电子束加工设备进行扫描电子束表面熔凝处理。而后将电子束处理后的试样进行磨制、抛光和腐蚀制成金相试样，观测显微组织和性能。

2. 电子束工艺参数的选择

45钢材料的熔点约为1450℃，选用的45钢扫描电子束表面熔凝处理的工艺参数，见表9.2。

表9.2　45钢电子束表面熔凝处理工艺参数

试样编号	加速电压/kV	束流/mA	扫描速度/(mm/min)	束斑直径/mm
A-1	70	5	50	4
A-2	70	6	50	4
A-3	70	7	50	4
A-4	70	8	50	4
B-1	70	7	30	4
B-2	70	7	40	4
B-3	70	7	50	4
B-4	70	7	60	4

9.2.2　结果分析

1. 横截面形貌和显微组织

45钢经扫描电子束熔凝处理后表面形貌与显微组织如图9.2所示。截面形貌分为硬化区、热影响区和基体三部分。经测量可知硬化区厚度约为205 μm，热影响区厚度为400 μm。

由图9.2(a)可知，整个熔池形状为月牙形，由于电子束热源为高斯热源，能量密度为中间高两边低，从而熔池中间的奥氏体化温度远远高于边缘的温度，同时熔池冷却是靠基体的自激冷却，因此熔池边缘的散热能力远远高于熔池中部的，从而影响熔池的形状为月牙形。

由图9.2(b)可知，硬化区的组织为针状马氏体和板条状马氏体，且组织晶粒细小。因为电子束的能量主要集中在硬化区，电子束能量密度高，硬化区温度高，硬化区奥氏体化程度更加完全，但电子束能量持续时间短，试样表层和基体有较大的过冷度，经基体快速导热，使得硬化区域急剧冷却，奥氏体来不及长大，快速形成马氏体，从而导致马氏体的晶粒细小。

而图9.2(c)的热影响区组织为针状马氏体、屈氏体和铁素体。这是因为电子束能量转换效率高，导致扫描电子束熔凝是一个快速加热的过程，又由于基体和试样表层有较大的温度梯度，经过基体的快速热传导作用，实现熔体快速冷却凝固，从而导致热影响区组织的奥氏体化不完全；温度在A_{c1}～A_{c3}之间，但深度不同，热量传递的大小就不同，冷却速度不同，晶粒来不及长大，故为细小的针状马氏体、屈氏体和铁素体。

基体组织则是由铁素体和珠光体组成的，如图 9.2(d)所示。

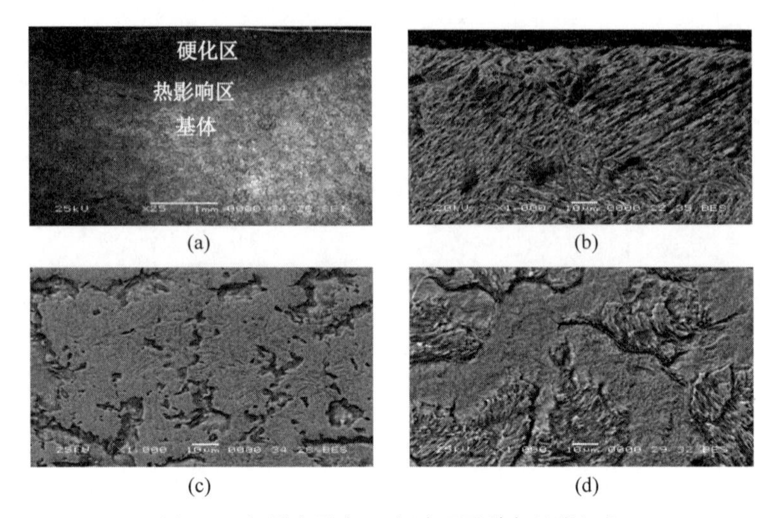

图 9.2　扫描电子束 45 钢表面形貌与显微组织

(a) 整体形貌；(b) 硬化区组织；(c) 热影响区组织；(d) 基体组织

2. 扫描电子束表面熔凝处理后的性能

1）显微硬度

显微硬度沿深度方向的变化如图 9.3 所示。随着距表面距离的增加，显微硬度呈非线性减小。距表面距离为 200 μm 内时，强化层的硬度下降缓慢；距表面的距离在 200～600 μm 时，显微硬度下降速率骤增，但仍高于基体。这是由于深度不同，奥氏体化温度不同。热影响区组织的多样性，随着距表面距离的增加，针状马氏体含量逐渐减少，铁素体含量逐渐增多。熔凝硬化区域的厚度约为 200 μm，平均硬度为 800 HV，约为基体硬度的 4 倍，这是由于熔凝硬化区域组织是由大量针状马氏体和板条状马氏体组成；热影响区域的厚度约为 400 μm，平均硬度为 650 HV，约为基体硬度的 3 倍，这是由于热影响区的组织由

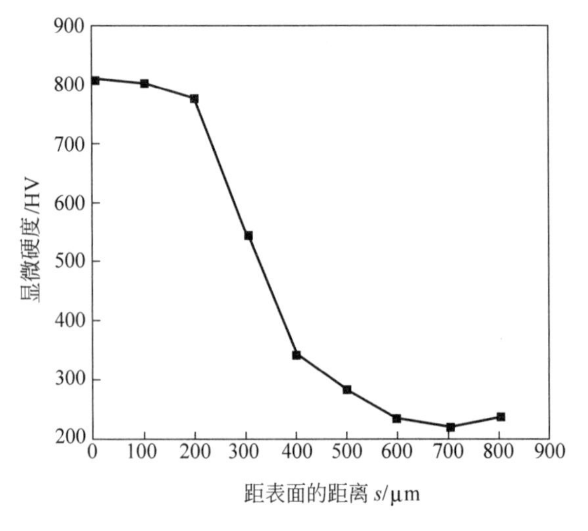

图 9.3　显微硬度沿深度方向的分布

针状马氏体和铁素体。当距离表面 600 μm 后,进入基体区。

2）耐磨性分析

材料处理前后磨损量对比如图 9.4 所示。随着载荷的增加,磨损量增加,当载重为 50 N 时,表面熔凝处理后试样的磨损量为 4.7 mg,未经处理试样的磨损失重为 17 mg;载重为 75 N 时,表面熔凝处理后试样的磨损量为 7.1 mg,未经处理试样的磨损失重为 25 mg;载重为 100 N 时,表面熔凝处理后试样的磨损量为 9.4 mg,未经处理试样的磨损量为 30 mg;载重为 125 N 时,扫描熔凝处理后试样的磨损失重为 11.2 mg,未经处理试样的磨损量为 40 mg;载重为 150 N 时,表面熔凝处理后试样的磨损量为 13.3 mg,未经处理试样的磨损量为 60 mg。

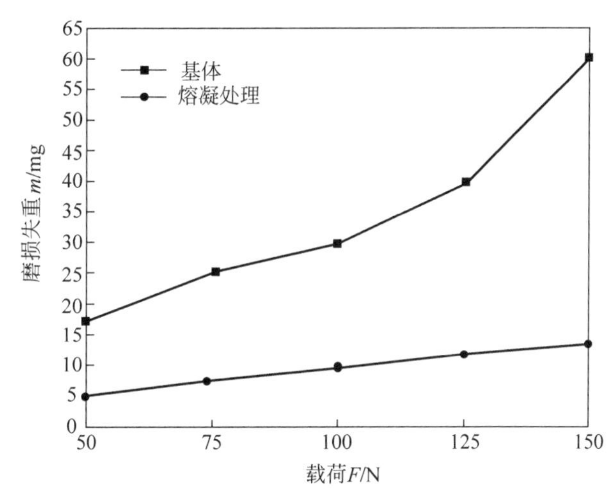

图 9.4　电子束表面熔凝处理对耐磨性的影响

基体、表面熔凝处理与回火处理后显微组织如图 9.5 所示。基体组织是由珠光体和铁素体组成的;扫描电子束表面熔凝处理之后硬化层的显微组织为针状马氏体和板条状马氏体;对试样进行扫描电子束表面熔凝处理之后,再进行 550℃高温回火处理之后的组织为回火索氏体。比较图 9.5(a)、(b)、(c),可以明显看出,45 钢扫描电子束表面熔凝处理后,硬化区的显微组织为晶粒均匀细小的马氏体,是硬度提高的主要原因;回火之后的显微组织要比淬火之后的显微组织更加细小,这是由于在回火的过程中,马氏体会析出一些碳化物,这些碳化物是由马氏体中过饱和的碳原子组成的,从而马氏体的含碳量降低,形成晶粒更加细小的组织。

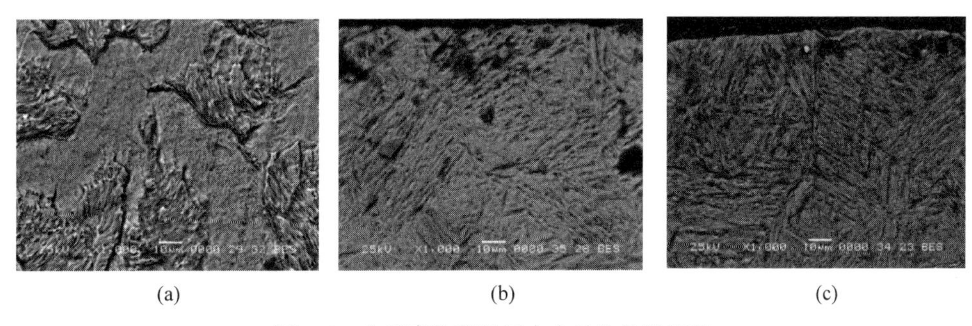

(a)　(b)　(c)

图 9.5　电子束处理及回火之后的显微组织

(a) 基体组织;(b) 熔凝处理后的显微组织;(c) 回火处理后的显微组织

经测量,基体的硬度约为 230 HV;经电子束表面熔凝处理之后硬化层的显微硬度约为 850 HV,约为基体硬度的 4 倍。熔凝处理后高温回火硬度约为 350 HV,约为基体硬度的 1.5 倍。

9.2.3 电子束工艺参数对组织和性能的影响

1. 电子束功率 *P* 对显微组织和性能的影响

1) 电子束功率对显微组织的影响

图 9.6 所示为电子束功率对强化层显微组织的影响。功率为 350 W 时,硬化区的组织为板条状马氏体、针状马氏体和铁素体;功率为 420 W 时,硬化区组织为针状马氏体和铁素体;功率为 490 W 时,硬化区铁素体基本消失,主要为板条状马氏体和针状马氏体;功率为 560 W 时,硬化区的铁素体完全消失,该区域的显微组织为针状马氏体和板条状马氏体。

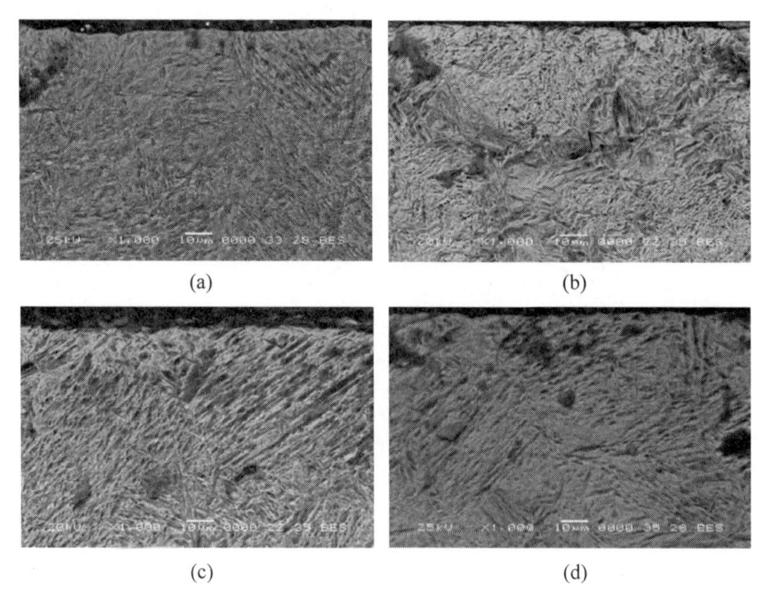

图 9.6 电子束功率对 45 钢显微组织的影响

(a) $P=350$ W; (b) $P=420$ W; (c) $P=490$ W; (d) $P=560$ W

出现上述现象的原因主要是试样表面奥氏体化温度的增加。由于电子束功率密度的增加,导致传入到基体表层电子数量增加,表层吸收的热量增加,试样表层的奥氏体化温度越高,铁素体含量逐渐减少,自激冷却淬火后的马氏体组织也更加的均匀细小。在功率超过 350 W 时,试样表面出现微熔现象。随着功率的增加,试样表层吸收电子数量的增加,试样表层的奥氏体化温度升高,经基体自激冷却后,形成的马氏体晶粒更加细小。

2) 电子束功率对显微硬度与耐磨性的影响

电子束功率对 45 钢沿深度方向硬度的影响如图 9.7 所示。随着距表层距离的增加,显微硬度呈非线性下降。在同一深度时,功率越大,硬度越高。功率为 350 W 时,表层硬度为 630 HV;功率为 420 W 时,表层硬度为 740 HV;功率为 490 W 时,表层硬度为 805 HV;功率为 560 W 时,表层硬度为 885 HV,约为基体硬度(210 HV)的 4 倍。热影响区的硬度为 610～640 HV,约为基体硬度(210 HV)的 3 倍。

功率对 45 钢沿深度方向磨损失重的影响如图 9.8 所示。随着载荷的增加,磨损量呈非线性增加。

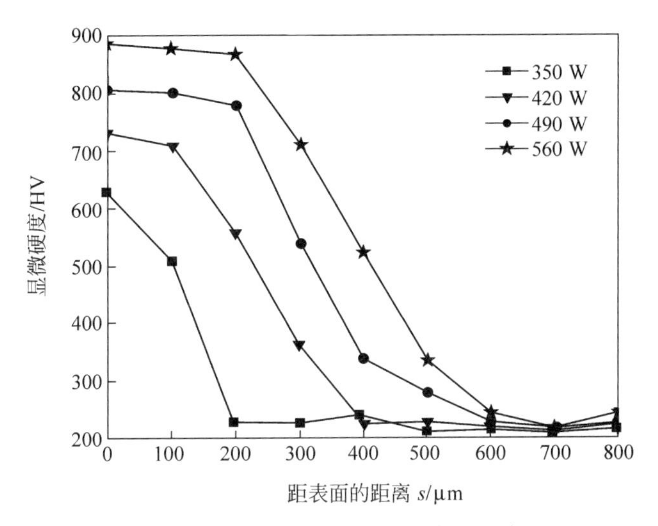

图 9.7　电子束功率对显微硬度的影响

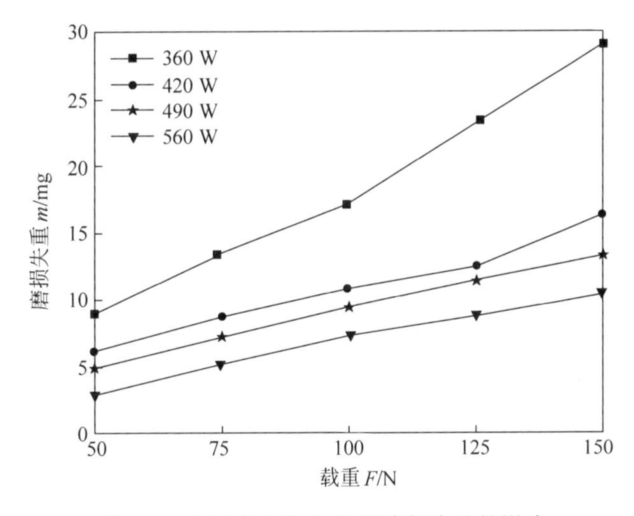

图 9.8　电子束功率对 45 钢磨损失重的影响

2. 电子束扫描速度对组织和性能的影响

1）扫描速度对强化层显微组织的影响

扫描速度 v 对 45 钢显微组织的影响如图 9.9 所示。随着扫描速度的增加，硬化区的马氏体含量减少，铁素体含量增加。扫描速度为 30 mm/min 时，硬化区显微组织为针状马氏体和板条状马氏体，且晶粒细小；扫描速度为 40 mm/min 时，硬化区内组织仍为针状马氏体，组织晶粒细小；当扫描速度增大至 50 mm/min 时，硬化区组织主要为针状马氏体和少量铁素体；当扫描速度增大为 60 mm/min 时，硬化区内组织仍为少量的铁素体和针状马氏体，但铁素体的相对含量增加。

电子束功率相等的情况下，扫描速度越低，电子束作用试样表面的时间越久，传入到试样表层的电子数量越多，沉积在试样表层的能量越大，试样表面的奥氏体化温度越高；当扫描速度较高时，电子束与试样表面接触的时间较短，传入到试样表层的电子数量越少，沉积

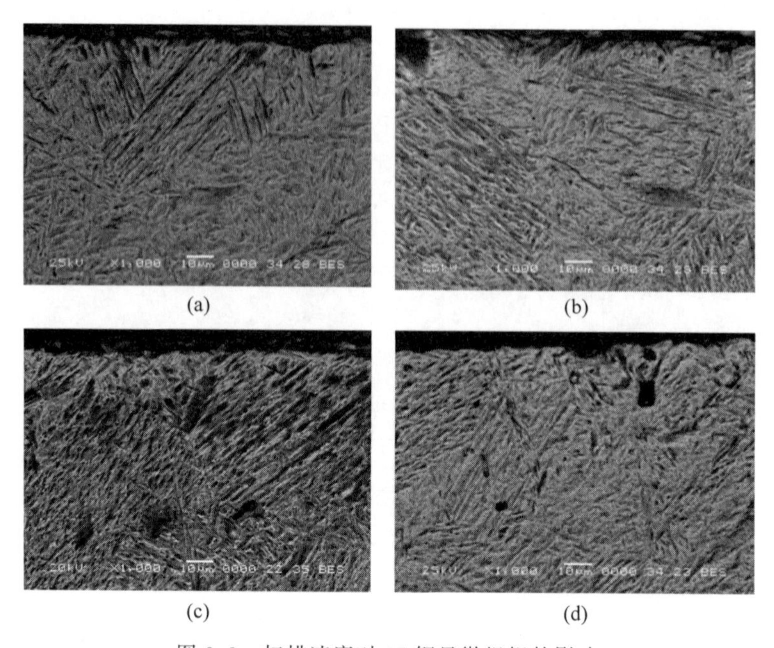

图 9.9　扫描速度对 45 钢显微组织的影响

(a) v=30 mm/min；(b) v=40 mm/min；(c) v=50 mm/min；(d) v=60 mm/min

在试样表层的能量越小，试样表面的奥氏体化温度较低。由于电子束和试样接触的时间不同，奥氏体化温度不同，自激冷却后，得到硬化区组织有所差别。

2）扫描速度对显微硬度与耐磨性的影响

试样表面的硬度随扫描速度的变化如图 9.10 所示。在同一深度，随着扫描速度的增加硬度降低。扫描速度为 30 mm/min 时，表层硬度为 855 HV；扫描速度为 40 mm/min 时，表层硬度为 805 HV；扫描速度为 50 mm/min 时，表层硬度为 740 HV；扫描速度为 60 mm/min 时，表层硬度为 650 HV，约为基体硬度(210 HV)的 3 倍。热影响区的硬度为 600～650 HV，约为基体硬度的 3 倍。

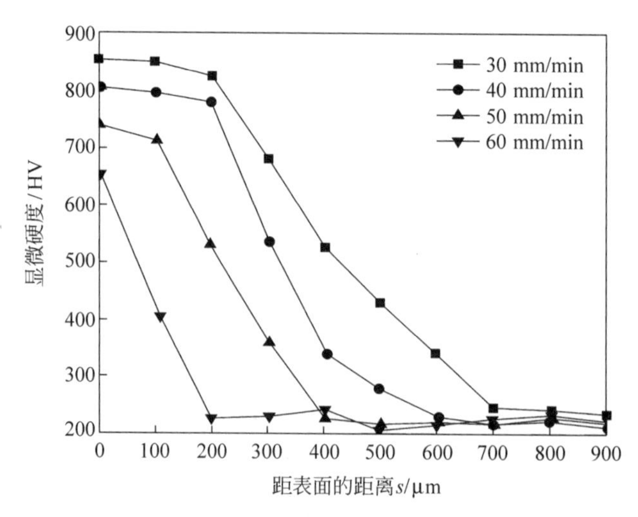

图 9.10　扫描速度对 45 钢硬度的影响

扫描速度对 45 钢磨损失重的影响如图 9.11 所示。从图中可以看出：随着载荷的增加，试样的磨损失重逐渐增加，在相同的载荷下，扫描速度越快，磨损失重越多。

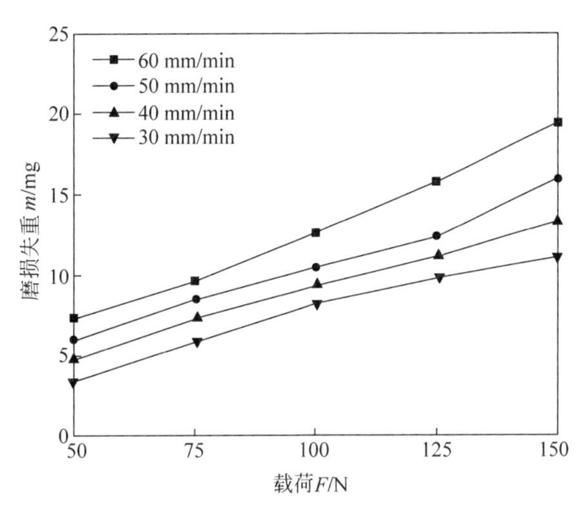

图 9.11　扫描速度对 45 钢磨损失重的影响

9.3　扫描电子束 45 钢表面合金化的研究

扫描电子束表面熔凝处理 45 钢可以提高表面性能，但在表面熔凝处理的基础上添加合金元素，实现扫描电子束合金化，则可再次提高其表面性能。

9.3.1　工艺参数确定

在试样表面制备合金涂层，制得的钨粉涂层厚度为 20 μm，钼粉涂层厚度为 50 μm。

45 钢的熔点在 1450℃左右，钨的熔点约为 3400℃，钼的熔点约为 2620℃。利用式(6-6)和实验，制定出扫描电子束表面合金化的工艺参数见表 9.3，其中，C 组为添加钨粉合金，D 组为添加钼粉合金。

表 9.3　45 钢扫描电子束表面合金化工艺参数

试样编号	加速电压/kV	束流/mA	扫描速度/(mm/min)	扫描环直径/mm
C-1	70	1	50	4
C-2	70	2	50	4
C-3	70	3	50	4
C-4	70	4	50	4
C-5	70	3	30	4
C-6	70	3	40	4
C-7	70	3	50	4
C-8	70	3	60	4
D-1	70	5	50	4
D-2	70	6	50	4
D-3	70	7	50	4

续表

试样编号	加速电压/kV	束流/mA	扫描速度/(mm/min)	扫描环直径/mm
D-4	70	8	50	4
D-5	70	7	30	4
D-6	70	7	40	4
D-7	70	7	50	4
D-8	70	7	60	4

9.3.2 结果分析

1. 表面形貌与微观组织

45 钢经扫描电子束表面 W 合金化处理后整体形貌与显微组织如图 9.12 所示。截面形貌仍分为合金化区、热影响区和基体。测量可得 W 合金化区厚度约为 58 μm,热影响区厚度约为 72 μm。

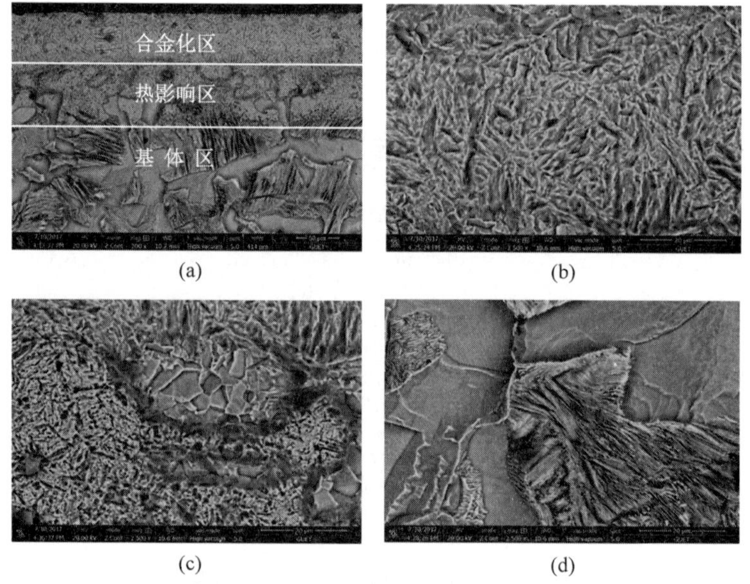

(a) (b) (c) (d)

图 9.12 45 钢扫描电子束钨表面合金化的整体形貌与显微组织

(a) 横截面整体形貌;(b) 合金化区显微组织;(c) 热影响区显微组织;(d) 基体显微组织

扫描电子束表面合金化过程中,合金化区和热影响区接收电子束的能量不同,导致合金化区和热影响区的奥氏体化温度不同,从而影响合金化区和热影响区的组织形貌及厚度。合金化区是合金元素和基体熔化到一起的区域,热影响区是合金化区对基体的热传递区域,故热影响区的厚度高于合金化区的厚度。

图 9.12(b)所示为合金化区组织,合金化区在扫描电子束移动过程中温度最高,完全达到相变温度点以上,该区域组织完全奥氏体化,熔融基体在热传导作用下,发生自淬火效果,组织得到高度细化,形成针状马氏体组织,且钨元素和碳元素发生化学反应形成碳化钨颗粒。图 9.12(c)所示为热影响区组织,热影响区的温度在 A_{c1} 左右,冷却后,组织主要为铁素体和针状马氏体,铁素体晶粒相比基体的铁素体组织更加细小。这是由于扫描电子束处

理是瞬间将电子的能量沉积在试样的表层，试样的表层迅速升温，又由于试样表层下的基体处于室温的状态，试样的表层和基体形成巨大的温度梯度，导致试样表层的晶粒组织来不及长大就快速冷却。图 9.12(d)所示为基体显微组织，由铁素体和珠光体组成。

图 9.13 为 45 钢扫描电子束钼合金化后试样的整体形貌与显微组织。测得 Mo 合金化区厚度约为 90 μm，热影响区厚度约为 142 μm。

图 9.13(b)所示为合金化区显微组织，该区域组织完全奥氏体化，熔融基体在热传导作用下，发生自淬火效果，基体传热快速冷却后，合金化区出现高度细化的枝晶状微晶组织，该组织为细小的亮白色隐针状马氏体组织，且钼元素和碳元素发生化学反应形成碳化钼颗粒。图 9.13(c)所示为热影响区显微组织，组织主要由铁素体和针状马氏体组成，铁素体晶粒相比基体的铁素体组织更加细小。

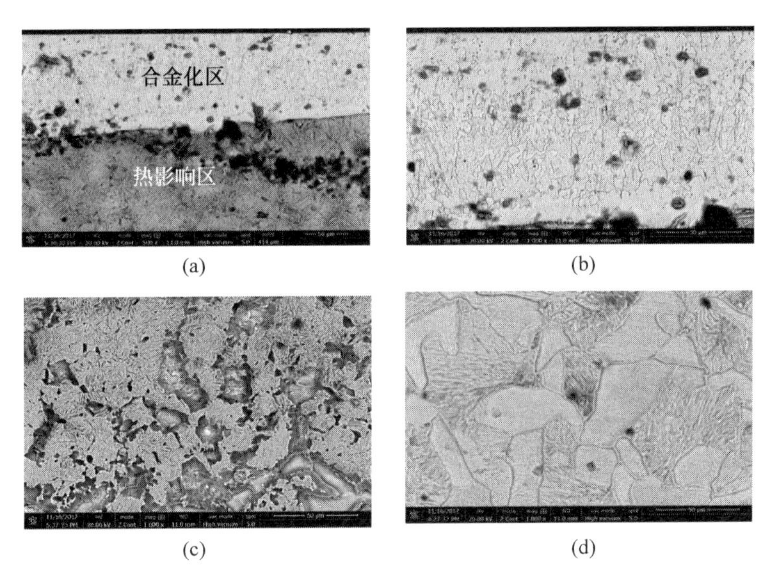

(a)　(b)　(c)　(d)

图 9.13　45 钢扫描电子束钼合金化的整体形貌与显微组织

(a) 横截面整体形貌；(b) 合金化区显微组织；(c) 热影响区显微组织；(d) 基体显微组织

图 9.14 所示为 45 钢扫描电子束 W、Mo 合金化的 EDS 谱。可以看出合金化区的碳含量要高于热影响区和基体的碳含量，而基体的碳含量要高于热影响区的碳含量，这是因为试样在进行电子束合金化处理的过程中，合金化区的合金元素和碳元素结合为碳化物，而合金化区的合金元素过多，导致热影响区的碳元素向合金化区转移，因而导致热影响区的碳含量低于基体的碳含量。

2. 显微硬度与耐磨性

不同处理方式测得的 45 钢表面硬度见表 9.4。45 钢经电子束表面钨合金化处理后，表面的最高硬度为 1250 HV，约为基体的 6 倍；电子束表面钼合金化处理后，表面的最高硬度为 1124 HV，约为基体的 5 倍；等离子热喷涂 W 涂层最高硬度为 374 HV，约为基体的 1.6 倍等离子热喷涂 Mo 涂层最高硬度为 351 HV，约为基体的 1.5 倍。由表可以看出电子束表面合金化大大地提高了材料的表面硬度。

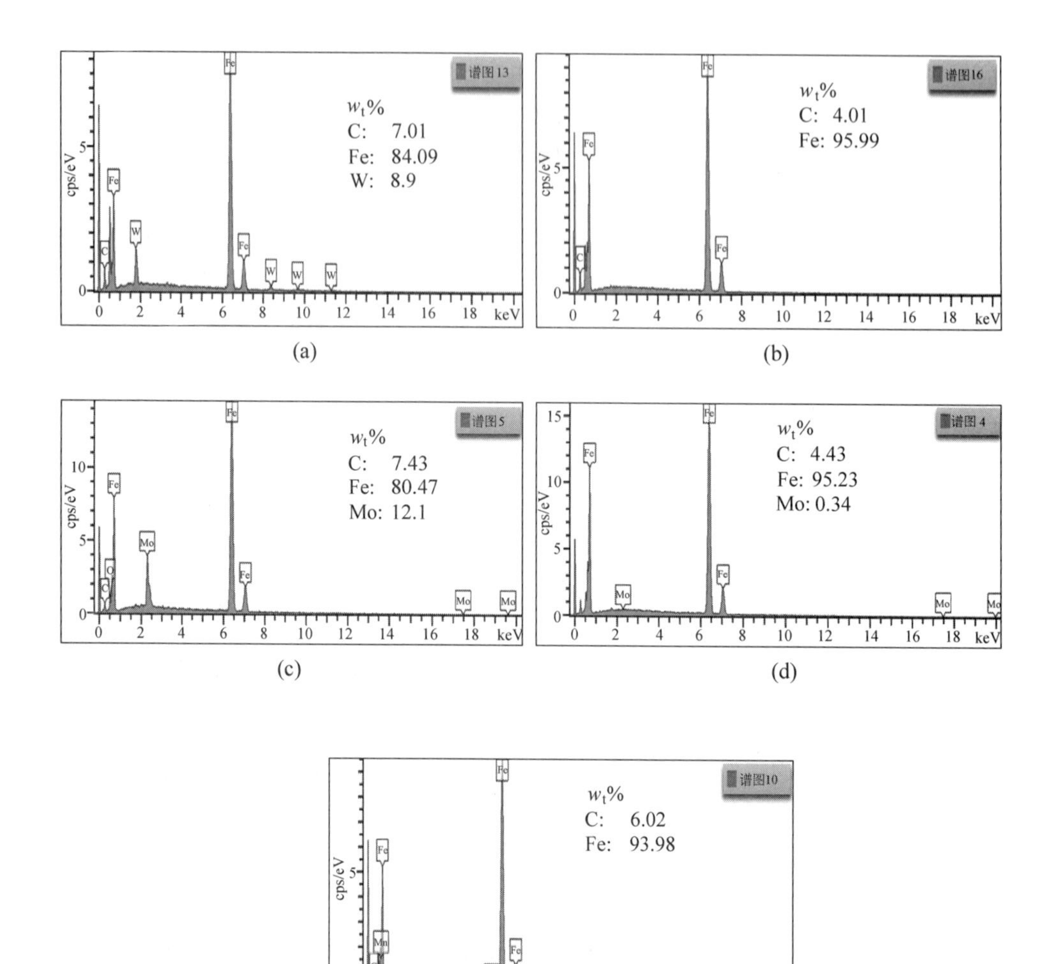

(a) (b) (c) (d) (e)

图 9.14 45 钢扫描电子束 W、Mo 合金化的 EDS 谱

(a) 添加 W 粉后的合金化区；(b) 添加 W 粉后的热影响区；(c) 添加 Mo 粉后的合金化区；(d) 添加 Mo 粉后的热影响区；(e) 基体

表 9.4 不同处理方式获得的表面硬度

试 样	测量点代号及平均硬度数值(HV)				
	1	2	3	4	5
基体试样	218	220	218	226	219
等离子热喷涂 W 试样	371	369	374	368	365
等离子热喷涂 Mo 试样	343	347	351	341	342
电子束表面钨合金化强化层	1123	1250	1000	1170	1135
电子束表面钼合金化强化层	1086	1124	973	1092	1103

扫描电子束表面钨合金化处理后的硬度沿深度的变化如图 9.15 所示。随着距表面距离的增加,硬度呈非线性减低。在距表面 60 μm 内,硬度下降较为平缓;距表面的距离达到 60～130 μm 时,显微硬度急剧下降,但仍高于基体。这是由于热影响区组织的多样性,随着距表面距离的增加,马氏体含量逐渐减少,铁素体含量逐渐增多。电子束表面处理强化层的厚度约为 130 μm,合金化区域的厚度约为 60 μm,平均硬度约为基体的 5 倍,由于合金化区域的组织是由大量针状马氏体和碳化钨颗粒组成的,致使硬度有所增加,热影响区域的厚度约为 70 μm,平均硬度约为基体的 3 倍,这是由于热影响区域的组织由针状马氏体和铁素体组成。当距离表面 130 μm 后,进入基体区,硬度不变。

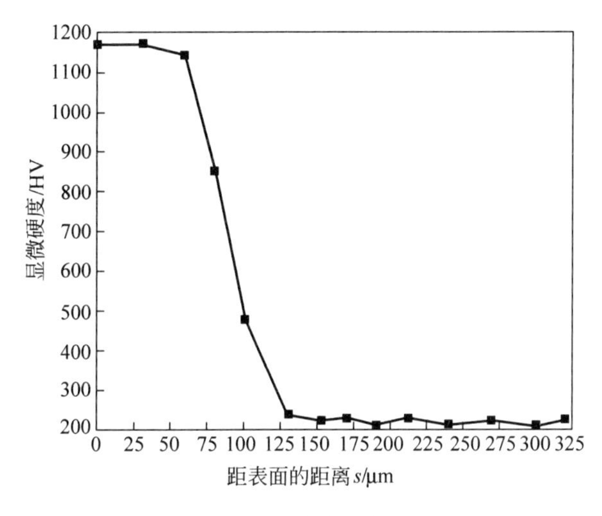

图 9.15　表面钨合金化的硬度分布

扫描电子束钼合金化处理后的硬度沿深度的变化如图 9.16 所示。变化趋势与钨合金化相同。距表面 110 μm 内,强化层硬度开始下降较为平缓;距表面的距离达到 111～361 μm 时,显微硬度急剧下降。强化层厚度约为 361 μm,合金化区的厚度约为 111 μm,平均硬度约为基体的 5 倍。热影响区的厚度约为 250 μm,平均硬度约为基体的 3 倍。当距离表面 361 μm 后,进入基体区。

试样磨损量的分布如图 9.17 所示。随着载荷的增加,试样的磨损失重量逐渐增加。载重为 50 N 时,W 合金化处理后试样的磨损失重为 2.4 mg,Mo 合金化处理后试样的磨损失重为 3.1 mg,未经处理基体的磨损失重为 17 mg;载重为 75 N 时,W 合金化处理后试样的磨损失重为 3.8 mg,Mo 合金化处理后试样的磨损失重为 4.8 mg,未经处理基体的磨损失重为 25 mg;载重为 100 N 时,W 合金化处理后试样的磨损失重为 5.6 mg,Mo 合金化处理后试样的磨损失重为 8.4 mg,未经处理基体的磨损失重为 30 mg;载重为 125 N 时,W 合金化处理后试样的磨损失重为 7.4 mg,Mo 合金化处理后试样的磨损失重为 10.6 mg,未经处理基体的磨损失重为 40 mg;载重为 150 N 时,W 合金化处理后试样的磨损失重为 11 mg,Mo 合金化处理后试样的磨损失重为 14.5 mg,未经处理基体的磨损失重为 60 mg。且扫描电子束钨合金化的耐磨性优于扫描电子束钼合金化。可见 45 钢电子束合金化处理之后,试样表面的耐磨性显著提高。

这是因为,添加 W 粉末和 Mo 粉末,扫描电子束合金化处理后,合金化区有大量的针状

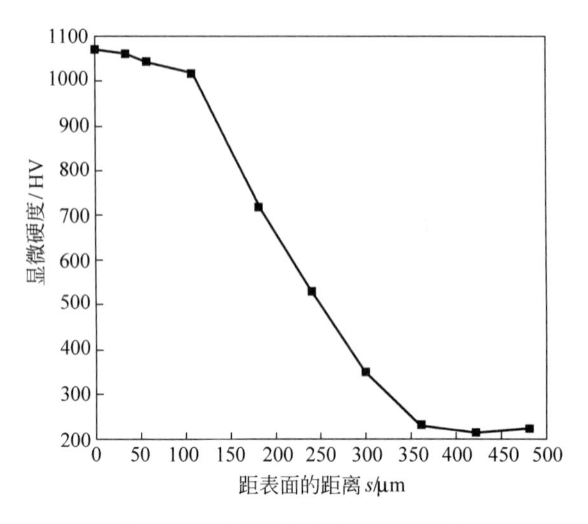

图 9.16 表面钼合金化的硬度分布

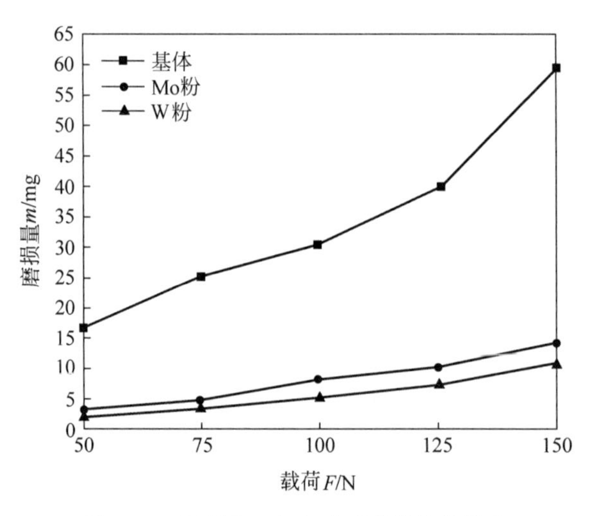

图 9.17 不同合金化方式对耐磨性的影响

马氏体、碳化钨或者碳化钼颗粒的存在，组织得到细化，这些组织有利于大大提高材料表面的耐磨性能。

9.4 电子束工艺参数对合金层组织和性能的影响

本节将讨论在加速电压为 70 kV、扫描速度为 50 mm/min、扫描环直径为 4 mm 时，扫描电子束功率对合金层显微组织和性能的影响。

9.4.1 电子束功率对合金层组织和性能的影响

1. 电子束功率对合金层显微组织的影响

扫描功率对 45 钢 W 合金层显微组织的影响如图 9.18 所示。随着功率的增大，经过阳极加速后，电子的动能增加，电子穿入到试样表层之后，沉积在试样表层的能量增加，使得合金层的温度增高，自激快速冷却后，形成晶粒细小的针状马氏体，且会形成更多的碳化钨颗粒。热影响区内部分组织发生奥氏体化相变，但随着电子束功率的增加，热影响区域的奥氏体增多，铁素体减少，自激冷却后，形成的针状马氏体增多，铁素体含量减小。当扫描电子束功率达到 280 W 时，因功率过大，温差过高，冷却速度过快，合金层局部区域出现裂纹。

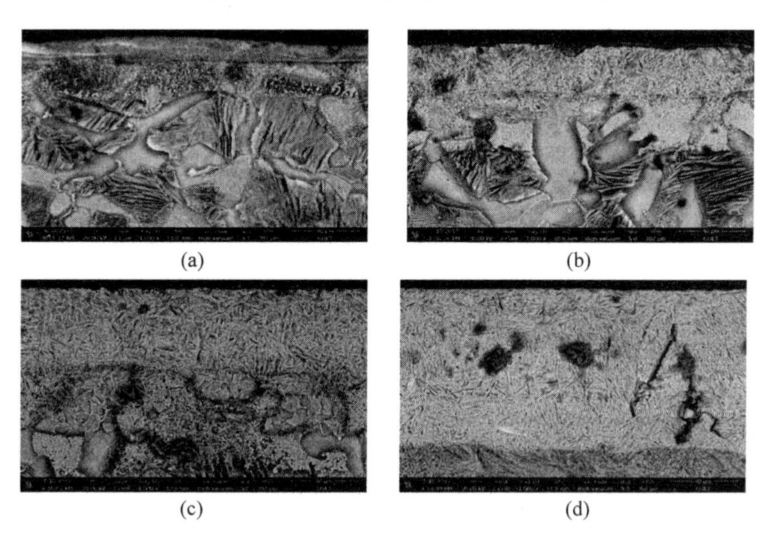

图 9.18　电子束功率对 W 表面合金化显微组织的影响

(a) $P=70$ W；(b) $P=140$ W；(c) $P=210$ W；(d) $P=280$ W

扫描电子束功率对 45 钢 Mo 合金化合金层显微组织的影响如图 9.19 所示。当扫描电子束功率为 350 W 时，涂覆层没有完全熔化；扫描电子束功率达到 560 W 时，因功率过大，温差过高，冷却速度过快，合金层出现裂纹。耐腐蚀性增加，腐蚀后，组织形成亮白色的马氏体细小晶粒。

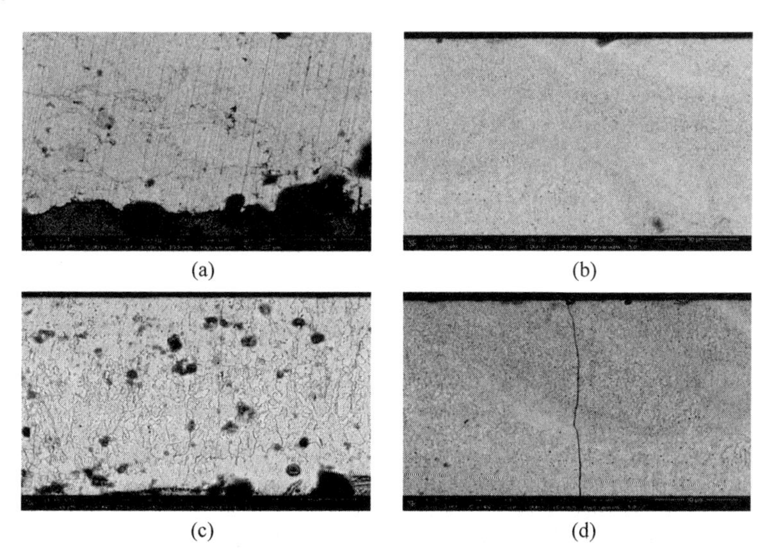

图 9.19　电子束功率对 Mo 表面合金化显微组织的影响

(a) $P=350$ W；(b) $P=420$ W；(c) $P=490$ W；(d) $P=560$ W

2. 电子束功率对强化层大小的影响

扫描功率与合金化层以及热影响区厚度之间的关系如图 9.20 所示。随着电子束功率的增加，电子穿入试样表层的深度增加，电子束作用表层的区域增大，合金化区和热影响区的厚度增加。

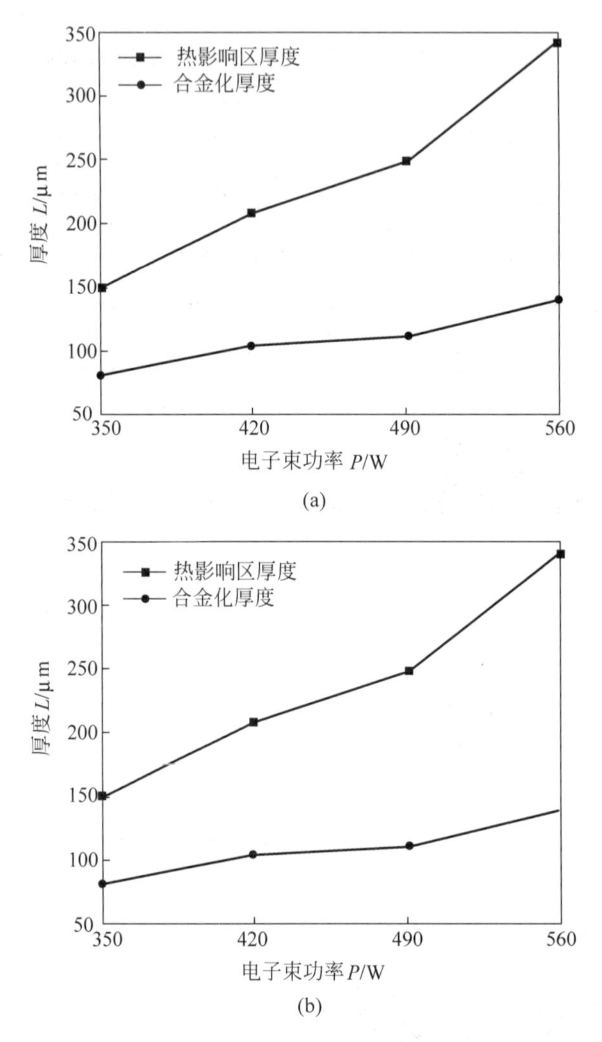

图 9.20 电子束功率对强化层厚度的影响

(a) 添加 W 粉；(b) 添加 Mo 粉

3. 电子束功率对合金层显微硬度的影响

电子束功率对 45 钢硬度的影响如图 9.21 所示。硬度随着深度的增加呈非线性减小，深度相同时，功率越大，强化层的硬度越高。在合金层的最高硬度可达到 1110～1250 HV，约为基体的 5 倍；热影响区的最高硬度为 830～850 HV，约为基体的 3 倍。

4. 电子束功率对耐磨性的影响

功率对耐磨性的影响如图 9.22 所示。随着载荷的增加，试样的磨损失重量也在逐渐地增加。试样的磨损失重随着电子束功率的增加而减小，但当电子束功率过高时，由于合金层

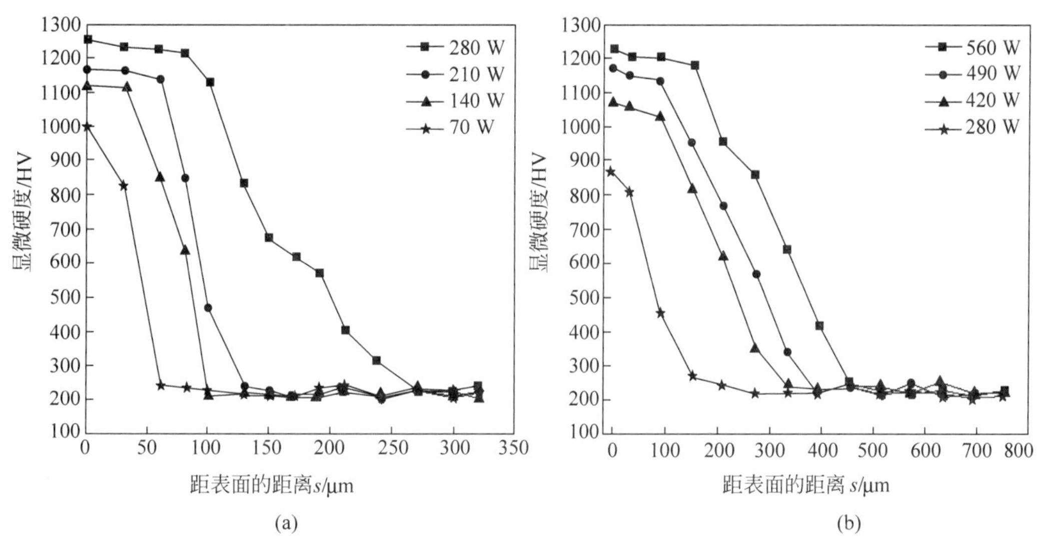

图 9.21　电子束功率对强化层显微硬度的影响

(a) 添加 W 粉；(b) 添加 Mo 粉

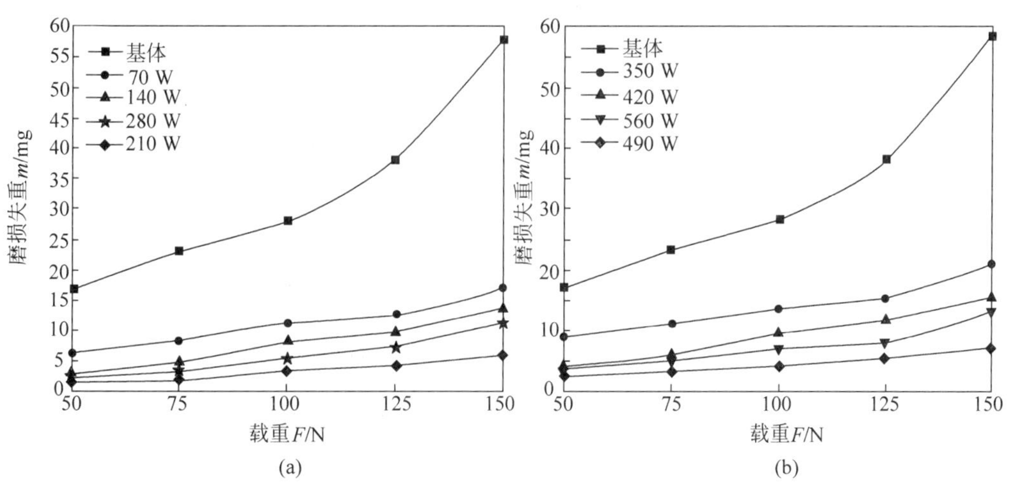

图 9.22　电子束功率对强化层耐磨性的影响

(a) 添加 W 粉；(b) 添加 Mo 粉

出现裂纹，磨损失重略有增加。

添加 W 粉末，当电子束功率为 70 W 时，由于电子束功率密度过小，涂覆层合金元素没有和基体完全融合，随着载荷重量的增加，磨损量相比基体略有提升。当电子功率持续增加至 140～280 W 时，随着载荷的增加，强化层磨损量增长缓慢，磨损量为 1.5～18 mg，约为基体的 1/5。随着电子束功率的增加，磨损量逐渐减小，但当电子束功率达到 280 W 时，由于功率过大，温度过高，冷却速度过快，合金化区域出现裂纹，磨损失重量略高。

添加 Mo 粉末，当电子束功率为 350 W 时，由于电子束功率密度过小，涂覆层合金元素没有和基体完全融合，随着载荷重量的增加，磨损量较基体略有增加。当电子功率增加至 420～560 W 时，随着载荷重量的增加，强化层磨损量增长缓慢，磨损量为 2.4～21 mg，约为基体的 1/5。随着电子束功率的增加，磨损量逐渐减小，但当电子束功率达到 560 W 时，由于功率过大，温度过高，冷却速度过快，合金化区域出现裂纹，磨损量略有提高。

这是因为添加 W 粉和 Mo 粉，扫描电子束表面合金化处理后，45 钢强化层的显微组织为针状马氏体和碳化物（碳化钨和碳化钼）及铁钨固熔体或铁钼固熔体，这些组织有利于减少试样在磨损时产生的磨损失重量。相比电子束表面钼合金化处理的试样，电子束表面钨合金化后，试样表面的磨损失重量略低，耐磨性能更好。

9.4.2 电子束扫描速度对合金层组织和性能的影响

本节将讨论在加速电压为 70 kV、束流 3 mA（添加 W 粉）、7 mA（添加 Mo 粉）束流直径为 4 mm 时，电子束扫描速度对合金层显微组织和性能的影响。

1. 电子束扫描速度对合金层显微组织的影响

电子束扫描速度对 45 钢 W 合金化合金层显微组织的影响如图 9.23 所示。随着扫描速度的增加，合金层显微组织由均匀单一向粗大混合状转变。扫描速度为 30 mm/min 时，合金层组织由均匀细小的针状马氏体和碳化钨颗粒组成；扫描速度增大到 40 mm/min 时，合金化区组织仍为针状马氏体和碳化钨颗粒，但碳化钨颗粒数量减少；当扫描速度增大到 50 mm/min 时，合金化区组织为针状马氏体、碳化钨颗粒及少量铁素体；当扫描速度增大到 60 mm/min 时，合金化区组织主要为未熔铁素体和针状马氏体，以及少量的碳化钨颗粒。

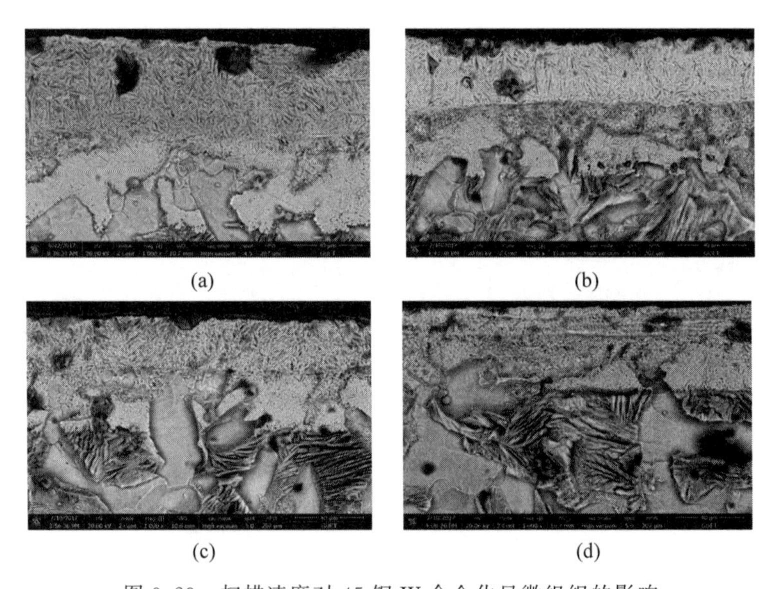

图 9.23 扫描速度对 45 钢 W 合金化显微组织的影响

(a) v=30 mm/min；(b) v=40 mm/min；(c) v=50 mm/min；(d) v=60 mm/min

在电子束功率相同的情况下，扫描速度较低的时候，电子束作用在试样表面的时间较长，传入到试样表层电子的数量增加，沉积在试样表层的能量增加，试样表面的奥氏体化温度较高；当电子束扫描速度较高时，电子束与试样表面接触的时间较短，试样表面的奥氏体化温度较低。通过试样基体的快速热传导作用，合金化区形成的组织为针状马氏体和碳化钨颗粒，但碳化钨颗粒数量减少，热影响区发生奥氏体化相变的组织减少，铁素体相应地增多。

扫描速度对 45 钢 Mo 合金化合金层显微组织的影响如图 9.24 所示。随着电子束扫描速度的增加，试样表层熔化的深度逐渐变浅，合金化区钼元素含量逐渐增多。当扫描速度为 30 mm/min 时，合金化区组织由均匀细小的隐针状马氏体和碳化钼组成；当扫描速度增大到 40 mm/min 时，合金化区组织晶粒度增加且出现少量残余奥氏体；当扫描速度增大到 50 mm/min 时，合金化区内马氏体含量进一步减少，纯钼和残余奥氏体含量进一步增加；当扫描速度增大到 60 mm/min 时，硬化区内含有较多的未熔钼粉元素。

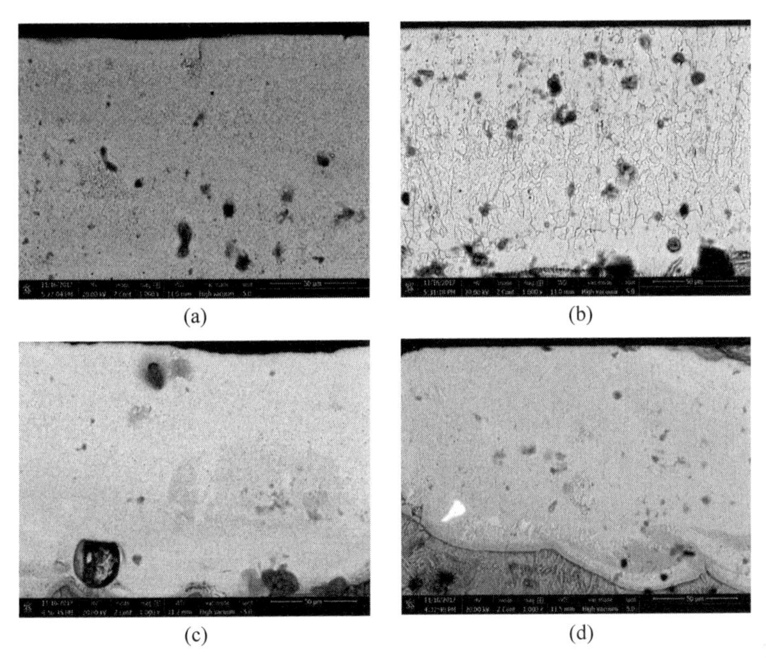

图 9.24　扫描速度对 45 钢 Mo 合金化显微组织的影响

(a) $v=30$ mm/min；(b) $v=40$ mm/min；(c) $v=50$ mm/min；(d) $v=60$ mm/min

电子束功率相同的情况下，当电子束扫描速度较低的时候，电子束作用在试样表面的时间较长，传入到试样表层电子的数量增加，沉积在试样表层的能量增加，试样表面的奥氏体化温度较高；当电子束扫描速度较高时，电子束与试样表面接触的时间较短，试样表面的奥氏体化温度较低。通过试样基体的快速热传导作用，合金化区形成的组织为隐针状马氏体和碳化钼颗粒，但碳化钼颗粒数量减少。

2. 电子束扫描速度对强化层厚度的影响

扫描速度与合金化层及热影响区厚度之间的关系如图 9.25 所示。扫描速度为 30 mm/min 时，合金层厚度分别为 64 μm 和 310 μm；热影响区厚度分别为 56 μm 和 121 μm。当扫描速度增大到 60 mm/min 时，合金化区厚度分别为 34 μm 和 162 μm，热影响区厚度为 20 μm 和 92 μm。这是由于随着电子束扫描速度的增加，传入到试样表层电子的数量减少，沉积到试样表层的能量减少，合金化区和热影响区的厚度减小，且呈非线性减小。

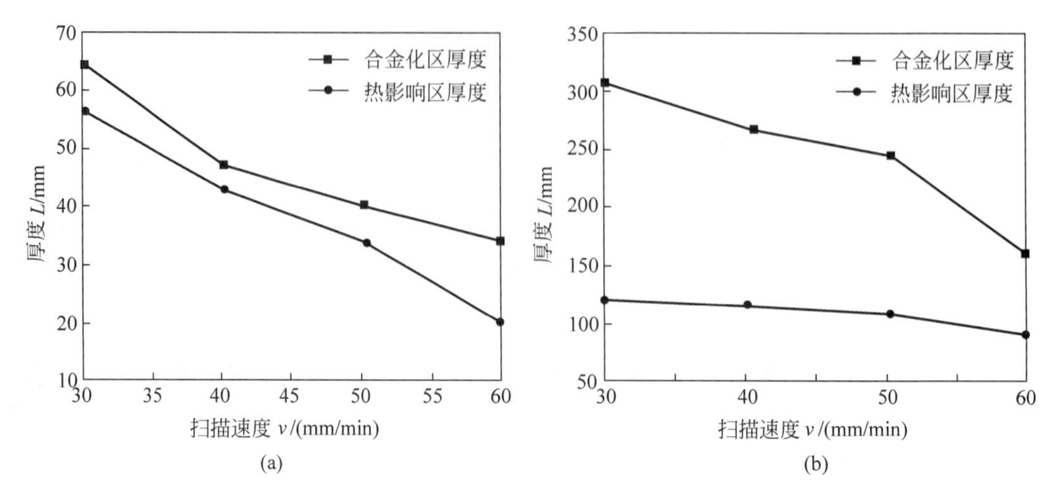

图 9.25　电子束扫描速度对合金层厚度的影响

(a) 添加 W 粉；(b) 添加 Mo 粉

3. 电子束扫描速度对强化层显微硬度的影响

电子束扫描速度对 45 钢合金层显微硬度的影响如图 9.26 所示。强化层的硬度随着深度的增加呈非线性减小；相同深度时，扫描速度越小，强化层的硬度越高。在合金化区域的最高硬度可达到 1110～1250 HV，约为基体的 6 倍，在热影响区的最高硬度为 830～850 HV，约为基体的 4 倍。

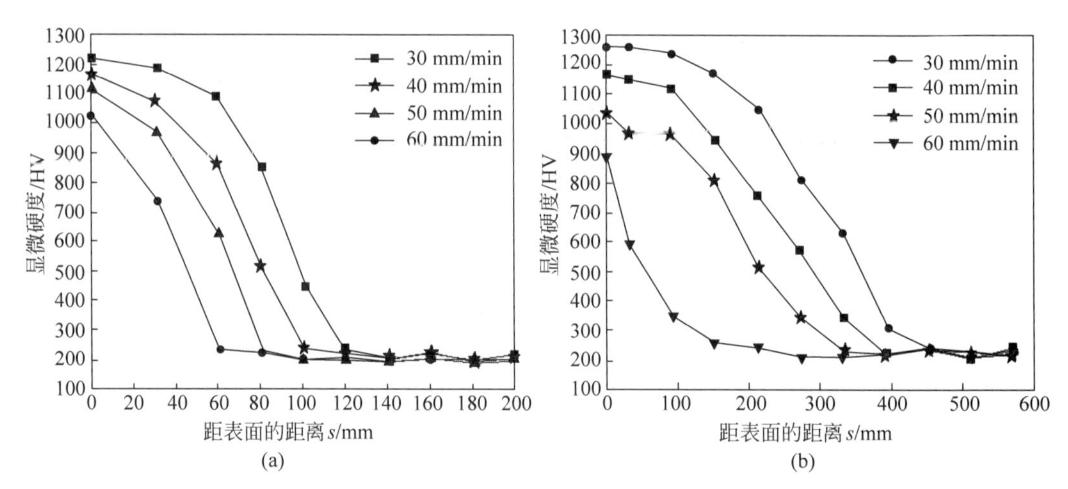

图 9.26　电子束移动速度对强化层显微硬度的影响

(a) 添加 W 粉；(b) 添加 Mo 粉

4. 电子束扫描速度对强化层耐磨性的影响

扫描速度对耐磨性的影响如图 9.27 所示。随着载荷的增加，磨损量逐渐增加。当电子束扫描速度为 30 mm/min 时，合金层的磨损量增长缓慢，磨损量为 1.8～6.2 mg，约为基体的 1/10。当电子束扫描速度增加至 40～50 mm/min 时，磨损量为 2.3～14.5 mg，约为基体的 1/5。随着扫描速度的增加，磨损量逐渐增大，当扫描速度达到 60 mm/min 时，磨损量为 8～31 mg，耐磨性相比基体有所提升，约为基体磨损量的 1/2。

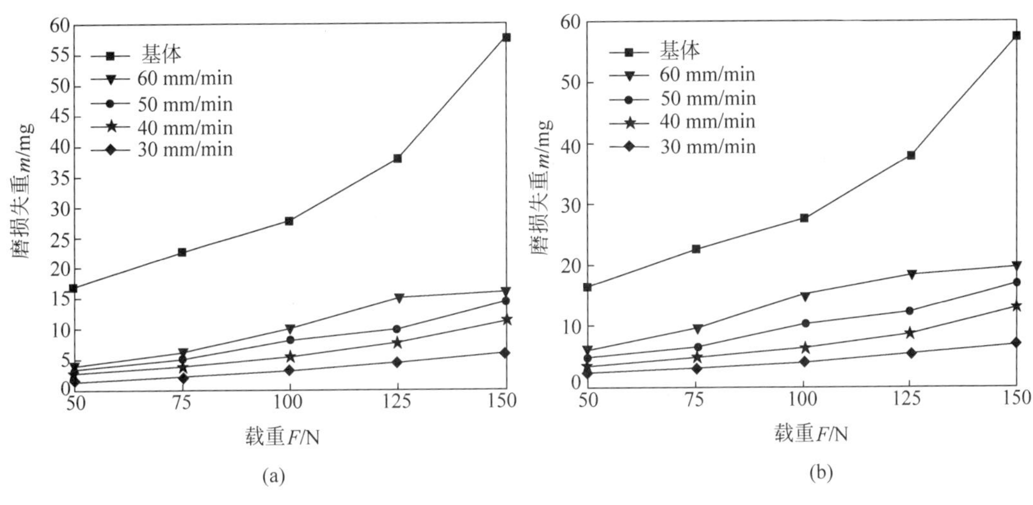

(a)　　　　(b)

图 9.27　电子束移动速度对强化层耐磨性的影响

(a) 添加 W 粉；(b) 添加 Mo 粉

9.5　不同表面处理方式对 45 钢组织和性能的影响

本节将研究扫描电子束表面熔凝处理和扫描电子束表面合金化处理方式对 45 钢组织和性能的影响。

9.5.1　处理方式对显微组织的影响

不同处理方式对 45 钢显微组织的影响如图 9.28 所示。由图可知，基体组织为铁素体和珠光体；扫描电子束表面熔凝处理后，表层组织为针状马氏体和板条状马氏体，且马氏体晶粒细小，与正火态相比，组织更加均匀细化，硬度更高、耐磨性更好；扫描电子束表面钨合

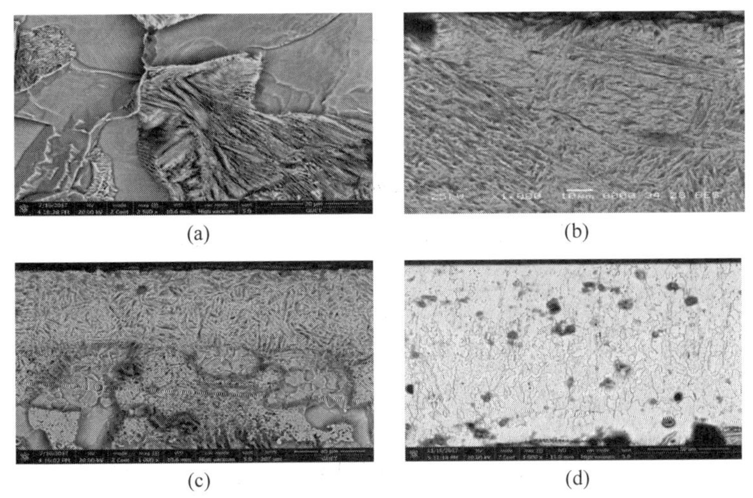

(a)　　　　(b)

(c)　　　　(d)

图 9.28　不同处理方式对 45 钢显微组织的影响

(a) 基体；(b) 熔凝处理；(c) W 合金化；(d) Mo 合金化

金化处理后，试样表层的显微组织为针状马氏体和碳化钨颗粒；扫描电子束表面钼合金化后，试样表层组织为针状马氏体，并形成大量的碳化钼。与熔凝强化相比，合金层的组织晶粒更加的细小。

9.5.2 处理方式对45钢表面性能的影响

为比较不同处理方式对45钢表面硬度的影响，各处理方式见表9.5。

表9.5 不同处理方式

试样编号	处理方式	合金粉末	加速电压/kV	束流/mA	扫描速度/(mm/min)	扫描环直径/mm
A-3	熔凝强化	—	70	7	50	4
C-3	合金化	W	70	3	50	4
D-3	合金化	Mo	70	7	50	4

45钢经不同方式处理后测得的硬度沿深度方向的变化如图9.29所示。45钢基体的硬度较低，约为230 HV；扫描电子束表面熔凝处理后，由表面沿深度方向向下，硬度逐渐降低，在硬化区下降缓慢，热影响区由于组织的多样性，硬度下降较快，到基体部分基本保持不变。强化层的深度达到600 μm，平均硬度为800 HV。采用等离子热喷涂技术在45钢试样表层制备合金涂层，利用扫描电子束技术对试样表层进行合金化处理后，大大提高了试样表层的显微硬度，达到了1200～1300 HV，强化层的厚度达到470 μm。扫描电子束表面钨合金化处理后的试样表层硬度略高于扫描电子束表面钼合金化处理后的试样。

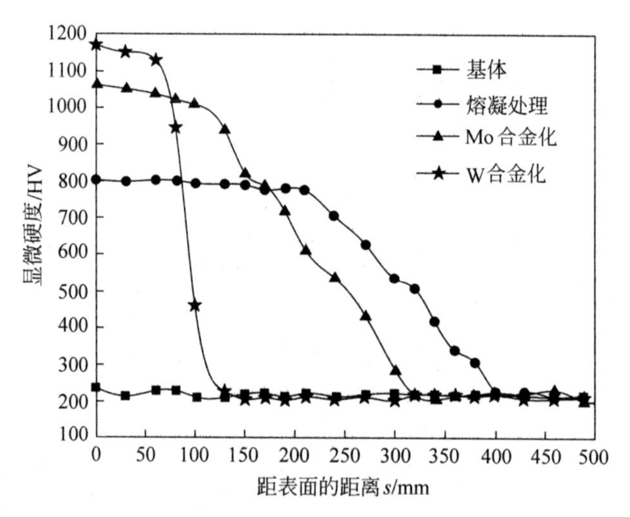

图9.29 处理方式对显微硬度的影响

不同处理方式对耐磨性的影响如图9.30所示。45钢在正火处理后的基体，随着载荷的增加，磨损失重呈非线性增加。载荷为50 N时，试样磨损失重为17 mg；载荷增至150 N时，磨损失重增加至58 mg。经过电子束熔凝处理后，材料的耐磨性能有所提高，载荷为50 N时，磨损量为6.1 mg；载荷增至150 N时，磨损量为16.4 mg，是未处理试样磨损量的23%。试样进行扫描电子束表面钼合金化处理后，载荷为50 N时，磨损失重仅为3.1 mg；

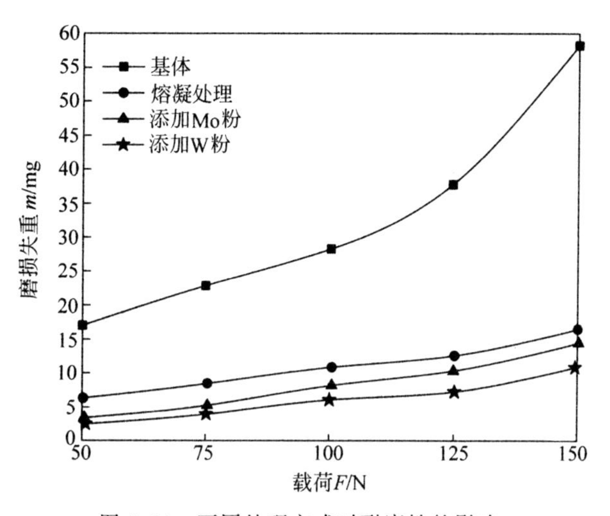

图 9.30　不同处理方式对耐磨性的影响

载荷增至 150 N 时，磨损失重为 14.5 mg，是未处理磨损失重的 19%，相比基体试样表面的耐磨性大大提高，相比经熔凝处理后略有提高。进行扫描电子束表面钨合金化处理后，载荷为 50 N 时，磨损失重仅为 2.4 mg；载荷增至 150 N 时，磨损失重为 11 mg，是未处理磨损量的 13%，相比经扫描电子束表面钼合金化处理略有提高。

参考文献

[1] LAKSHMI H,KUMAR M C V,KUMAR P,et al. Induction reheating of A356.2 aluminum alloy and thixocasting as automobile component [J]. Transactions of Nonferrous Metals Society of China,2010,20(s3):961-967.

[2] ROTSHTEIN V P,IVANOV Y F,PROSKUROVSKY D I,et al. Microstructure of the near-surface layers of austenitic stainless steels irradiated with a low-energy,high-current electron beam[J]. Surface and Coatings Technology,2004,180:382-386.

[3] 纪红,许越,吕祖舜,等.铝合金激光表面强化的研究进展[J].材料科学与工艺,2003(2):220-224.

[4] 赵渭江,颜莎,乐小云,等.强脉冲离子注入中的脉冲能量效应研究[J].核技术,2000(10):689-696.

[5] 邹建新.强流脉冲电子束材料表面改性基础研究:在金属及金属间化合物上的应用[D].大连:大连理工大学,2007.

[6] 丛欣,朱穗东,刘春梅,等.电子束淬火在9SiCr冷挤模具上的应用[J].新技术新工艺,1992(6):7-8.

[7] 唐敦乙,林书铨,刘志敏.强流荷电粒子束技术与应用[M].北京,电子工业出版社,1995.

[8] WHITE C W. Laser and electron beam processing of materials [M]. Amsterdam: Elsevier,2012.

[9] 魏德强,孙培新,王荣.扫描电子束铝合金表面处理温度场分析与实验验证[J].材料热处理学报,2010,31(10):152-156.

[10] DEHM G,LEGROS M,HEILAND B. In-situ TEM straining experiments of Al films on polyimide using a novel FIB design for specimen preparation[J]. Journal of Materials Science,2006,41(14):4484-4489.

[11] PROSKUROVSKY D I,ROTSHTEIN V P,OZUR G E,et al. Pulsed electron-beam technology for surface modification of metallic materials[J]. Journal of Vacuum Science and Technology A: Vacuum,Surfaces,and Films,1998,16(4):2480-2488.

[12] ARCHIOPOLI U C,MINGOLO N. Generation of hardened steel surfaces with adjustable roughness by means of a pulsed electron beam[J]. Surface and Coatings Technology,2008,202(24):5982-5990.

[13] 郝胜智.纯Al材强流脉冲电子束表面改性的研究[D].大连:大连理工大学,2000.

[14] 赵健闯.强流脉冲电子束表面改性Al-Si-Pb合金摩擦学性能及数值模拟[D].长春:吉林大学,2006.

[15] 金铁玉.强流脉冲电子束齿轮表面改性研究[D].重庆:重庆理工大学,2010.

[16] 李生志.M2高速钢高能束流表面改性研究[D].沈阳:沈阳理工大学,2010.

[17] GAO B,HAO S,ZOU J,et al. Effect of high current pulsed electron beam treatment on surface microstructure and wear and corrosion resistance of an AZ91HP magnesium alloy[J]. Surface and Coatings Technology,2007,201(14):6297-6303.

[18] 秦颖.强流脉冲电子束材料改性机制及数值模拟[D].大连:大连理工大学,2004.

[19] GRUZDEV V A,ZALESSKII V G. Simulation of the temperature field in the surface layer under pulsed electron-beam heating[J]. Journal of Engineering Physics and Thermophysics,2007,80(2):231-236.

[20] CHUMAKOV Y A,KNYAZEVA A G. Heat and mass transfer in the heterogeneous system matrix-inclusions under pulse electron-beam processing[J]. Journal of Engineering Physics and Thermophysics,2008,81(1):156-166.

[21] PERRY A J,MATOSSIAN J N,BULL SJ,et al. The effect of rapid thermal processing(RTP) on TiN coatings deposited by PVD and the steel-turning performance of coated cemented carbide[J].

Surface and Coatings Technology,1999,120: 337-342.

[22] OREPER G M, SZEKELY J. Heat-and fluid-flow phenomena in weld pools[J]. Journal of Fluid Mechanics,1984,147: 53-79.

[23] HOADLEY A F A,RAPPAZ M,ZIMMERMANN M. Heat-flow simulation of laser remelting with experimenting validation[J]. Metallurgical Transactions B,1991,22(1): 101-109.

[24] ZACHCRIA T,ERASLAN A H, AIDUN D K. Modeling of non-autogenous welding[J]. Welding Journal,1988,67(1): 18-27.

[25] LAN C W,KIM Y J,KOU S. A half-zone study of Marangoni convection in floating-zone crystal growth under microgravity[J]. Journal of Crystal Growth,1990,104(4): 801-808.

[26] 刘红斌,万大平,胡德金. 脉冲激光表面熔凝熔池演变数值模拟[J]. 上海交通大学学报,2008(9): 1438-1442.

[27] 曾大文,谢长生. 激光熔覆熔池二维准稳态流场及温度场的数值模拟[J]. 金属学报,1999(6): 3-5.

[28] 郑炜,武传松,吴林. 脉冲 TIG 焊接熔池流场与热场动态过程的数值模拟[J]. 焊接学报,1997(4): 37-41.

[29] 张亚斌. 基于 Fluent 的铝合金电子束深熔焊三维流场数值模拟[D]. 哈尔滨: 哈尔滨工业大学,2007.

[30] 闫忠琳,陈锐,金磊. 强流脉冲电子束改性过程温度场数值模拟[J]. 表面技术,2012,41(2): 55-57.

[31] 王浩强,张文辉,于海涛,等. 大型锻件淬火组织场数值模拟[J]. 大型铸锻件,2012(5): 13-16.

[32] 王步根,黄以平. 电子束熔炼多晶硅温度场的数值模拟[J]. 能源技术,2009,30(6): 328-330,334.

[33] 郭绍庆,袁鸿,谷卫华,等. 35Ni4Cr2MoA 钢电子束局部硬化的数值模拟研究[C]. 中国材料研究学会,2004 年材料科学与工程新进展. 北京: 冶金工业出版社,2005: 1277-1282.

[34] 魏德强,陈虎城,王荣. 45 钢电子束相变硬化温度场数值模拟与实验验证[J]. 材料热处理学报,2012,33(8): 161-166.

[35] SROLOVITZ D J,AANDERSON M P,SAHNI P S,et al. Computer simulation of grain growth—Ⅱ. Grain size distribution, topology, and local dynamics[J]. Acta Metallurgica, 1984, 32(5): 793-802.

[36] SISTA S,YANG Z,DEBROY T. Three-dimensional Monte Carlo simulation of grain growth in the heat-affected zone of a 2.25 Cr-1Mo steel weld[J]. Metallurgical and Materials Transactions B,2000, 31(3): 529-536.

[37] SPITTLE J A,BROWN S G R. Computer simulation of the effects of alloy variables on the grain structures of castings[J]. Acta Metallurgica,1989,37(7): 1803-1810.

[38] 许林. 二元合金凝固过程中树枝晶演变三维模拟[D]. 南昌: 南昌大学,2005.

[39] MAHDEVAN S,ZHAO Y. Advanced computer simulation of polycrystalline microstructure[J]. Computer Methods in Applied Mechanics and Engineering,2002,191(34): 3651-3667.

[40] HUNT J D. Steady state columnar and equiaxed growth of dendrites and eutectic[J]. Materials Science and Engineering,1984,65(1): 75-83.

[41] PACKARD N H. Lattice models for solidification and aggregation(c)In: Wolfram S,ed. Theory and applications of cellular automata[J]. World Scientific Publishing Co,1986: 305-310.

[42] BROWN S G R,CLARKE G P,Brooks A J. Morphological variations produced by cellular automaton model of non-isothermal "free"dendritic growth[J]. Materials Science and Technology,1995,11(4): 370-374.

[43] BROWN S G R,BRUCE N B. A 3-dimensional cellular automaton model of "free"dendritic growth [J]. Scripta Metallurgica Materialia,1995,32(2): 241-246.

[44] GANDIN C A,RAPPAZ M, TINTILLIER R. 3-dimensional simulation of the grain formation in investment castings[J]. Metallurgical and Materials Transactions A,1994,25(3): 629-635.

[45] 赵玉珍.焊接熔池的流体动力学行为及凝固组织模拟[D].北京：北京工业大学，2004.

[46] 姜燕燕.电子束焊接熔池凝固组织模拟的探索[D].哈尔滨：哈尔滨工业大学，2011.

[47] 张世兴，刘新田.一种基于蒙特卡罗技术的晶粒生长计算机模拟方法[J].机械，2004(6)：59-61.

[48] 张敏，汪强，李继红，等.焊接熔池快速凝固过程的微观组织演化数值模拟[J].焊接学报，2013，34(7)：1-4，28，113.

[49] 邓小虎，张立文.CA/MC法模拟焊缝凝固微观组织形成[J].大连理工大学学报，2011，51(1)：36-40.

[50] 杨黎峰，赵熹华，曹海鹏.铝合金点焊熔核流场及热场的有限元分析[J].焊接学报，2004(6)：4-6，14-129.

[51] DONG W，LU S，LI D，et al. Gtaw liquid pool convections and the weld shape variations under helium gas shielding[J]. International Journal of Heat and Mass Transfer，2011，54(7-8)：1420-1431.

[52] KIM Y D，KIM W S. A numerical analysis of heat and fluid flow with a deformable curved free surface in a laser melting process[J]. International Journal of Heat and Fluid Flow，2008，29(5)：1481-1493.

[53] FAN H G，TSAI H L，NA S J. Heat transfer and fluid flow in a partially or fully penetrated weld pool in gas tungsten arc welding[J]. International Journal of Heat and Mass Transfer，2001，44(2)：417-428.

[54] ABDERRAZAK K，BANNOUR S，MHIRI H，et al. Numerical and experimental study of molten pool formation during continuous laser welding of AZ91 magnesium alloy [J]. Computational Materials Science，2009，44(3)：858-866.

[55] ABDERRAZAK K，KRIAA W，SALEM W B，et al. Numerical and experimental studies of molten pool formation during an interaction of a pulse laser(Nd：YAG) with a magnesium alloy[J]. Optics & Laser Technology，2009，41(4)：470-480.

[56] SARKAR S，RAI P M，CHAKRABORTY S，et al. Transport phenomena in laser surface alloying [J]. Journal of materials science，2003，38(1)：155-164.

[57] SONG R G，ZHANG K，CHEN G N. Electron beam surface treatment. Part Ⅰ：Surface hardening of AISI D3 tool steel[J]. Vacuum，2003，69(4)：513-516.

[58] HEYDARZADEH S M，KARSHENAS G，BOUTORABI S M A. Electron beam surface melting of as cast and austempered ductile irons[J]. Journal of Materials Processing Technology，2004，153-154：199-202.

[59] GULZAR A，AKHTER J I，AHMAD M，et al. Microstructure evolution during surface alloying of ductile iron and austempered ductile iron by electron beam melting[J]. Applied Surface Science，2009，255(20)：8527-8532.

[60] 刘志坚，韩丽君，江兴流，等.45号钢脉冲电子束熔凝处理及微结构研究[J].航空材料学报，2005(5)：20-24.

[61] 关庆丰，陈波，张庆瑜，等.强流脉冲电子束辐照下单晶铝中的堆垛层错四面体[J].物理学报，2008(1)：392-397.

[62] MUELLER G，ENGELKO V，WEISENBURGER A，et al. Surface alloying by pulsed intense electron beams[J]. Vacuum，2005，77(4)：469-474.

[63] UTU D，BRANDL W，MARGINEAN G，et al. Morphology and phase modification of HVOF-sprayed MCrAlY-coatings remelted by electron beam irradiation[J]. Vacuum，2005，77(4)：451-455.

[64] ROTSHTEIN V P，SHULOV V A. Surface modification and alloying of aluminum and titanium alloys with low-energy，high-current electron beams[J]. Journal of metallurgy，2011，1-15.

[65] AHMAD M，AKHTER J I，IQBAL M，et al. Surface modification of Hastelloy C-276 by SiC addition and electron beam melting[J]. Journal of Nuclear Materials，2005，336(1)：120-124.

[66] 曹辉，郝仪，孙树臣，等. 电子束表面改性对镁合金耐磨性的影响[J]. 轻金属，2011(4)：45-49.

[67] 况军，李刚，相珺，等. 强流脉冲电子束表面改性 AZ31 镁合金的耐磨耐蚀性能[J]. 金属热处理，2009，34(9)：25-28.

[68] 石其年. 45 钢电子束表面合金化处理研究[J]. 黄石理工学院学报，2007(1)：16-18，22.

[69] 陆斌锋，芦凤桂，唐新华，等. 电子束表面合金化合成 M_7C_3 耐磨层组织分析[J]. 焊接学报，2008(9)：83-86，117.

[70] 彭其凤. 球铁电子束表面硼合金化的金相分析[J]. 理化检验：物理分册，1989，25(6)：3-5，12.

[71] 王英，程潮丰，甄立玲. 电子束合金化处理对铝硅合金组织性能的影响[J]. 兵器材料科学与工程，2008，31(4)：67-71.

[72] LAKHKAR R S，SHIN Y C，KRANE M J M. Predictive modeling of multi-track laser hardening of AISI 4140 steel[J]. Materials Science and Engineering：A，2008，480(1-2)：209-217.

[73] TANI G，TOMESANI L，CAMPANA G，et al. Evaluation of molten pool geometry with induced plasma plume absorption in laser-material interaction zone[J]. International Journal of Machine Tools & Manufacture，2007，47(6)：971-977.

[74] SANTHANAKRISHNAN S，KONG F，KOVACEVIC R. An experimentally based thermo-kinetic phase transformation model for multi-pass laser heat treatment by using high power direct diode laser [J]. The International Journal of Advanced Manufacturing Technology，2013，64(1-4)：219-238.

[75] MARKOV A B，ROTSHTEIN V P. Calculation and experimental determination of dimensions of hardening and tempering zones in quenched U7A steel irradiated with a pulsed electron beam[J]. Nuclear Instruments and Methods in Physics Research Section B：Beam Interactions with Materials and Atoms，1997，132(1)：79-86.

[76] 周湘，梁益龙. 电子束局部热处理工艺对 Cr12MoV 材料性能的影响[C]. 中国自然科学基金委员会工程与材料学部. 中国有色金属学会冶金物理化学学术委员会. 中国金属学会冶金物理化学学术委员会、中国稀土学会，2008 年全国冶金物理化学学术会议专辑(下册)，2008：4.

[77] 邱惠中，吴志红. 航天用高性能金属材料的新进展[J]. 宇航材料工艺，1996(2)：18-23.

[78] PARK S H，KIM J S，HAN M S，et al. Corrosion and optimum corrosion protection potential of friction stir welded 5083-O Al alloy for leisure ship[J]. Transactions of Nonferrous Metals Society of China，2009，19(4)：898-903.

[79] 冯武堂，杨厚忠，万瑞生，等. 铝合金在汽车发动机中的应用[J]. 汽车与配件，2007(52)：40-42.

[80] 柳东，王浩程，孙荣禄. 铝及其合金表面改性技术的研究与发展[J]. 表面技术，2007(5)：75-77，83.

[81] 邹建新，秦颖，吴爱民，等. 强流脉冲电子束纯铝表面改性过程的热力学模拟[J]. 核技术，2004(7)：519-524.

[82] 黄兰友，刘绪平. 电子显微镜与电子光学[M]. 北京：科学出版社，1991.

[83] 李少青，梁智，芦凤桂，等. 扫描电子束钎焊温度场数值分析[J]. 机械工程材料，2006(1)：26-29，62.

[84] 张国智，胡仁喜，陈继刚，等. ANSYS 10.0 热力学有限元分析实例指导教程[M]. 北京：机械工业出版社，2007.

[85] HUGHES W F，BRIGHTEN J A. 流体动力学[M]. 徐燕侯，过明道，徐立功，等译. 北京：科学出版社，2002.

[86] 王煜，赵海燕，吴更生，等. 电子束焊接数值模拟中分段移动双椭球热源模型的建立[J]. 机械工程学报，2004，(2)：165-169.

[87] KIM S D，NA S J. Effect of weld pool deformation on weld penetration in stationary gas tungsten arc welding[J]. Welding Journal，1992，71(4)：179-193.

[88] 刘庄，吴肇基，吴景之，等. 热处理过程的数值模拟[M]. 北京：科学出版社，1996.

[89] 赵铁钧，田小梅，高波，等. 电子束表面处理的研究进展[J]. 材料导报，2009，23(3)：89-91.

[90] 张立文，王晓辉，王富岗. 圆柱体激光相变硬化三维温度场数值计算[J]. 材料科学与工艺，2002，10

(1)：62-65.

[91] ADAM B，SLAWOMIR I. Numerical prediction of the hardened zone in laser treatment of carbon steel[J]. Acta Materialia，1996，44(2)：445-450.

[92] ORAZI L，FORTUNATO A，CUCCOLINI G，et al. An efficient model for laser surface hardening of hypo-eutectoid steels[J]. Applied Surface Science，2010，256(6)：1913-1919.

[93] 韩艳凯，陈连生，宋进英，等. 空冷奥氏体相变过程中的相变潜热[J]. 河北理工大学学报(自然科学版)，2011，33(3)：46-49.

[94] 胡明娟，潘健生，李兵. 界面条件剧变的淬火过程三维温度场的计算机模拟[J]. 金属热处理学报，1996，17(增刊)：90-97.

[95] 刘学. 铝热精轧热力耦合行为及温度场数值模拟研究[D]. 长沙：中南大学，2010.

[96] 张俊婷，崔小朝，晋艳娟. 双辊冷却低过热度方坯连铸流场温度场耦合数值模拟[J]. 太原科技大学学报，2008，29(4)：308-312.

[97] 杨世铭. 传热学基础[M]. 北京：高等教育出版社，2003.

[98] 林慧国，傅代直. 钢的奥氏体转变曲线原理、测试与应用[M]. 北京：机械工业出版社，1988.

[99] RAZAVI R S，GORDANI G R，TABATABAEE S. Mathematical modeling of heat transfer in laser surface hardening of AISI 1050 steel[J]. Defect and Diffusion Forum，2011，312-315：381-386.

[100] 谭真. 工程合金热物性[M]. 北京：冶金工业出版社，1994.

[101] 卢金斌，彭竹琴，弓金霞，等. HT200 铸铁等离子弧熔凝温度场数值模拟[J]. 材料热处理学报，2010，7(31)：146-150.

[102] CHANG W S，NA S J. A study on the prediction of the laser weld shape with varying heat source equations and the thermal distortion of a small structure in micro-joining [J]. Journal of Materials Processing，2002，120：208-214.

[103] LUO Y，LIU J H，YE H. An analytical model and tomographic calculation of vacuum electron beam welding heat source [J]. Vacuum，2010，84：857-863.

[104] 刘志东，陈勇，黄因慧，等. 45 钢喷射电镀 Ni 层激光重熔温度场数值模拟及参数优化[J]. 南京航空航天大学学报，2008，3(40)：387-389.

[105] WU W，LIANG N G，GAN C H，et al. Numerical investigation on laser transformation hardening with different temporal pulse shapes[J]. Surface and Coatings Technology，2006，200：2686-2694.

[106] 薛生虎，李文军，李芳红，等. 辐射测温在钢铁工业中的应用及发射率对测量的影响[J]. 计量学报，2010，31(5)：445-449.

[107] 刘美红，黎振华. 热磁耦合下淬火考虑相变的温度场有限元分析[J]. 材料科学与工艺，2002，10(3)：281-286.

[108] 龚恒. 碳素钢热处理温度非接触式测量[D]. 重庆：西南大学，2014.

[109] 鲜杨，陈元芳，胡建军，等. 电子束表面处理 40Cr 粗糙度与形貌研究[J]. 材料热处理技术，2010，39(2)：112-114.

[110] 高玉魁. 脉冲电子束改性 TC4 钛合金微观组织和性[J]. 材料热处理学报，2010，31(4)：120-124.

[111] 关庆丰，陈波，邹广田，等. 强流脉冲电子束辐照下纯铝中的堆垛层错四面体[J]. 物理学报，2008，57(1)：392-397.

[112] 吴爱民. 模具钢电子束表面改性及应用基础研究[D]. 大连：大连理工大学，2002.

[113] 李莉，张赛，何强，等. 响应面法在试验设计与优化中的应用[J]. 实验室研究与探索，2015，34(8)：41-45.

[114] 金铁玉，许洪斌，陈元芳，等. 调质钢电子束表面处理组织及性能分析[J]. 中国表面工程，2009，22(5)：70-74.

[115] 赖鹏，张庆茂. 激光熔覆过程温度场的数值模拟[J]. 应用激光，2009，(3)：189-193.

[116] 麦永津，揭晓华，卢国辉. 基于 ANSYS 的塑料模具钢激光相变硬化数值模拟[J]. 模具工业，2007，

33(6)：69-73.

[117] 刘江龙.激光动态凝固组织的凝固特征及其形核机理[J].金属热处理学报，1990(11)：3-13.

[118] BROOKS J A. Microstructural development and solidification cracking susceptibility of austenitic steel welds [J]. International Materials Review，1991(36)：1-16.

[119] 宋桂荣.激光重熔超音速火焰喷涂铁基合金涂层的组织和性能研究[D].天津：天津大学，2010.

[120] 刘江龙.连续激光作用下金属表面合金化的动态凝固特征[J].重庆大学学报，1993(16)：3-65.

[121] 刘林，张军，沈军，等.高温合金定向凝固技术研究进展[J].中国材料进展，2010，29(7)：1-9，41.

[122] 俞照辉.ZK系高强镁合金的激光焊接研究[D].长沙：湖南大学，2010.

[123] 罗皎，李淼泉，李宏.塑性变形时的微观组织模拟[J].材料导报，2008，22(3)：102-106.

[124] 唐宁.Aermet100钢热挤压变形过程晶粒演化相场模拟[D].哈尔滨：哈尔滨工业大学，2008.

[125] 陈翠欣，李午甲，王庆鹏，等.焊接温度场的三维动态有限元模拟[J].天津大学学报，2005，5：466-470.

[126] RAPPAZ M，GANDIN C A. Probabilistic modelling of microstructure formation in solidification processes[J]. Acta Metallurgica et Materialia，1993，41(2)：345-360.

[127] 颜新青.金属晶体生长机制的分子动力学模拟研究[D].北京：北京理工大学，2016.

[128] 许庆彦，冯伟明，柳百成，等.铝合金枝晶生长的数值模拟[J].金属学报，2002，38(8)：799-803.

[129] 李斌.金属凝固微观组织的数值模拟[D].沈阳：东北大学，2003.

[130] 李声慈，朱国明，康永林，等.基于热激活理论和曲率驱动机制的晶粒长大元胞自动机模拟[J].机械工程材料，2014，38(9)：103.

[131] 冯梦楠，罗震，李洋，等.电阻点焊熔核微观组织模拟[J].焊接学报，2015，36(8)：31-34.

[132] 李斌，许庆彦，柳百成.有外加相存在时Al-Si合金枝晶微观组织数值模拟[J].金属学报，2007，43(3)：240-248.

[133] 李仕慧.Ce Y对AZ91D镁合金力学性能及耐蚀性的影响[D].呼和浩特：内蒙古工业大学，2007.

[134] GANDIN C A，RAPPAZ M. A 3D Cellular Automaton algorithm for the prediction of dendritic grain growth[J]. Acta Materialia，2017，45(5)：2187-2195.

[135] 朱苗勇，娄文涛，王卫领.炼钢与连铸过程数值模拟研究进展[J].金属学报，2018，54(2)：131-150.

[136] 王海东，张海.晶粒生长的蒙特卡罗模拟研究进展[J].材料导报，2007，21(2)：72-74.

[137] 宋迎德，郝海，张爱民，等.基于角点生长算法的镁合金晶粒组织模拟[J].铸造，2012，61(6)：626-631.

[138] 赵九洲，李璐，张显飞.合金凝固过程元胞自动机模型及模拟方法的发展[J].金属学报，2014，50(6)：641-651.

[139] 温俊芹，刘新田，莫春立，等.焊接热影响区晶粒长大过程的微观组织模拟[J].焊接学报，2003，24(3)：48-51.

[140] 胡建军，张根保，陈元芳，等.40Cr表面电子束Al合金化的表面性能分析[J].材料导报，2012，26(20)：9-12.

[141] LUO X，YAO Z，ZHANG P，et al. Tribological behaviors of Fe-Al-Cr-Nb alloyed layer deposited on 45 steel via double glow plasma surface metallurgy technique[J]. Transactions of Nonferrous Metals Society of China，2015，25(11)：3694-3699.

[142] 王洋，王树奇，魏敏先.45钢磨损性能和磨损机制的研究[J].热加工工艺，2010(16)：11-14.

[143] 王东生，田宗军，王泾文，等.激光重熔对等离子喷涂热障涂层冲蚀行为影响[J].焊接学报，2011，32(2)：5-8.

[144] VALKOV S，PETROV P，LAZAROVA R，et al. Formation and characterization of Al-Ti-Nb alloys by electron-beam surface alloying[J]. Applied Surface Science，2016，389：768-774.

[145] LU T，TAN Y，SHI S，et al. Continuous electron beam melting technology of silicon powder by prefabricating a molten silicon pool[J]. Vacuum，2017.

[146] KUBATÍK T F, LUKÁČ F, STOULIL J, et al. Preparation and properties of plasma sprayed NiAl10 and NiAl40 coatings on AZ91 substrate[J]. Surface and Coatings Technology, 2017, 319: 145-154.

[147] 李光芝. 强流脉冲电子束表面合金化的数值模拟[D]. 大连：大连理工大学，2015.

[148] 肖志佩. 强流脉冲电子束处理 CuCr25 合金表面改性研究[D]. 重庆：重庆理工大学，2014.

[149] 邢晶. 强流脉冲电子束辐照 M2 高速钢结构和性能的研究[D]. 大连：大连理工大学，2012.

[150] 关庆丰，张远望，孙潇，等. 强流脉冲电子束作用下铝钨合金的表面合金化[J]. 吉林大学学报（工学版），2017(4)：1171-1178.

[151] LUO D, TANG G, MA X, et al. The microstructure of Ta alloying layer on M50 steel after surface alloying treatment induced by high current pulsed electron beam[J]. Vacuum, 2017, 136: 121-128.

[152] 谢迪. 强流脉冲电子束放电特性与 GCr15 钢表面合金化辐照工艺研究[D]. 哈尔滨：哈尔滨工业大学，2014.

[153] 于斌，刘志栋，靳庆臣，等. 电子束表面改性技术质量控制与性能影响分析[J]. 真空与低温，2010(2)：63-71.

[154] KIM J, LEE W J, PARK H W. Temperature predictive model of the large pulsed electron beam (LPEB) irradiation on engineering alloys[J]. Applied Thermal Engineering, 2018, 128: 151-158.

[155] 姚可夫，钱滨，石伟，等. 马氏体回火过程中组织转变量预测的实验研究[J]. 金属学报，2003, 39(8)：892-896.